第3版

スラスラわかる HTML&CSSのきほん

狩野祐東 著

本書に関するお問い合わせ

この度は小社書籍をご購入いただき誠にありがとうございます。小社では本書の内容に関するご質問を受け付けております。本書を読み進めていただきます中でご不明な箇所がございましたらお問い合わせください。なお、ご質問の前に小社Webサイトで「正誤表」をご確認ください。最新の正誤情報を下記のWebページに掲載しております。

本書サポートページ https://isbn2.sbcr.jp/11651/

上記ページのサポート情報にある「正誤情報」のリンクをクリックしてください。なお、正誤情報がない場合、リンクは用意されていません。

ご質問送付先

ご質問については下記のいずれかの方法をご利用ください。

Webページより

上記のサポートページ内にある「お問い合わせ」をクリックしていただき、ページ内の「書籍の内容について」をクリックすると、メールフォームが開きます。要綱に従ってご質問をご記入の上、送信してください。

郵送

郵送の場合は下記までお願いいたします。

〒105-0001
東京都港区虎ノ門2-2-1
SBクリエイティブ　読者サポート係

はじめに

「スラスラわかるHTML&CSSのきほん 第3版」へようこそ。この本はWebサイトを作るのに必要不可欠なコンピュータ言語、HTMLとCSSを、基礎の基礎から学ぶためのガイドです。架空のカフェ「KUZIRA CAFE」のWebサイトをゼロから作って、最後は公開までしちゃいます。

どんなWebサイトでも必ず書く基本的なHTMLのコーディングから始めて、テキストを載せたり、画像を載せたり。ほかのページにリンクも張って、デザインを整えて。少しずつページをかたちにしていきます。そして、カフェのサイトということは、スマートフォンで見に来るお客さんも多そうですよね。大丈夫。パソコンでもスマートフォンでも快適に閲覧できる「レスポンシブデザイン」という現在多くのWebサイトで採用されている主流のテクニックを使って、どんな端末でもきれいに見えるページを作ります。

取り上げるHTMLやCSSは公式の仕様に準拠し、また流行に左右されない基本的なコーディングテクニックを使ってページ作りを進めるので、長く使える、しっかりとした基礎が身につきます。

本書のだいたいの流れを紹介しましょう。第1章で制作前の準備をして、第2章から学習スタート。第5章まではHTMLを書いてページ作りをします。第6章からCSSも使ってレイアウトを整えながらページ数を増やし、第10章までにひととおり完成させます。第11章では仕上げの作業として、スマートフォン対応をします。そして第12章で、作ったサイトを実際にインターネット上に公開します。全12章のうち、第2章ではHTMLの、第6章ではCSSの基礎的な解説をしています。作業中に疑問に思うことがあったら見返してくださいね。

作業は実際のWebサイト制作の流れそのままで進みます。ただ単にHTMLやCSSの書き方を学ぶだけでなく、一連の流れの中で作業を進めることで体系的な知識と経験が得られることを目指しました。本書が少しでも皆さんのお力になれたら、わたしもがんばってよかったなと思います。

本書の制作には多くの方々の協力を賜りました。「KUZIRA CAFE」のデザインがかっこよくなったのは狩野さやか氏のおかげです。全体のクオリティをグンと上げることができたのは編集者の友保健太氏のおかげです。この場を借りてお礼申し上げます。

2022年6月
狩野祐東

本書の使い方

『スラスラわかるHTML＆CSSのきほん』へようこそ！　初めての方でもHTMLとCSSが無理なく学習できるように、本書は実習を中心に組み立てられています。架空のカフェ「KUZIRA CAFE」のWebサイトを作りながら、HTMLの記述からサイトの公開まで、Webサイト作りに必要なことを体験できます。

実習で制作するWebサイト

本書で作成するWebサイトは全部で4ページ。パソコンにもスマートフォンにも対応したWebサイトを作成します。操作を詳しく紹介しているので、HTMLやCSSを書いたことがなくても安心して始められます。作成するWebサイトは最新のHTML、CSS仕様に準拠。標準仕様に沿った解説で、ずっと使える正しい知識が身につきます。

Fig ● 本書で作成する「KUZIRA CAFE」Webサイトの完成図

紙面の見方

❶ 節はHTML やCSS の機能ごとに分かれています。
短いサイクルで作業と表示の確認を繰り返すので、結果がわかりやすく、納得しながら進められます。

❷ これから学ぶタグ＆セレクタ＆プロパティをチェック

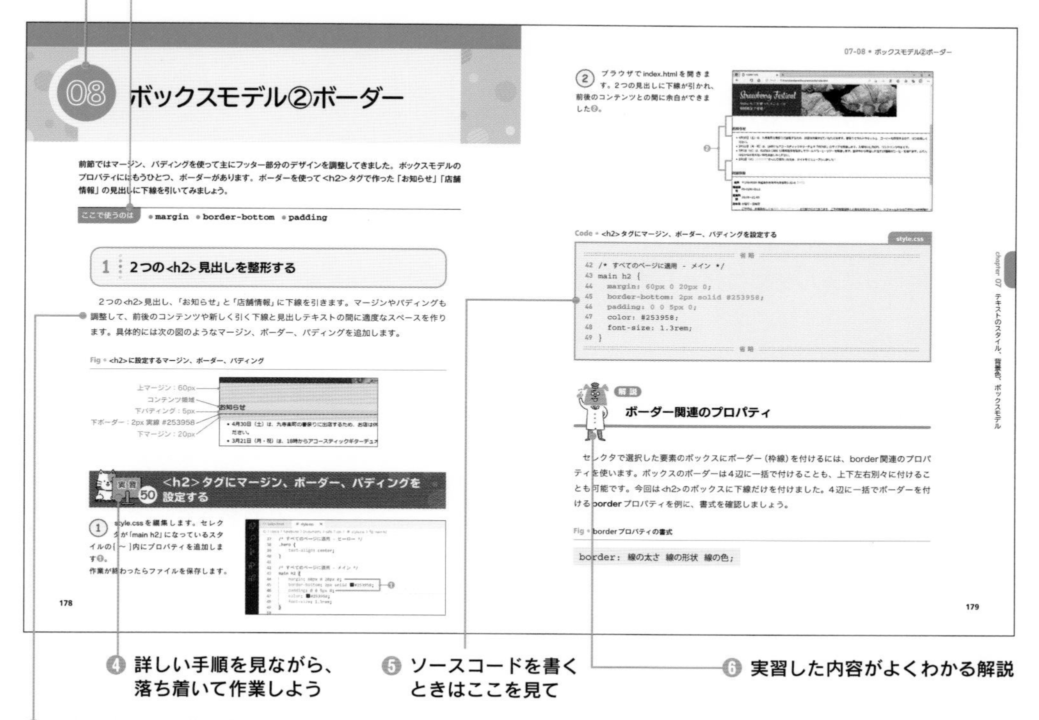

08 ボックスモデル②ボーダー

前節ではマージン、パディングを使って主にフッター部分のデザインを調整してきました。ボックスモデルのプロパティにはもうひとつ、ボーダーがあります。ボーダーを使って <h2> タグで作った「お知らせ」「店舗情報」の見出しに下線を引いてみましょう。

ここで使うのは ● margin ● border-bottom ● padding

1 2つの<h2>見出しを整形する

2つの<h2>見出し、「お知らせ」と「店舗情報」に下線を引きます。マージンやパディングも調整して、前後のコンテンツや新しく引く下線と見出しテキストの間に適度なスペースを作ります。具体的には次の図のようなマージン、ボーダー、パディングを追加します。

Fig ● <h2>に設定するマージン、ボーダー、パディング

上マージン：60px
コンテンツ領域
下パディング：5px
下ボーダー：2px 実線 #253958
下マージン：20px

実習 50 <h2>タグにマージン、ボーダー、パディングを設定する

① style.css を編集します。セレクタが「main h2」になっているスタイルの{ ～ }内にプロパティを追加します❶。
作業が終わったらファイルを保存します。

178

07-08 ● ボックスモデル②ボーダー

② ブラウザで index.html を開きます。2つの見出しに下線が引かれ、前後のコンテンツとの間に余白ができました❷。

Code ● <h2>タグにマージン、ボーダー、パディングを設定する　style.css

```
42 /* すべてのページに適用 - メイン */
43 main h2 {
44     margin: 60px 0 20px 0;
45     border-bottom: 2px solid #253958;
46     padding: 0 0 5px 0;
47     color: #253958;
48     font-size: 1.3rem;
49 }
```

解説 ボーダー関連のプロパティ

セレクタで選択した要素のボックスにボーダー（枠線）を付けるには、border関連のプロパティを使います。ボックスのボーダーは4辺に一括で付けることも、上下左右別々に付けることも可能です。今回は<h2>のボックスに下線だけを付けました。4辺に一括でボーダーを付けるborderプロパティを例に、書式を確認しましょう。

Fig ● borderプロパティの書式

border: 線の太さ 線の形状 線の色;

179

chapter 07 テキストのスタイル、背景色、ボックスモデル

❸ これから行う作業の概要を把握して実習スタート

❹ 詳しい手順を見ながら、落ち着いて作業しよう

❺ ソースコードを書くときはここを見て

❻ 実習した内容がよくわかる解説

動作環境

本書の操作手順の説明には以下の環境を使用しています。

- **Windows 11 ＋ Microsoft Edge**
- **macOS Monterey ＋ Safari**

画面の細かな違いはありますが、Windows 10、旧バージョンのmacOSでも実習できます。また、本書で作成するWebサイトはMicrosoft Edge、Safariで動作確認をしていますが、ほかのWebブラウザを使用しても大丈夫です。ただし、Internet Explorerは動作対象外です。

実習用サンプルデータの準備

実習を始める前に、本書のサポートサイトからサンプルデータをダウンロードして解凍し、パソコンにコピーしておきましょう。サンプルデータには実習に使う画像ファイル、アプリ、完成したWebサイトなどが含まれています。

サンプルデータのダウンロード

- https://www.sbcr.jp/support/4815610053/

サンプルデータは、Windowsをお使いの方は「ドキュメント」フォルダに、Macをお使いの方は「書類」フォルダにコピーします。操作手順は次のとおりです。

実習 実習用サンプルデータをダウンロードして、「ドキュメント」フォルダにコピーする Windows

① Edgeを起動し、アドレスバーに上記URLを入力して Enter キーを押します❶。本書のサポートページが開いたら、「ダウンロードファイル」と書かれているところを探して「surasura3.zip」をクリックします❷。

② データのダウンロードが完了するとブラウザウィンドウ右上に「ダウンロード」パネルが出てきます。［ファイルを開く］をクリックします❸。

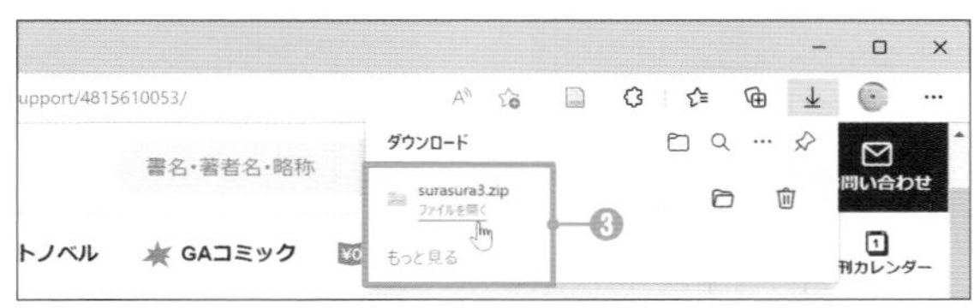

③ ダウンロードしたデータが開きます。「サンプル」フォルダを、サイドバーの「ドキュメント」にドラッグして圧縮ファイルの中身をコピーします❹。

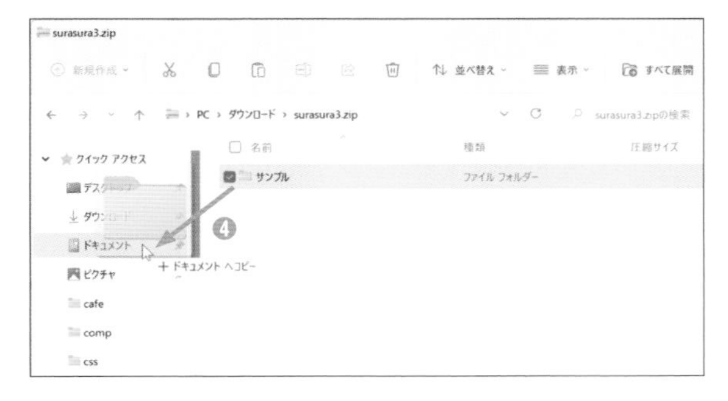

実習用サンプルデータをダウンロードして、「ドキュメント」フォルダにコピーする Mac

① Safariを起動し、アドレスバーに前ページに記載のURLを入力して Enter キーを押します❶。本書のサポートページが開いたら、「ダウンロードファイル」と書かれているところを探して「surasura3.zip」をクリックします❷。
途中「ダウンロードを許可しますか？」というダイアログが出てきたら［許可］をクリックします❸。

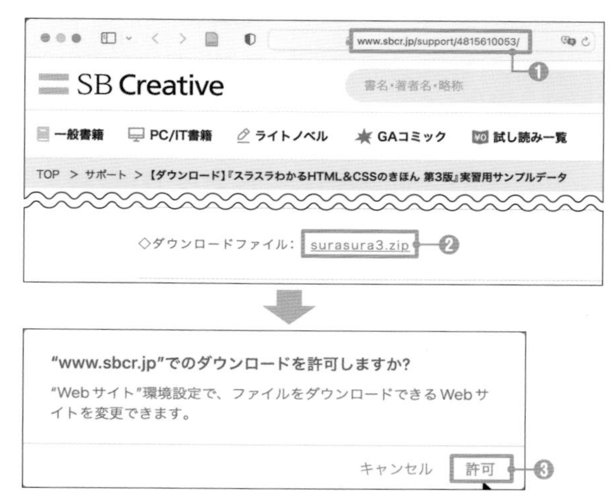

② Dockの「ダウンロード」❹をクリックします。Safariの設定によって異なりますが、ダウンロード時点でzipファイルが解凍され「サンプル」フォルダができている場合は、［Finderで開く］をクリックします❺。解凍されず「surasura3.zip」がある場合はそのファイルをクリックして解凍します。

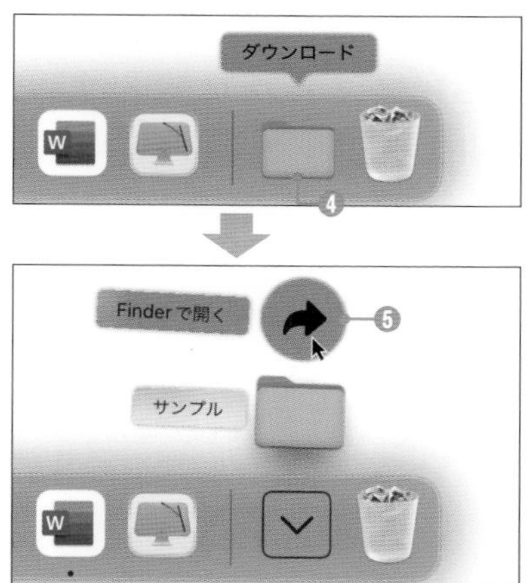

③ どちらの場合もFinderウィンドウが開くので、「サンプル」フォルダをサイドバーの「書類」にドラッグします❻。

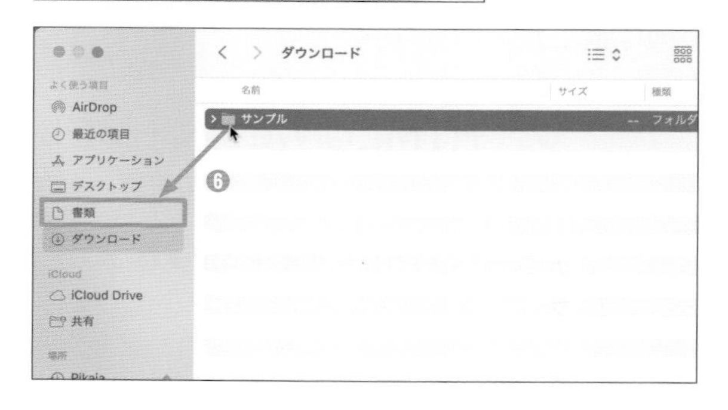

contents

Column

Chapter

1

Webサイト制作を始める前に

Webサイトを作って公開するのは意外と簡単です。高価なアプリが必要なわけでもありませんし、パソコンさえあれば特別な機材も不要で、誰でも手軽に始められます。ここでは、Webサイトがどうやってできているのか、準備をしてから公開するまでの流れはどうなっているのか、Webサイト制作の全体像を見ていくことにしましょう。また、作業に必要なアプリのインストールもここで行います。

01 Webサイトとその構成要素

「Webサイト」は通常、複数の「Webページ」で構成されています。さらに、1枚1枚のWebページは本体となる「HTMLファイル」のほかに、画像ファイルやスタイルシートと呼ばれるファイルなど、複数のファイルで構成されています。Webサイトや Webページを構成するファイルの種類と、それらの役割を見てみましょう。

1 Webサイトは複数のWebページの集合

「Webサイト」とは、ある組織や個人がインターネット上に公開する、ひとまとまりのWebページのことを指します。Webサイトは、単に「サイト」、もしくは「ホームページ」と呼ばれることもあります。例外もありますが、一般的には特定のドメイン名[*1]で公開されている複数のページ全体をWebサイトと呼びます。

たとえば、著者のWebサイトは「studio947.net」というドメイン名で公開されているページすべてのことを指しますし、出版社であるSBクリエイティブのWebサイトは「sbcr.jp」というドメイン名で公開されているページすべてのことを指します。また、本書を通じて作成する架空のカフェ「KUZIRA CAFE」のWebサイトは、ドメイン名はまだ決まっていませんが、店舗情報、アクセス、メニューなどカフェを紹介する情報で構成されています。

＊1 ドメイン名とは、Webサイトのアドレスのうち、○○○.com、○○○.co.jpなどの形式になっている部分のことをいいます。同じドメイン名は世界に1つしか存在しません。

2 一度に表示される画面一つひとつがWebページ

「Webページ」とは、Webブラウザで一度に表示される画面のことを指します。単に「ページ」と呼ぶこともあります。Webページにはテキストや画像、動画などの**コンテンツ**が掲載されます。

インターネット上にあるすべてのWebページには、URLという、固有のアドレスが割り当てられています。あるページのURLがほかのページと重複することはないので、Webブラウザを使っている利用者は見たいページを確実に見ることができるのです。

URLの例

- https://studio947.net
- https://studio947.net/about.html
- https://www.sbcr.jp/product/4815611651/

Fig ● WebサイトとWebページ

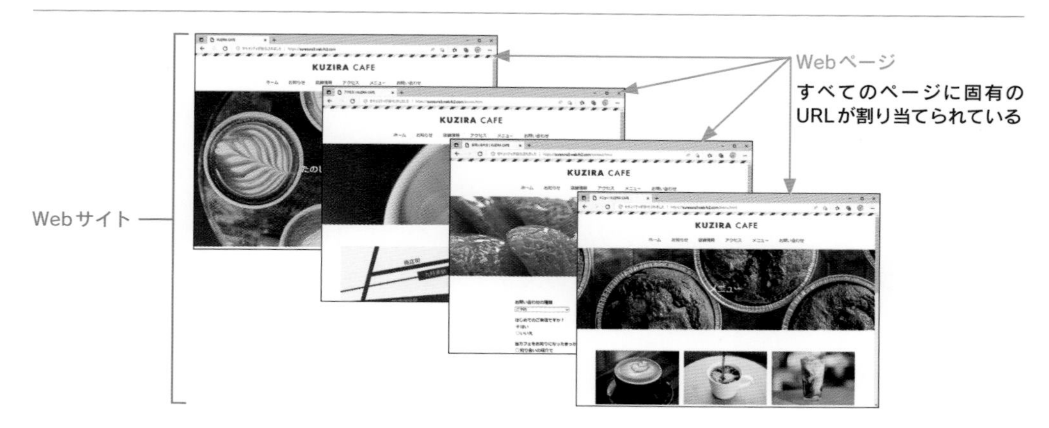

3 Webページを構成するファイル

1枚のWebページは、HTMLファイルを中心として画像ファイル、レイアウトを調整するCSSファイルなど複数のファイルで構成されています。ブラウザはそれら関連ファイルをWebサーバーからダウンロードしてきて、1つのWebページにまとめて表示します。それぞれのファイルの役割や特徴を見ていきましょう。

Fig ● 1枚のWebページはHTMLファイルからリンクされた複数のファイルで構成される

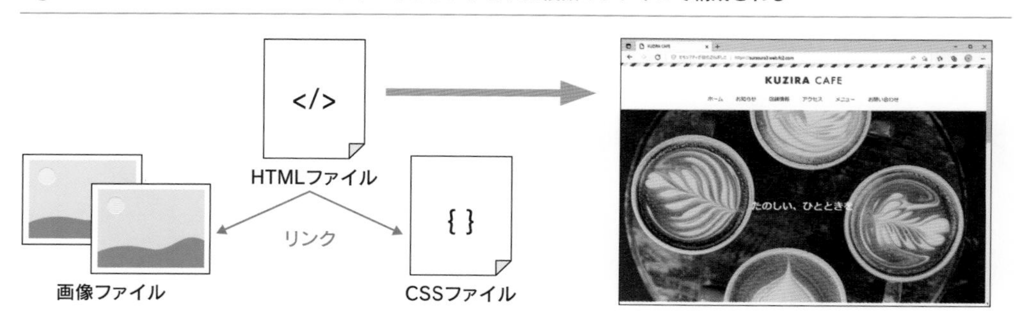

HTMLファイル

Webページを作るために最低限用意しなければならないのがHTMLファイルです。**HTML（HyperText Markup Language）というコンピュータ言語で書かれたファイルで、1枚のHTMLファイルが、1枚のWebページになります。** ページに掲載するテキストや画像などのコンテンツ（ページの中身のこと）を、あらかじめ定義された「タグ」を使って書き表すのが特徴です。

CSSファイル

HTML言語には、掲載するテキストや画像などのコンテンツを書き表す機能はありますが、ページをWebブラウザに表示するときのテキストの色や背景色を調整する機能はありませんし、レイアウトをしてページを整えることもできません。

読みやすく、見た目にもかっこいいWebページを作るには、HTMLをレイアウトするための**スタイルシート**を別に用意します。このスタイルシートを作成するための言語が**CSS**（Cascading Style Sheets）です。

Fig ● HTMLファイル（左）とCSSファイル（右）

画像ファイル

ページに画像を載せるときは画像ファイルを用意します。Webブラウザで表示できる画像ファイルの形式は決まっていて、JPEG、PNG、GIF、SVG、WebP（ウェッピー）の5種類があります。

02 Webブラウザの機能と種類

Webサイトの閲覧に必要不可欠なWebブラウザは、Webサイトの制作でも活躍します。Webブラウザの基本的な機能と、Webサイト制作の際に必要になる基本的な操作を知っておきましょう。

1 Webブラウザの機能

Webブラウザ*2はインターネット上に公開されているデータをダウンロードして、表示したりプログラムを実行したりする機能を持つアプリです。ダウンロードするデータはURLで指定します。

＊2 単にブラウザと呼ぶこともあります。本書では、ここ以降原則として「ブラウザ」と表記します。

Fig ● ブラウザのアドレスバーに書かれているのがURL

スラスラわかるHTML&CSSのきほん
https://book.studio947.net/title/3395/

ブラウザはダウンロードしてきたデータの種類に応じて、次のような処理をします。

- **ダウンロードしたデータがHTMLやCSSの場合、書かれている内容を解析してWebページとしてウィンドウに表示する**
- **ダウンロードしたデータがJavaScript（ジャバスクリプト）と呼ばれるプログラミング言語の場合、書かれたプログラムを実行する**
- **ダウンロードしたデータが画像の場合、そのまま表示する**

ブラウザが持っているこうした「ダウンロードする機能」「データの種類に応じて適切な処理をする機能」のおかげで、わたしたちはWebサイトを見たり、SNSやオンラインバンキングなどインターネット上で動作するいわゆるWebアプリやWebサービスを利用できるようになっているのです。

Note JavaScriptとは

Webページの制作で使われるコンピュータ言語には、HTMLやCSSのほかに、JavaScriptもあります。

JavaScriptはブラウザの動作を制御するためのプログラミング言語で、HTMLとCSSだけではできない高度な機能を実現するのに使われます。本書でJavaScriptのプログラミング自体を取り上げることはありませんが、第10章で使用するresult.htmlは、JavaScriptで作られています。

2 パソコンに保存されたファイルをブラウザで開いてみよう

ブラウザを使って見るのは、多くの場合インターネット上で公開されているWebサイトですが、実はパソコンに保存されたHTMLや画像ファイルを開くこともできます。Webサイトを制作するときはファイルをパソコンに保存し、少しずつ作りながら確認する作業を繰り返すことになるので、ここで試しに、パソコンにコピーしたHTMLファイルをブラウザで開いてみることにしましょう。

実習1 パソコンに保存したHTMLファイルをブラウザで開く Windows

① デスクトップ下部のタスクバーから［エクスプローラー］をクリックします❶。エクスプローラーウィンドウのサイドバーから［ドキュメント］をクリックします❷。

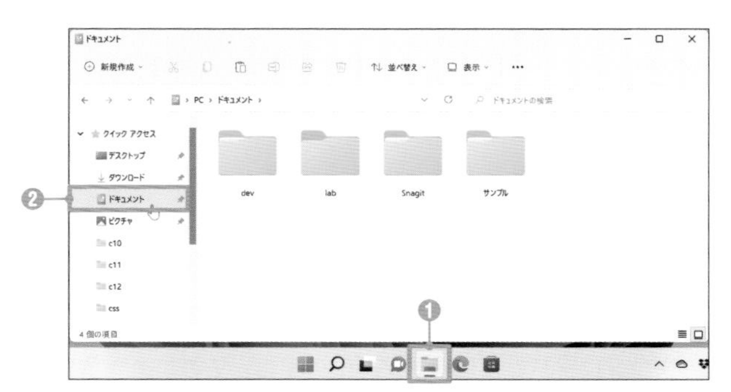

② コピーしておいた「サンプル」フォルダ―「Site」フォルダの順にダブルクリックして開き、「index.html」*3をダブルクリックします❸。

*3 拡張子の表示設定を行っていない場合は「index」というファイルをダブルクリックします。拡張子の表示設定はp.14で解説します。

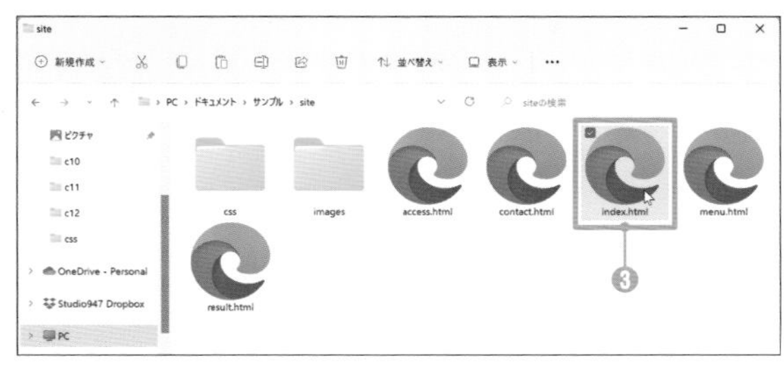

③ Edge＊4が起動してHTMLファイルが表示されます。

＊4 規定のアプリを変更している場合は別のブラウザが起動します。お好きなブラウザを使う設定のまま作業を進めてかまいません。

Note

「このファイルを開く方法を選んでください。」というダイアログが出てきたら

HTMLファイルを開こうとしてダブルクリックすると「このファイルを開く方法を選んでください。」というダイアログが出てくることがあります。もしダイアログが出てきたら「このアプリを今後も使う」に「Microsoft Edge」が選ばれていることを確認して、[常にこのアプリを使って.htmlファイルを開く] にチェックを付けてから [OK] をクリックします。

Microsoft Edgeが選ばれていないときは「その他のオプション」から探してクリックします。

実習1 パソコンに保存したHTMLファイルをブラウザで開く Mac

① Dockの [Finder] をクリックします❶。Finderウィンドウが表示されるので、サイドバーの [書類] をクリックします❷。

② コピーしておいた「サンプル」フォルダ—「Site」フォルダの順にダブルクリックして開き、「index.html」をダブルクリックします❸。

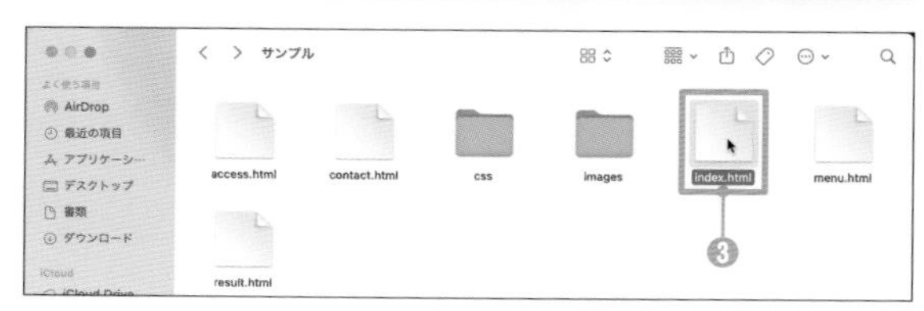

③ Safariが起動してHTMLファイルが表示されます。

Note　サンプルデータをコピーしよう

サンプルデータをまだパソコンにコピーしていない方は、巻頭の「実習用サンプルデータの準備」(p.vi)を参照してください。

3 Webブラウザの種類

パソコンの場合、WindowsにはEdgeが、MacにはSafariが初めからインストールされています。そして、スマートフォンにはChrome (Android)やMobile Safari (iPhone)がインストールされています。本書ではこれらのブラウザの表示を例に説明していきます。

しかし、これら以外にもブラウザはあります。どのブラウザを使っていてもWebサイトはほぼ同じように表示されますし、操作方法もほとんど変わらないので、どれでもお好きなものを使ってかまいません。

Table ● 代表的なWebブラウザ

ブラウザ名	ダウンロード先URL
Google Chrome	https://www.google.co.jp/chrome/
Mozilla Firefox	https://www.mozilla.org/ja/firefox/

注意

過去のWindowsにインストールされていたInternet Explorerは、2022年6月16日に廃止されました。開発が止まっているブラウザはセキュリティ上の安全が確保できませんし、Webサイトが正しく表示されるかどうかもわかりません。Webサイトを見るときも作るときもInternet Explorerは使用しないでください。

03 Webサイトを公開するまで

Webサイトを作ってインターネットに公開するまでにはいろいろな段階があります。Webサイト制作の全体的な流れを把握しておきましょう。

1 Webサイト制作の流れ

Webサイトを制作して公開するまでの作業は、どんなWebサイトで、どんな情報を公開するかを考える「計画段階」に始まり、ページを作成する「制作段階」、納得いく仕上がりになったらインターネットに公開して更新する「運用段階」というように、大きく分けて3つの段階があります。これら一連の作業のうち、本書で実習するのは主に制作段階の部分ですが、全体の大まかな流れを把握しておくと作業がしやすくなります。

これから作成する架空のカフェ「KUZIRA CAFE」のWebサイトを例に、それぞれの作業段階でどんなことをするのか見ていきましょう。

Fig ● Webサイト制作の流れ

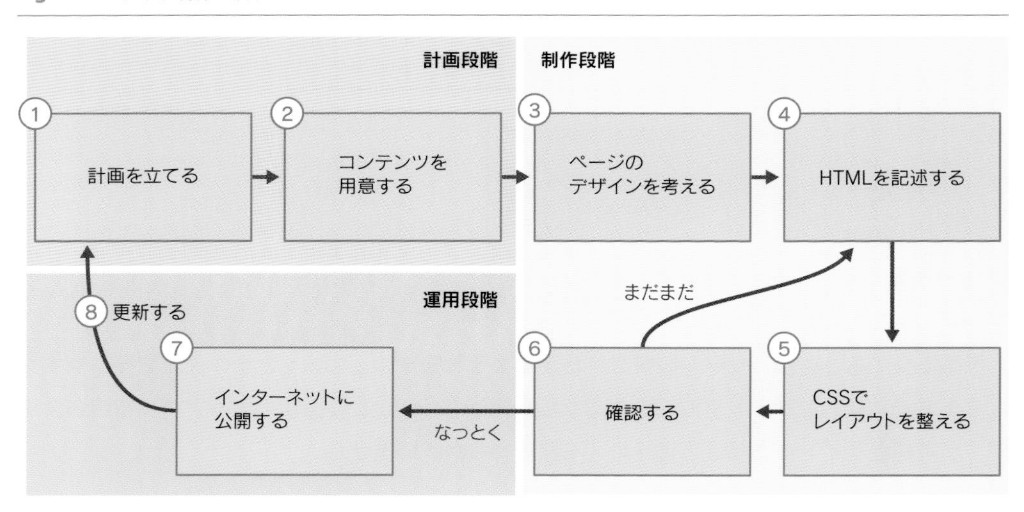

① 計画を立てる

Webサイトを作るときは、まず「どんなWebサイトを作るか」「どんな内容にするか」を考えます。本書で制作する「KUZIRA CAFE」は架空のカフェを題材にしたサイトです。営業時間や地図、メニューなどを載せたいので、次のようなページ構成にすることを計画します。

- **ホームページ(トップページ) —— サイトの表紙ページ。魅力が伝わる写真を載せたい**
- **アクセス —— 地図や道順を紹介したい**
- **メニュー —— メニューを一覧できるようにしたい**
- **お問い合わせ —— お問い合わせのフォームを掲載したい**

スマートフォンからWebサイトを見に来る人が多いと考えて、すべてのページをパソコンでもスマートフォンでも機種を問わず快適に閲覧できるような作りにします。また同じくスマートフォンのことを考えると、あまりページを行ったり来たりしないで済むように、主要な情報はまとめて1ページに載せてしまおうと思います。したがって最新情報と、住所や営業時間などの店舗情報はページを分けずにホームページ(トップページ)だけで確認できるようにして、全部で4ページ構成にします。

Fig ● Webサイトの構成と各ページに掲載する内容の計画

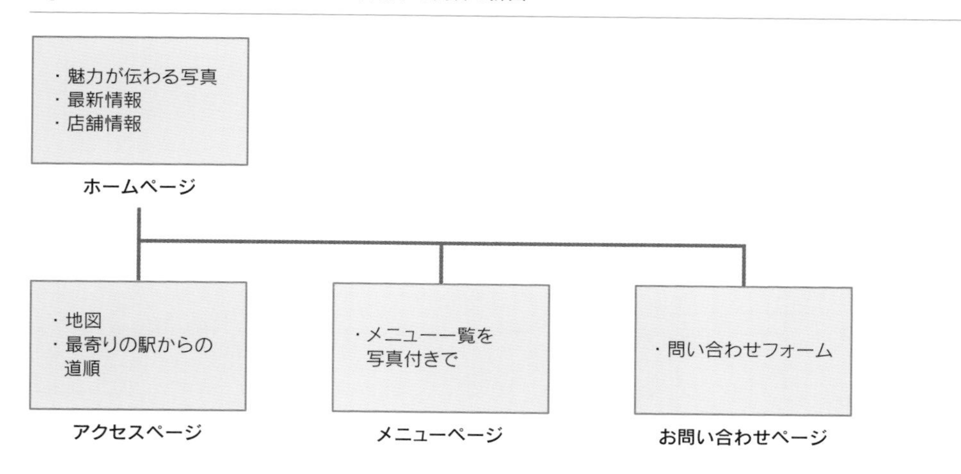

計画を立てるときは、サイトの構成がわかるような図を作っておくと全体像が把握しやすくなります。本格的なサイト構成図を作るならPowerPointなど作図ができるアプリを用いますが、小規模なサイトであれば手書きのメモ程度でもかまいません。

② コンテンツを用意する

サイトの構成が決まったら、掲載するコンテンツを用意します。まず、各ページに掲載するテキストは必須ですね。また、写真を撮影する必要もあるでしょう。

③ ページのデザインを考える

Webサイトに重要なのはあくまでコンテンツ。ページの見た目をあまり重視しないWebサイトもあり、デザインを考えるのは絶対に必要というわけではありません。でも、雰囲気を演出したいWebサイトならデザインも大事です。

デザインを作成する場合は、Adobe Photoshop（アドビ フォトショップ）やIllustrator（イラストレーター）などのグラフィックデザインアプリや、Adobe XD（エックスディ）、Figma（フィグマ）、Sketch（スケッチ）といったWebデザイン用のアプリを使うのが一般的です。これらのアプリを使ってページのデザイン画像を作成したら、それを設計図にしてHTMLやCSSを記述します。

Fig ● HTMLにする前の、デザインを決めるために作成したファイル。Adobe XDで作成

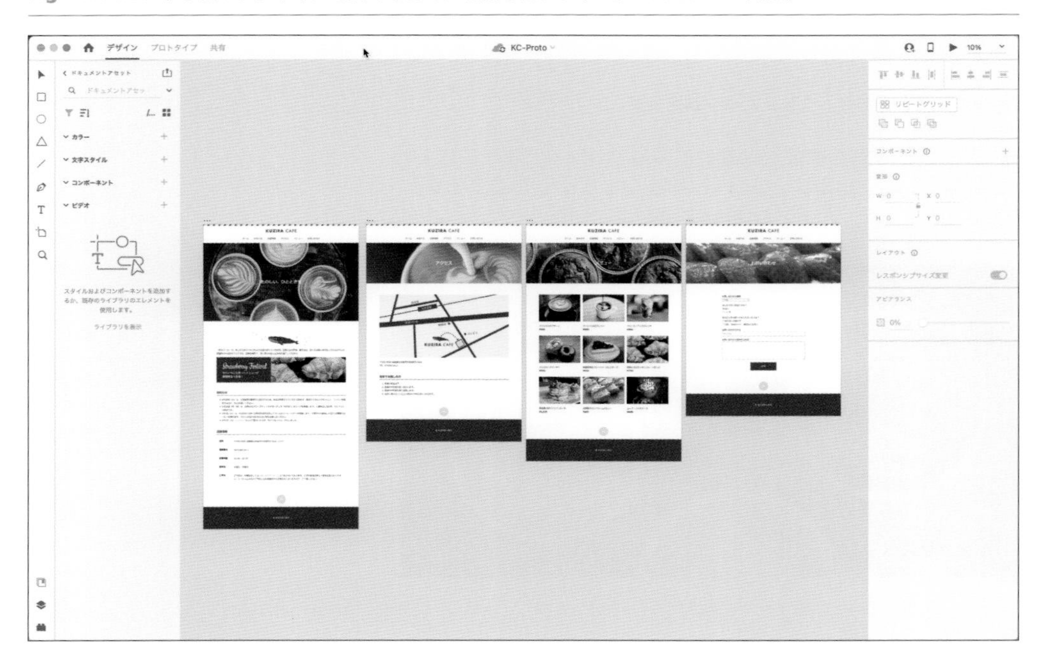

④ HTMLを記述する

さてここからは制作段階。ページを作るときは、まずHTMLを書きます。この段階ではまだレイアウトが整っていないので、計画したデザインとは似ても似つかないページです。

Fig ● HTMLが完成したホームページ

⑤ CSSでレイアウトを整える

HTMLを書き終えたら、次にCSSを作成し、ページのデザインやレイアウトを調整します。

Fig ● CSSでレイアウトを整えたホームページ

⑥ 確認する

HTMLやCSSは、少し書いてはブラウザで確認し、また少し書いては確認することを繰り返して、だんだん完成に近づけます。根気強く、少しずつ仕上げていきます。

⑦ インターネットに公開する

納得いく仕上がりになったらいよいよ公開です。作成したデータを「Webサーバー」という、Webサイトのデータを保存しておくスペースにアップロード（転送）します。本書の実習では、第12章で無料で使えるWebサーバーを契約して、「FTPクライアント」というアプリを使ってアップロードするところまで行います。

⑧ 更新する

Webサイトはアップロードしたら終わり、ではありません。ページを増やしたり、最新情報に書き換えたり、更新して内容を充実させていきます。

Note

スマートフォンにも対応できるWebサイト

本書で制作する「KUZIRA CAFE」Webサイトは、スマートフォンでもパソコンでも、画面の大きさが異なるいろいろな端末で見られるように作ります。スマートフォンでも快適に使えるWebサイトを実現する方法はいくつかあるのですが、その中で最も一般的なのが「レスポンシブデザイン」という手法です。端末ごとに専用のファイルを作るのではなく、画面サイズに合わせて伸縮するページを作る手法で、本書でもこのレスポンシブデザインでスマートフォン、パソコン両対応のWebサイトを制作します。

04 制作に使うアプリのインストール

Webサイトの制作に取り組む前に、必要なアプリをインストールしましょう。また、Webサイトの制作では使用するファイルの拡張子を把握しておく必要があります。OSの設定を変更して、常にファイルの拡張子が表示されるようにしておきましょう。

1 OSの初期設定を変更しよう

パソコンに保存されているほぼすべてのファイルには**拡張子**が付いています。拡張子とはファイル名の末尾に付いている、ドット(.)で始まる文字列のことで、ファイルの種類を示しています。Webサイトを制作するにはファイルの拡張子を把握する必要があるので、常に拡張子が表示されるようにOSの設定を変更しておきましょう。

実習 2 拡張子を表示する Windows

① タスクバーから［エクスプローラー］をクリックします。エクスプローラーウィンドウの［表示］メニュー—［表示］の順にクリックして❶、［ファイル名拡張子］にチェックを付けます❷。これですべてのファイルの拡張子が表示されるようになります。
Windows 10の場合は、エクスプローラーウィンドウの［表示］メニューをクリックして、［ファイル名拡張子］にチェックを付けます。

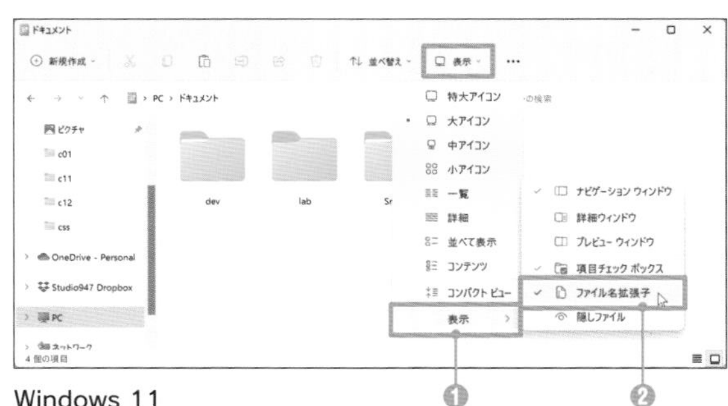

Windows 11

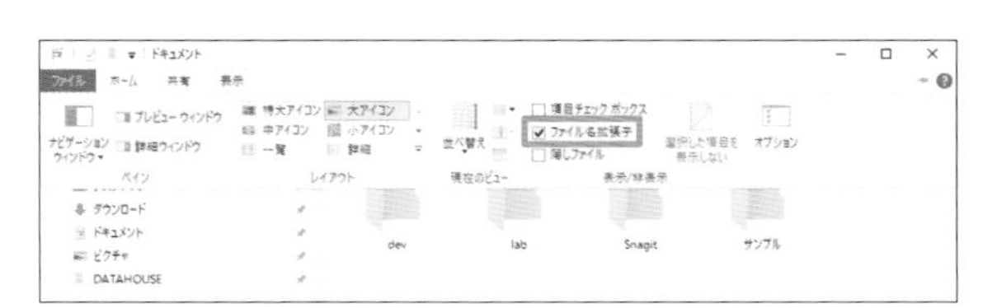

Windows 10

実習 2 拡張子を表示する Mac

① Dockの［Finder］をクリックして、アプリをFinderに切り替えます。［Finder］メニュー─［環境設定］をクリックします❶。

② Finder環境設定パネルが開きます。［詳細］タブをクリックして❷、［すべてのファイル名拡張子を表示］にチェックを付けます❸。これですべてのファイルの拡張子が表示されるようになります。

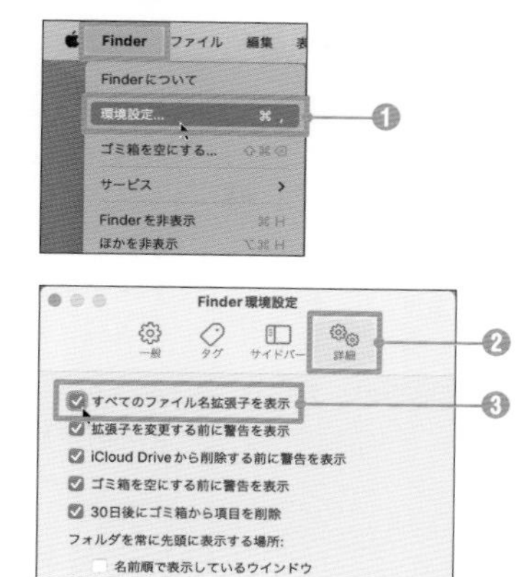

2 テキストエディタをインストールしよう

HTMLやCSSの編集には**テキストエディタ**を使用します。Windowsの「メモ帳」、Macの「テキストエディット」は、コンピュータ言語を編集する用途で作られていないため、HTMLやCSSの編集には向きません。そこで、より高機能な、コンピュータ言語の編集に特化したテキストエディタをインストールしましょう。本書ではマイクロソフト社が中心となって開発する「**Visual Studio Code**」（本書ではこれ以降VSCodeと呼びます）を使用します＊5。

＊5 すでに慣れているテキストエディタがある方はそちらをお使いになってかまいません。

実習
3
VSCodeをインストールする
Windows

① 公式サイトからVSCodeを入手しましょう。ブラウザで「https://code.visualstudio.com」にアクセスします❶。英語はこのページだけなので心配いりません。［Download for Windows］をクリックします❷。
なお、VSCodeはMicrosoft Storeからもインストールできます。次ページのNoteをご覧ください。

chapter 01 Webサイト制作を始める前に

② ダウンロードが開始します。しばらくしてダウンロードパネルが表示されたら［ファイルを開く］をクリックします❸。

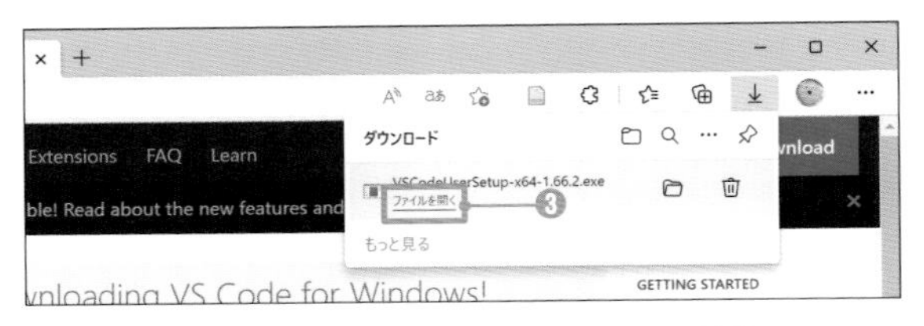

③ 「Microsoft Visual Studio Code (User) セットアップ」というダイアログが表示されます。使用許諾契約書を読んで［同意する］にチェックを付けて❹、［次へ］をクリックします❺。その後は特に操作せずに［次へ］をクリックしてかまいません。最後に［インストール］をクリックします。

④ 「Visual Studio Code セットアップウィザードの完了」と表示されたら、［Visual Studio Code を実行する］にチェックを付けて❻、［完了］をクリックします❼。VSCode が起動すればインストール完了です。

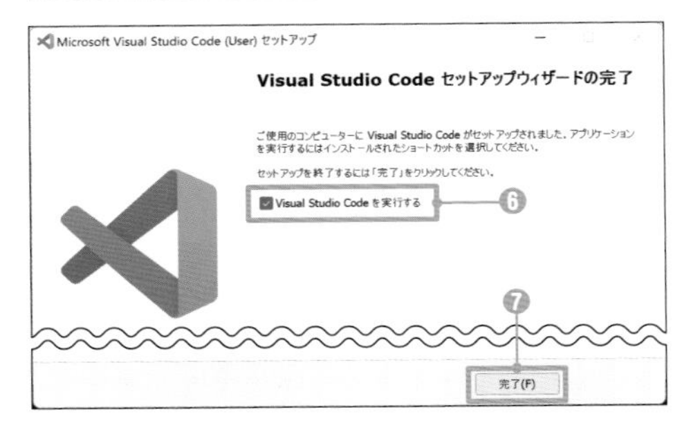

Note Microsoft Storeからインストールする方法

Microsoft Storeが利用できる場合、VSCodeはMicrosoft Storeからダウンロードするのが手軽です[*6]。

まず、タスクバーの［Microsoft Store］をクリックします❶。

Microsoft Storeの検索欄に「vscode」と入力すると❷、検索結果に「Visual Studio Code」が出てくるのでクリックします❸。

次の画面で［インストール］をクリックします❹。これでインストールは完了です。

＊6 事前にMicrosoftアカウントでログインしている必要があります。

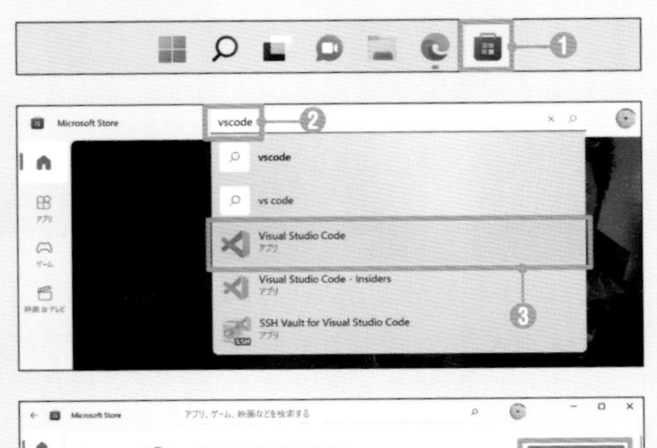

実習 3 VSCodeをインストールする Mac

① 公式サイトからVSCodeを入手しましょう。ブラウザで「https://code.visualstudio.com」にアクセスします❶。英語はこのページだけなので心配いりません。[Download Mac Universal]をクリックします❷。

② ダウンロードが終わったらDockの[Finder]をクリックします。Finderウィンドウが開くので、サイドバーにある[ダウンロード]をクリックします❸。「ダウンロード」フォルダが開くので、その中にある「Visual Studio Code.app」をサイドバーの[アプリケーション]にドラッグします❹。

「Finder "Visual Studio Code.app" を移動しようとしています。」というダイアログが出てきたら、Touch ID(指紋認証)を使うか、または[パスワードを使用]をクリックしてログインパスワードを入力し、移動を許可します*7。これでインストールは完了です。

*7 使用している機種によってはTouch IDが使えないこともあります。

3 FTPクライアントをインストールしよう

Webサイトを誰でも見られるようにするには、データをインターネット上にあるWebサーバーにアップロードする必要があります。アップロードには**FTPクライアント**と呼ばれるアプリを使用するのが一般的です。本書では、Windows、Macともに「**FileZilla**(ファイルジラ)」というFTPクライアントを使用します。

FileZillaは無料で利用でき、最新版は次のURLからダウンロードできますが、ここでは本書の実習用ダウンロードデータに含まれる「サンプル」フォルダからインストールする手順を紹介します。

FileZilla - The free FTP solution

URL https://filezilla-project.org

実習
4
FileZillaをインストールする
Windows

① タスクバーから[エクスプローラー]をクリックします。エクスプローラーウィンドウで「サンプル」フォルダ―「アプリケーション」フォルダ―「Windows」フォルダの順に開き、保存されている「FileZilla_3.x.x_win64-setup.exe」*8をダブルクリックします❶。その後、「ユーザーアカウント制御」ダイアログが出てきたら[はい]をクリックします。

*8 ファイル名の途中の「.x.x」はバージョン番号です。実際にはxのところに数字が入っていると思って読み進めてください。

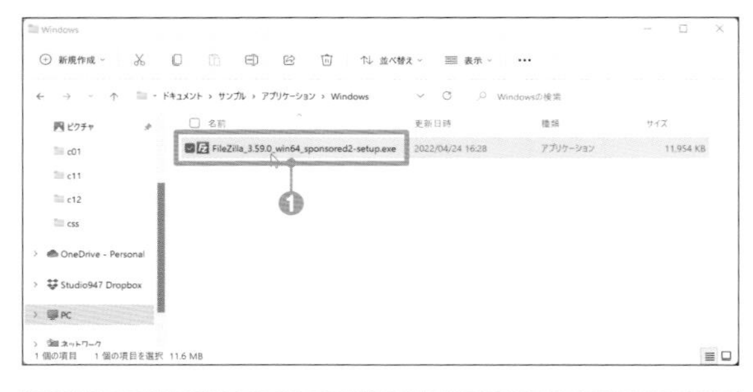

② 「FileZilla Client 3.x.x Setup」ダイアログが出てきます。[I Agree]をクリックして❷、あとは画面の指示に従ってインストールを完了させます。

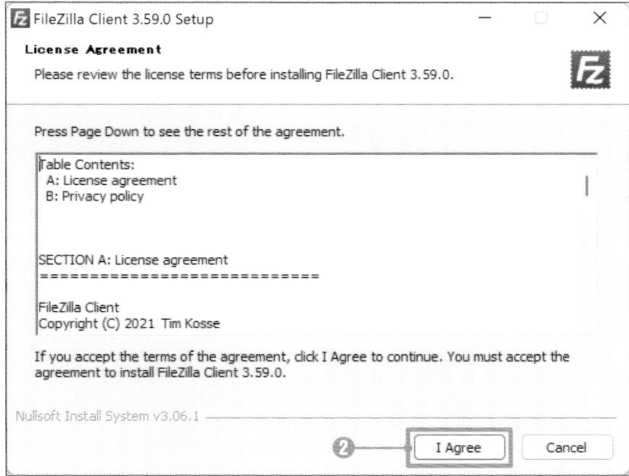

Note

FileZillaのインストール画面の操作で困ったら Windows

Windows版FileZillaは、アプリ自体は日本語化されていますが、インストール画面は英語です。英語が苦手という方は、最初の画面で［I Agree］をクリックした後、次の画面でBraveブラウザのインストールを勧められたら［Decline］にチェックを付けて［Next>］をクリックします。あとは［Next>］を何度かクリックし、最後に［Install］をクリックして、しばらく待ってから［Finish］をクリックすればインストールできます。

Note

FileZillaのインストール作業中に通知が出てくるときは Windows

「FileZilla_3.x.x_win64-setup.exe」をダブルクリックした後など、操作の途中に「望ましくない可能性のあるアプリが見つかりました」という通知が出てきたら、その通知パネル自体をクリックします❶。次に出てくる「このアプリがデバイスに変更を加えることを許可しますか？」というダイアログで［はい］をクリックします。

その後「Windowsセキュリティ」ウィンドウが表示されたら画面下の［操作］ボタン─［デバイスで許可］の順にクリックします❷。

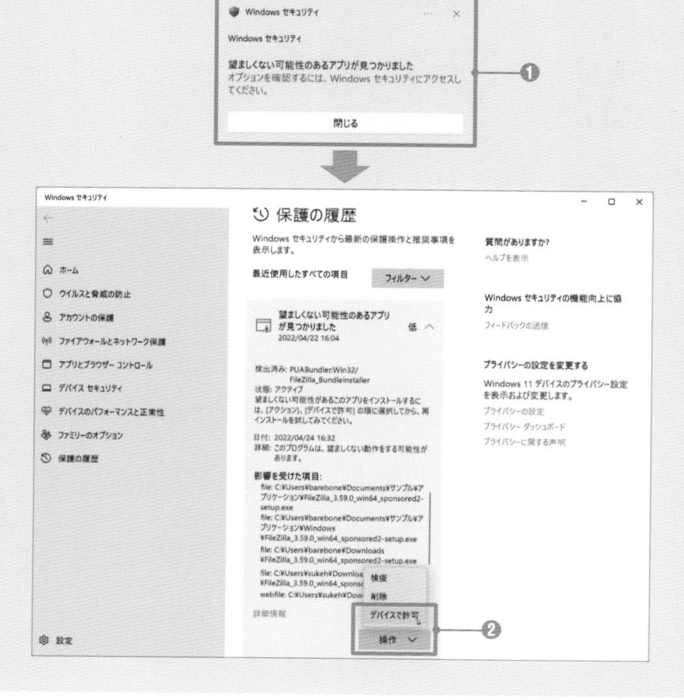

実習 4 FileZillaをインストールする Mac

① Dockの［Finder］をクリックして、Finderウィンドウを開きます。「サンプル」フォルダ─「アプリケーション」フォルダ─「Mac」フォルダの順に開き、保存されている「FileZilla.app」を、サイドバーの［アプリケーション］にドラッグします❶。

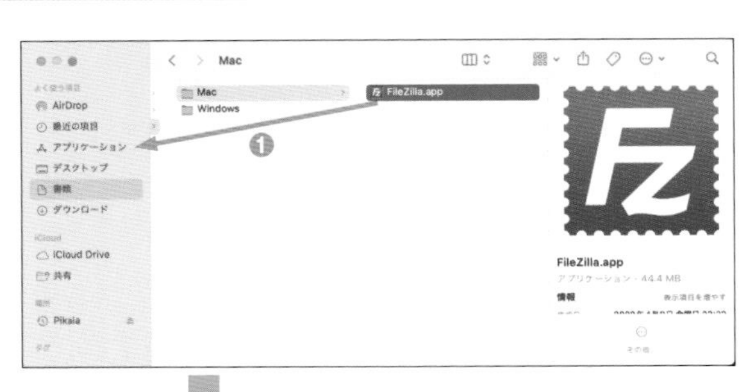

「Finder "FileZilla.app" を移動しようとしています。」というダイアログが出てきたら、Touch ID（指紋認証）を使うか、または［パスワードを使用］をクリックしてログインパスワードを入力し、移動を許可します。これでインストールは完了です。

Note FileZillaのアップデート通知が出てきたら

FileZillaを起動したときに最新版へのアップデートを促すダイアログが出てくることがあります。その場合は［新しいバージョンをインストール］をクリックしてしばらく待ちます。FileZillaが再起動して、最新版がインストールされます。

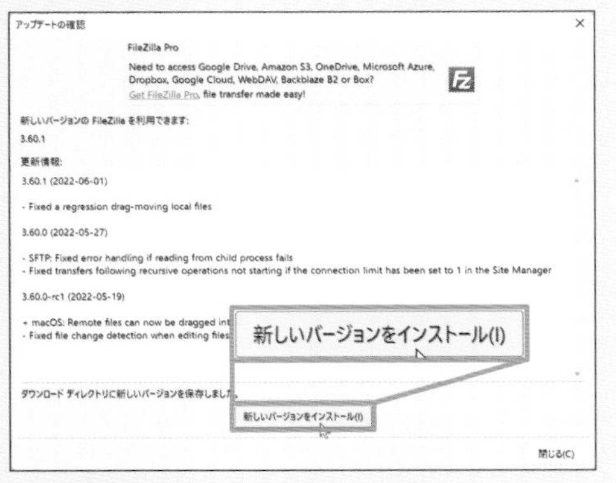

アップデートの確認ダイアログ

Chapter 2

HTMLの基礎

HTMLはWebページを作るために欠かせないコンピュータ言語で、ページに表示したいテキストや画像をあらかじめ定義されている「タグ」を使って記述するのが特徴です。ここでは基本的な書式と書き方のルール、いくつかの用語などを取り上げます。Web制作に取り組む前に、ここで最低限必要な基礎知識を押さえておきましょう。

01 HTMLはWebページを制作するための言語

Webサイトを作るにはHTMLの知識が欠かせません。実際の作業に入る前に、ここでHTMLの特徴とその役割を押さえておきましょう。

1 HTMLの特徴とその役割

HTMLは「HyperText Markup Language」の略で、インターネットで公開できるWebページを作成するために作られた言語です。HTMLにはたくさんのタグが定義されています。そのタグを使って、「ここが見出しで」「これは箇条書きで」「ここに画像を載せる」などと、ページの中身をコンピュータに指示するのがHTMLの役割です。

HTMLによって書かれたファイルのことを**HTMLファイル**と呼びます。ファイルの拡張子は**.html**、もしくは**.htm**です。基本的に1枚のWebページは1枚のHTMLファイルでできているので、作るWebサイトのページ数分、HTMLファイルを作ることになります。

HTMLの最大の特徴は、ほかのHTMLファイル（＝Webページ）や画像ファイルなどと、リンクによってつながりを持つことができる点です。クリックしたら別のページに移動できるおなじみのリンクに加え、Webページに画像や動画を表示させるのもリンク機能のひとつです。

Note 本書でのHTMLファイルの呼び名

本書では、HTMLのファイルそのものを指すときは「HTMLファイル」、ファイルに書かれたソースコード[*1]を指すときは「HTMLドキュメント」と区別して呼んでいます。

＊1 HTMLやCSSなど、各種コンピュータ言語で書かれたテキストデータのこと。

02 HTMLの基本的な書式

HTMLには役割や機能が異なるタグが多数定義されています。そのすべてを覚えようとするのではなく、各タグに共通する基本的な書式をマスターして応用していくのが上達のポイントです。

1 基本の書式と名称

まずはHTMLの中でも最もよく使われるタグのひとつ、<p>タグを例に、基本の書式例と各部の呼び名を見てみましょう。

Fig ● <p>タグを使用した基本的なHTMLの書式例

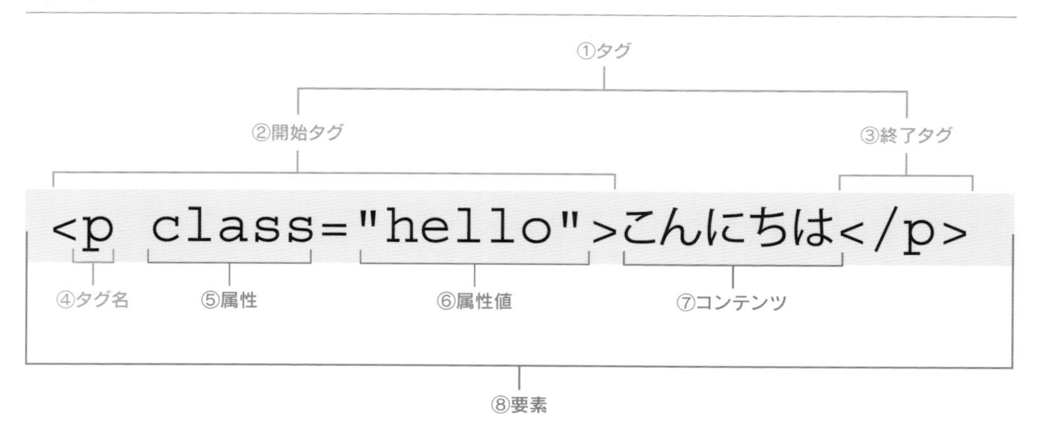

① タグ

HTMLのタグとは、小なり記号(<)と大なり記号(>)で囲まれた部分のことをいいます。②開始タグと③終了タグをまとめて**タグ**と呼んでいます。

② 開始タグ

タグは必ず**開始タグ**で始まります。開始タグは「<」のすぐ後に④タグ名が続き、最後は「>」で終わります。また、開始タグには⑤属性が含まれることがあります。

③ 終了タグ

多くのタグには**終了タグ**があります。終了タグは、「</」にタグ名が続き、最後は「>」で終わります。終了タグに属性が含まれることはありません。②開始タグと③終了タグで⑦コンテンツを囲むのが、HTMLタグの書き方の基本です。

④ タグ名

開始タグ、終了タグともに、< >の中には**タグ名**が書かれています。前ページの書式例では「p」がタグ名で、このタグで囲んだコンテンツ――「こんにちは」の部分――がテキストの段落（**P**aragraph）であることを示しています。

タグ名はp以外にもたくさんあって、それぞれ意味が決まっています。適切なタグを選んでコンテンツを囲み、そのコンテンツに意味づけをするのがHTMLの大きな役割です。

⑤ 属性

タグに追加的な情報を付け加えるのが**属性**です。属性は必ず付くわけではなく、1つも付かないこともあれば複数付くこともあります。前ページの書式例の場合は、<p>タグにclass属性を追加しています。

⑥ 属性値

属性には「値」を設定する必要があります。たとえば前ページの書式例では<p>タグにclass属性を追加し、そのclass属性の値を「hello」にしています。このように、属性とその値（**属性値**）はイコール（=）でつなげてセットで記述します。書き方の注意点として、属性値はダブルクォート（"）で囲むことを忘れてはいけません。

Fig ● タグに属性を設定するときの書式

また、1つの属性に複数の値を設定することもあります。その場合は、一つひとつの値を半角スペースで区切ります。たとえば<p>タグにclass属性を追加し、その値に「hello」と「special」という2つの値を設定したいときは次の図のように書きます。

Fig ● 1つの属性に複数の値を設定するときの書式

```
<p class="hello␣special"></p>
```

半角スペース

⑦ コンテンツ

開始タグと終了タグに囲まれた部分のことを**コンテンツ**といいます[*2]。ブラウザでHTMLファイルやWebページを開いたときに、実際に画面上に表示されるのはこのコンテンツの部分です（タグ自体が表示されることはありません）。コンテンツには、テキストだけでなく、別のタグが含まれることもあります。

＊2 「コンテンツ」という言葉は幅広く使われる単語のため、区別するために「<p>タグのコンテンツ」「要素のコンテンツ」などと呼ぶこともあります。

Fig ● コンテンツが別のタグになっている例

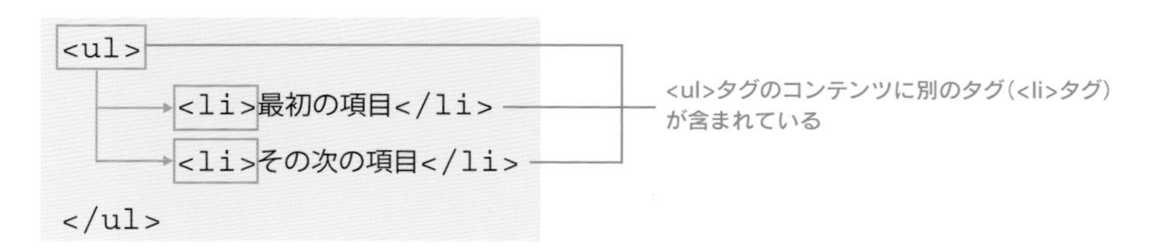
<ul>
<li>最初の項目</li>
<li>その次の項目</li>
</ul>
<ul>タグのコンテンツに別のタグ（<li>タグ）が含まれている

⑧ 要素

タグ（開始タグ、終了タグ）と、タグに囲まれたコンテンツをひとまとめにして、**要素**と呼びます。1つのHTMLドキュメントは、複数の要素で構成されています。

2 タグの記述は半角で

HTMLを書く際の注意点を挙げておきます。

開始タグ、終了タグ、タグ名、属性など、コンテンツ以外の部分はすべて半角文字で記述します。属性値も多くの場合半角文字で記述しますが、alt属性などで例外的に全角文字を使用する場合もあります。

タグ名と属性の間は半角スペースで区切ります。また、複数の属性がある場合、属性と属性の間も半角スペースで区切ります。スペースは入力しても目に見えないため、よく間違えて全角スペースを入力してしまうことがありますが、そのままにしているとWebページが正しく表示されないこともあるので要注意です。

コンテンツ部分のテキストは自由に書くことができ、全角文字が含まれていてもかまいません。ただし、コンテンツの部分に半角の「<」「>」を含めることはできません。なぜならブラウザが「これはタグかな？」と誤認識してしまい、正しく表示されなくなるからです。どうしてもコンテンツに半角の「<」「>」を含めたいときは、**文字実体参照**というものを使います。この文字実体参照については第4章「キーボードで入力しにくい文字の表示」(p.79)で取り上げます。

Fig ● タグはすべて半角文字で記述する。タグ名や属性の間は半角スペースで区切る

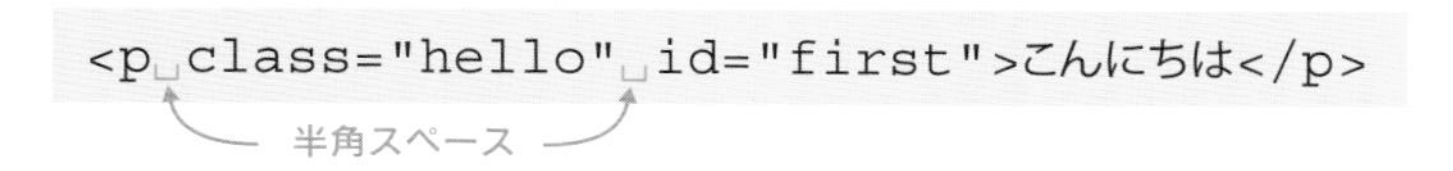

Fig ● コンテンツに半角の「<」「>」を含めることはできない

```
<p>段落には<p>タグを使います。</p>
```

✖

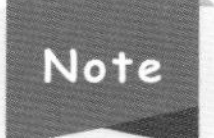

VSCodeは全角スペースをわかりやすく表示してくれるから安心

本書の実習で使用するテキストエディタ、VSCodeは、2021年11月に公開されたバージョン1.63から全角スペースなどをハイライト表示するようになりました。入力の間違いを見つけやすくなっています。

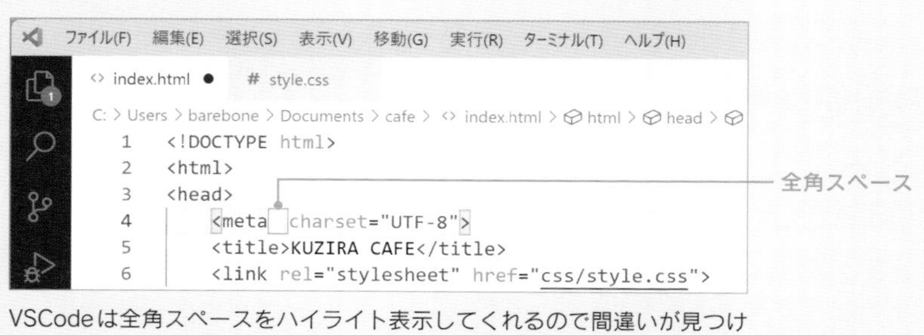

VSCodeは全角スペースをハイライト表示してくれるので間違いが見つけやすい

3 インデント

「インデント」とは行の先頭に空白を挿入して全体を右にずらすことです。「字下げ」ともいいます。HTMLではタグの中に別のタグが含まれることがよくあり、ソースコードが複雑になってくるとそのままでは非常に見づらくなるため、改行したりインデントしたりして読みやすく整理します。インデントや改行をしたからといってブラウザ上でのWebページの表示が変化することはありません。

Fig ● インデント

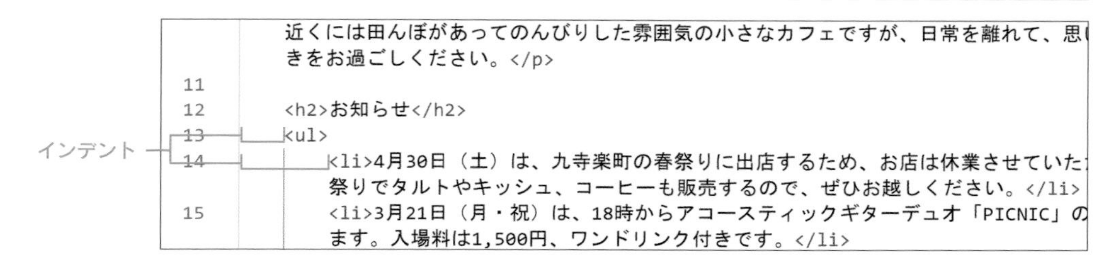

VSCodeの初期設定では、1段インデントすると半角スペースが4つ挿入されます。HTMLやCSSの編集中に自動でインデントされるので任せておけばだいたい大丈夫ですが、もし手動で調整するときは、行頭をクリックしてカーソルを移動してから Tab キーを押します。

4 空要素

多くのタグには開始タグと終了タグがあります。しかし中にはコンテンツを持たず、終了タグがないタグもあります。こうしたタグのことを**空要素**（からようそ）と呼びます。代表的な空要素には、テキストを改行する
タグ、画像を挿入する<img>タグ、テキストフィールドなどのフォームの部品を表示する<input>タグなどがあります。

Fig ● 空要素の例

```
<p>段落中で<br>改行します。</p>
<img src="images/photo.jpg">
<input type="text" name="name">
```

03 親子、子孫、兄弟 ～HTMLの階層関係

あるタグのコンテンツに別のタグが含まれ、そのタグにもまた別のタグが含まれ…… HTMLはタグ同士で複雑な階層構造を作ります。正しいHTMLを書くために、また、CSSを使ってページのデザインを調整するために、タグ同士の階層関係を把握していることが重要です。ここでは、タグとタグの階層関係を示す用語を紹介します。

1 親要素と子要素

ある要素――タグとそのコンテンツ――の中に別の要素が含まれていると、その2つの要素の間に階層関係ができます。このとき、別のタグを囲む側の要素を**親要素**、囲まれる側の要素を**子要素**といいます。

次の図では、<p>タグのコンテンツの中に、<strong>タグが含まれています。このとき、<p>要素は<strong>要素の親要素、<strong>要素は<p>要素の子要素ということになります。

Fig ● 親要素と子要素

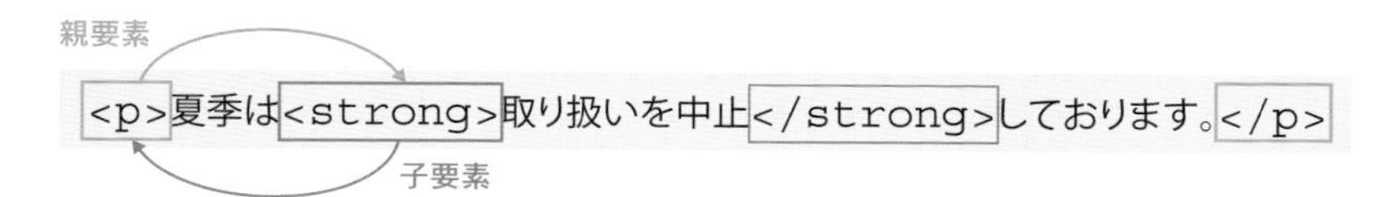

子要素は親要素からはみ出てはいけない

ある要素の子要素は、親要素の開始タグと終了タグの間に完全に収まっていないといけません。次の図は間違った記述例で、親要素の<p>要素から、子要素の<strong>要素がはみ出ています。このようなHTMLを書くと、Webページが思ったとおりに表示されなくなる場合もあるので注意が必要です。

Fig ● 子要素<strong>が親要素<p>からはみ出ている

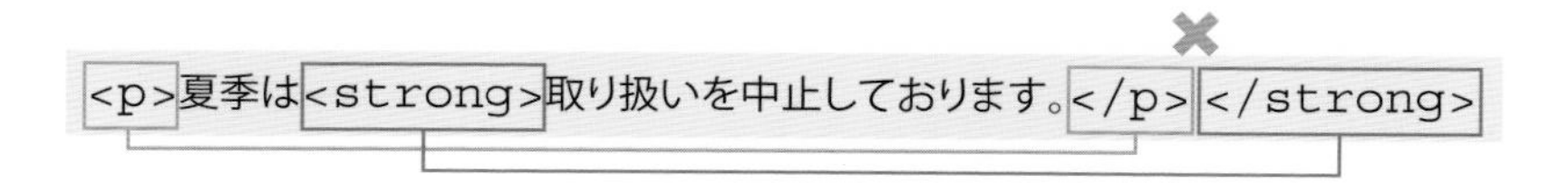

2 祖先要素と子孫要素

HTMLを書いていると、階層関係がだんだん複雑になってきます。あるタグに子要素が含まれ、その子要素にさらに子要素が含まれるということがしょっちゅうあるのです。そうした複雑なHTMLの中で、ある要素から親要素をたどって上の階層にある要素のことを**祖先要素**、ある要素から子要素をたどって下の階層にある要素のことを**子孫要素**といいます。

Fig ● 祖先要素と子孫要素

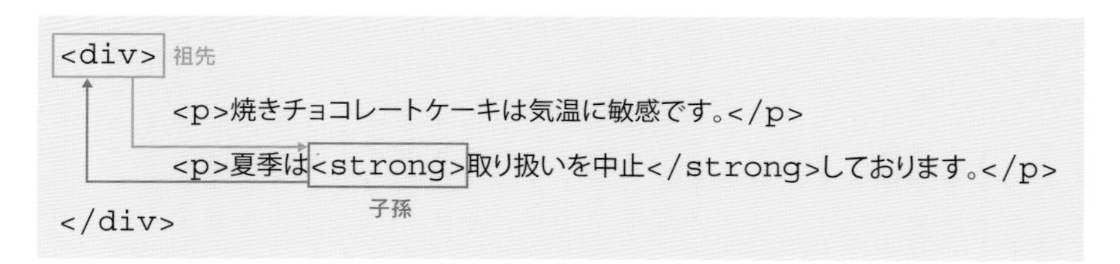

上の図の場合、2つの<p>要素はともに<div>の子要素です。そして、2つ目の<p>要素に含まれる<strong>要素は、<p>要素の子要素です。このとき、<strong>から親要素をたどって行き着く<div>は、<strong>にとっての祖先要素になります。また、<div>要素にとって<strong>は子孫要素です。ある要素の子孫要素を把握するのは、特にCSSを書くときに重要になってきます。

3 兄弟要素

親要素と子要素、祖先要素と子孫要素は、いずれも要素の階層関係を表します。それに対して**兄弟要素**とは、同じ親要素を持つ要素同士の関係を指します。次の図に出てくる<h1>要素と<p>要素は、兄弟要素の関係にあります。

Fig ● 同じ親を持つ要素同士を兄弟要素という

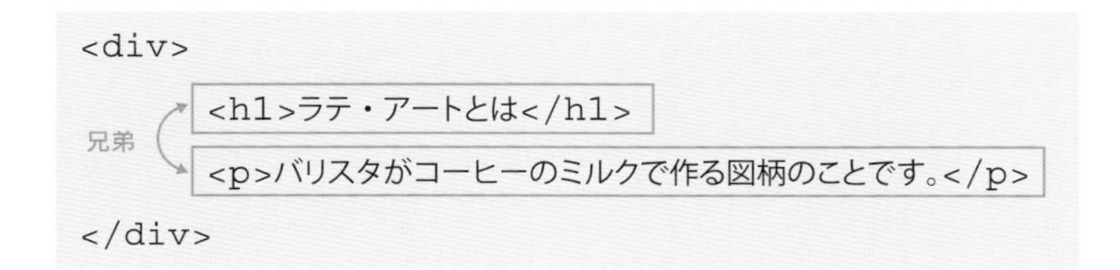

<div>
兄弟
<h1>ラテ・アートとは</h1>
<p>バリスタがコーヒーのミルクで作る図柄のことです。</p>
</div>

Column

さあ、実習を始めよう

次の章からWebサイト作りの実習が始まります。HTMLもCSSも触ったことがないという方は、初めのうちは「なぜこう書くのか」についてはあまり考えすぎず、実習を進めてみましょう。HTMLやCSSを書く作業には似たようなパターンが何度か出てきます。繰り返し行ううちに理解できることもあるので、最初から完璧に理解できたと思えなくても心配することはありません。

ここでもう一度、HTML入力時の注意点をおさらいしておきます。特に気をつけたいのは次の2点です。

- **すべてのタグや属性は半角文字で入力する**
- **タグと属性、属性値と属性値の間に空けるスペースは必ず半角スペースで入力する**

また、正しく動作するWebサイトを作るためには使用するファイルの保存場所がとても重要になります。次の第3章ではフォルダを用意したり、使用する画像ファイルをコピーしたりとWebサイト制作の準備作業をしますが、正しい場所に作成・コピーできているか確認しながら作業を進めることをお勧めします。

Chapter

3

制作の準備と基本のHTML

それでは実習に取りかかりましょう。本章ではどんなページでも共通して使われる基本のHTMLタグを書きますが、その前に、これから作るWebサイト用のフォルダを作ったり使用する画像ファイルなどをコピーしたりして、制作への準備を整えます。この準備はなんでもない作業に思えるかもしれませんが、HTMLではファイルがどこに保存されているかが重要になってくるので、けっこう大事な工程なんです。

01 Webサイト制作の準備

Webサイトは HTML ファイルや画像ファイルなど、さまざまなファイルで構成されます。そうしたファイルはどこに保存されていてもよいわけではなく、整理して1カ所にまとめておく必要があります。ここでは Webサイト制作の最初のステップとして、ファイルを保存しておくフォルダを作って必要なデータをコピーした後、ホームページ（トップページ）となるHTMLファイルを作成します。

1 必要なフォルダを作る

始めに「KUZIRA CAFE」Webサイトで必要となるファイルをすべて保存しておく「cafe」フォルダを作成します。さらにその中に、画像ファイルを保存しておく「images」フォルダ、CSSファイルを保存しておく「css」フォルダを追加します。

実習 5 フォルダを作成する Windows

① 「ドキュメント」フォルダ内に「cafe」フォルダを作成します。タスクバーの［エクスプローラー］をクリックします❶。エクスプローラーウィンドウが開いたら、サイドバーから［ドキュメント］をクリックして❷、「ドキュメント」フォルダを開きます。

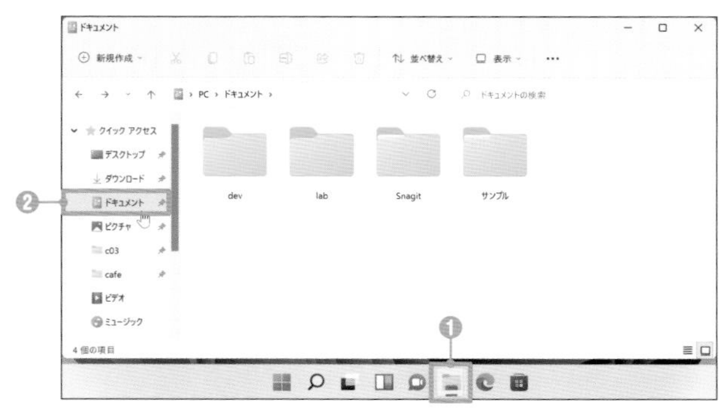

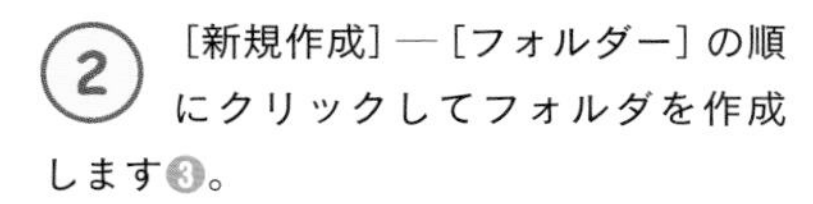

② ［新規作成］—［フォルダー］の順にクリックしてフォルダを作成します❸。
Windows 10の場合は［ホーム］タブの［新しいフォルダー］をクリックします。

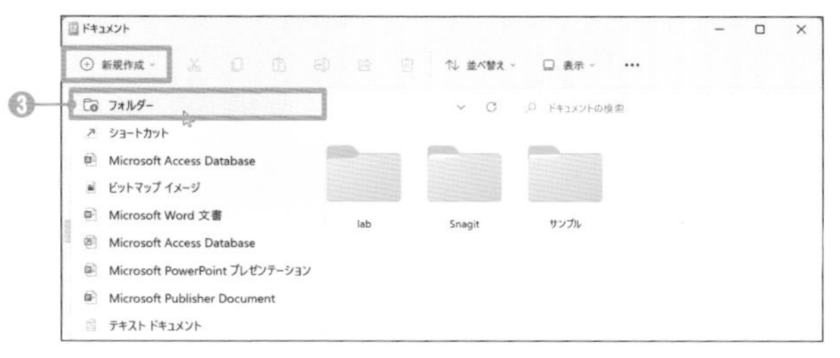

③ 新しくできたフォルダの名前を半角英字で「cafe」にします❹。作成した「cafe」フォルダをダブルクリックして開きます❺。

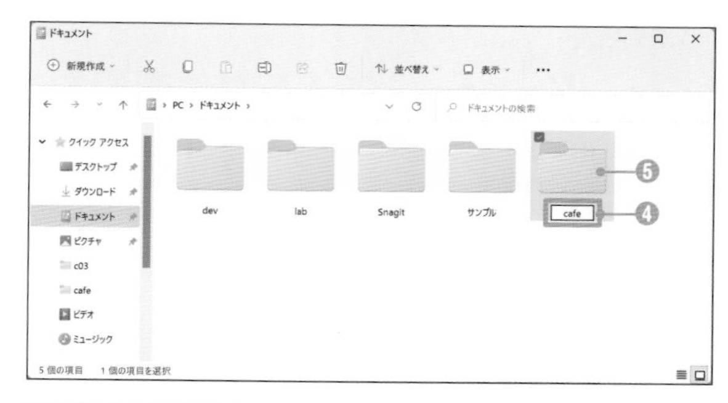

④ 手順2～3と同様の操作で「cafe」フォルダの中に新しいフォルダを2つ作成し、それぞれ半角英字で「css」「images」と名前をつけます❻。

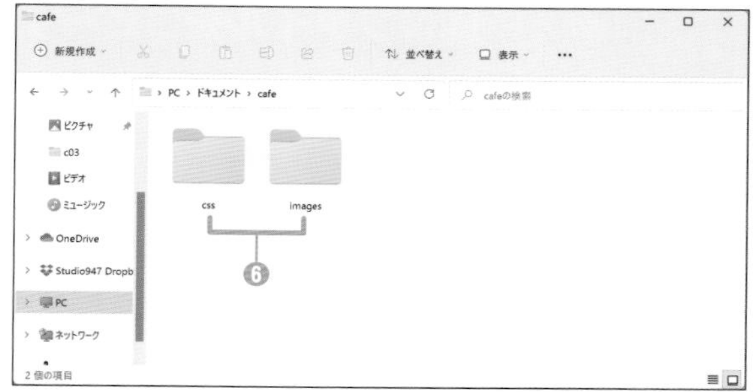

① Dockの［Finder］をクリックして❶、Finderウィンドウを開きます。サイドバーの［書類］をクリックして「書類」フォルダを開き❷、メニューバーから［…］―［新規フォルダ］の順にクリックしてフォルダを作成します❸。

② フォルダ名を半角英字で「cafe」にします❹。同様の手順で「cafe」フォルダの中にフォルダを2つ作成し、それぞれ半角英字で「css」「images」と名前をつけます❺。

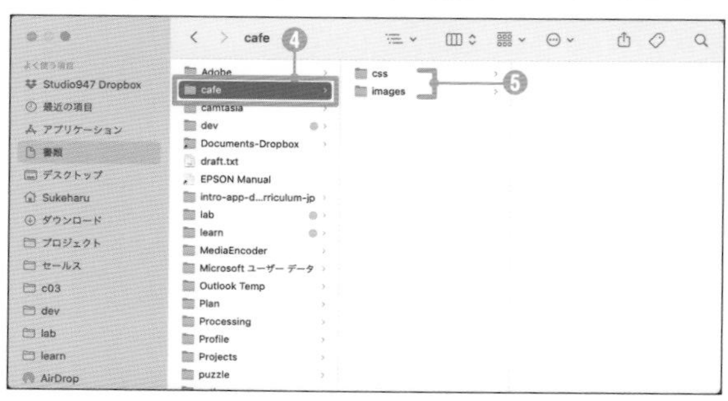

2 「images」フォルダに画像をコピーする

前の実習で作成した「images」フォルダの中に、ダウンロードしておいたサンプルデータに含まれる画像ファイルをコピーします。

実習 6 画像ファイルをコピーする Windows

① エクスプローラーのサイドバーから［ドキュメント］をクリックします。コピーしておいた「サンプル」フォルダ―「サイト作成素材」フォルダ―「画像」フォルダの順にダブルクリックして「画像」フォルダを開きます❶。

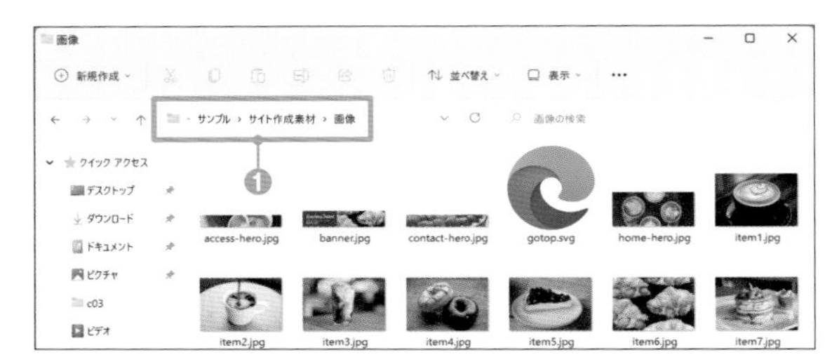

② メニューバーの［…］(もっと見る) ―［すべて選択］をクリックして❷、すべての画像ファイルを選択します。その後、［コピー］をクリックしてファイルをコピーします❸。
Windows 10の場合は［ホーム］タブの［すべて選択］をクリックした後、［コピー］をクリックします。

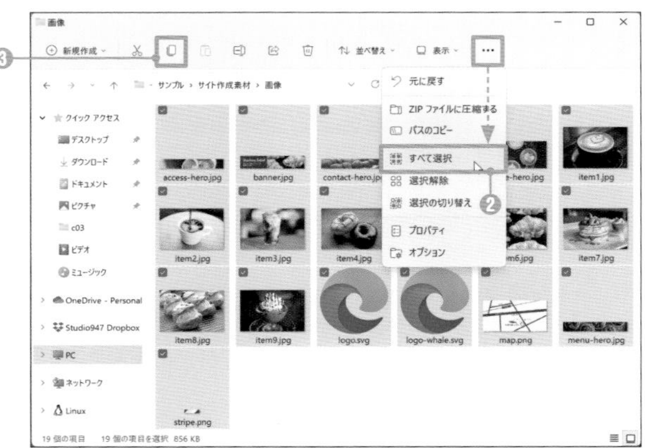

③ サイドバーの［ドキュメント］をクリックし、続いて「cafe」フォルダ―「images」フォルダの順にダブルクリックして「images」フォルダを開きます。メニューバーの［貼り付け］をクリックすると❹、画像がコピーされます❺。
Windows 10の場合は、「images」フォルダを開いた後に［ホーム］タブの［貼り付け］をクリックします。

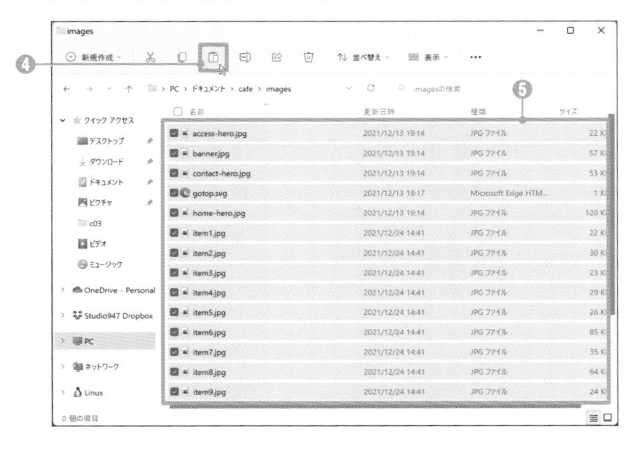

実習 6 画像ファイルをコピーする Mac

① Dockの［Finder］をクリックしてFinderウィンドウを開き、サイドバーの［書類］をクリックします❶。コピーしておいた「サンプル」フォルダ—「サイト作成素材」フォルダ—「画像」フォルダの順にクリックして「画像」フォルダを開きます❷。

② ［編集］メニュー—［すべてを選択］をクリックしてすべての画像を選択します❸。

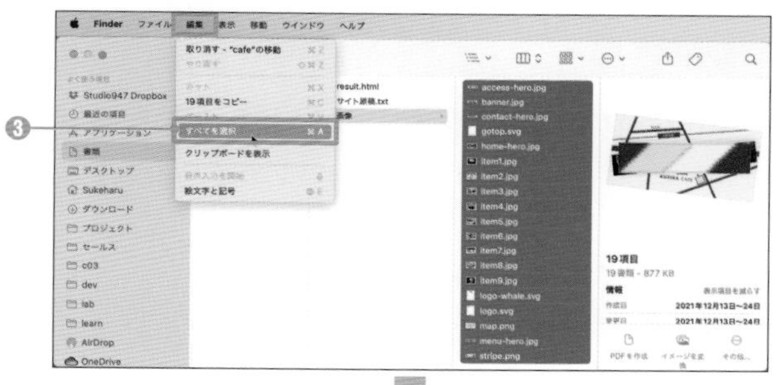

続けて［編集］メニュー—［19項目をコピー］をクリックします❹。

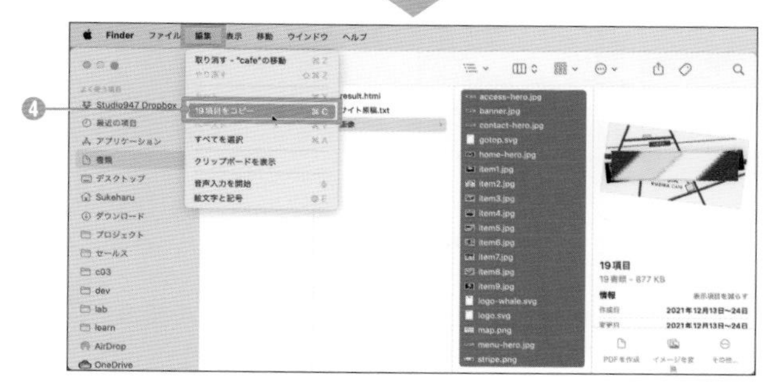

③ サイドバーの［書類］をクリックして、「cafe」フォルダ—「images」フォルダの順にクリックして「images」フォルダを開きます。
その状態で［編集］メニュー—［19項目をペースト］をクリックすると❺、画像が「images」フォルダにコピーされます❻。

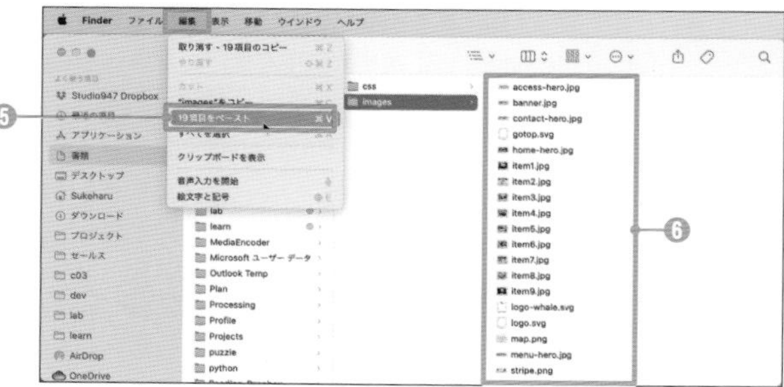

解説

ファイル名やフォルダ名のつけ方

Webサイトの制作中につけたファイル名やフォルダ名は、Webサイトをインターネットに公開した後、そのままWebページのアドレス(URL)になります。URLには使える文字と使えない文字があり、またWebサイトで使うファイルやフォルダの名前を後から変えるのは大変なので、始めから「最終的にはアドレスになる」ことを意識して名前をつけることが大事です。そのための簡単なルールを覚えておきましょう。

まず、フォルダやファイルにつける名前には、半角の英字小文字と数字、ハイフン(-)、アンダースコア(_)のみを使用します。そのほかの記号は使いません。英字の大文字や日本語は使えないわけではありませんが、半角小文字などとは扱いが異なり混乱のもとになるので避けましょう。次の表で、つけてよいファイル名とそうでないファイル名の例を挙げておきます。

Table ● つけてよいファイル名の例

○/×	ファイル名
○	about.html
○	about-me.html
○	about_me.html
○	gallery1.html

Table ● つけてはいけないファイル名の例

○/×	ファイル名	つけてはいけない理由
×	about me.html	半角スペースを使用している
×	you&me.html	アンパサンド(&)を使用している
×	aboutMe.html	英字大文字を使用している(禁止ではないが、特別な理由がない限り使用しない)
×	自己紹介.html	日本語を使用している(禁止ではないが、特別な理由がない限り使用しない)

3 index.htmlファイルを作る

それではWebサイトの1枚目のページ作りに取りかかりましょう。まず、「cafe」フォルダの中にHTMLファイルを作成します。ファイル名は「index.html」にします。

① VSCodeを起動します。[スタート]ボタンをクリックしてメニューを開き❶、「ピン留め済み」に[Visual Studio Code]があるならそれをクリックします。なければ[すべてのアプリ]をクリックします❷。

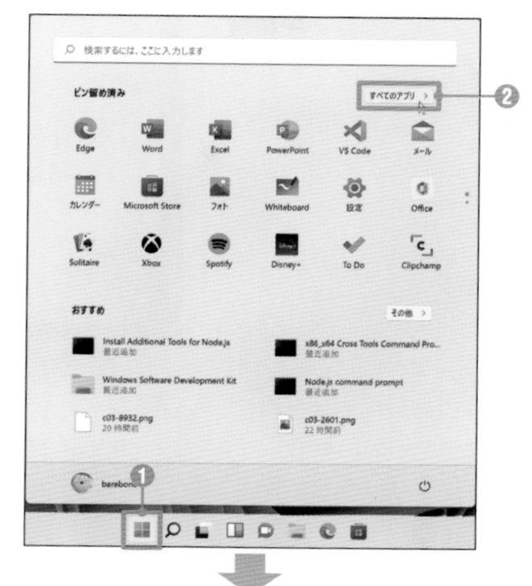

[Visual Studio Code]を探してクリックします❸。
Windows 10の場合は、[スタート]ボタンをクリックして、[Visual Studio Code]—[Visual Studio Code]をクリックします。

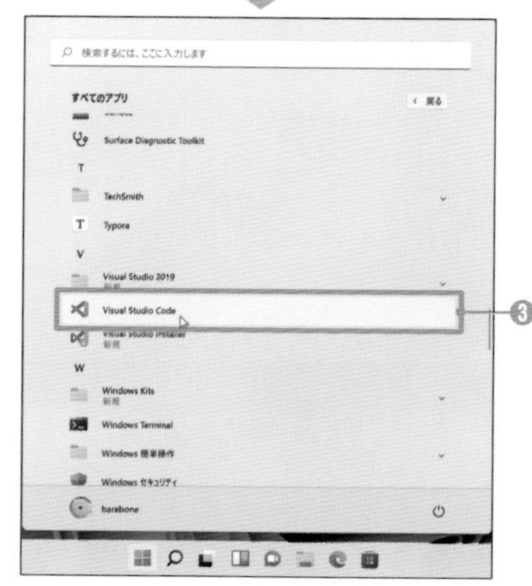

② VSCodeが起動したら、[ファイル]メニュー—[新しいテキストファイル]をクリックします❹。

③ 「Untitled-1」[*1]という名前のファイルができていることを確認してから❺、［ファイル］メニュー─［名前を付けて保存］をクリックします❻。

＊1 「Untitled-」の後ろの番号は変わることがありますが、気にしなくてかまいません。

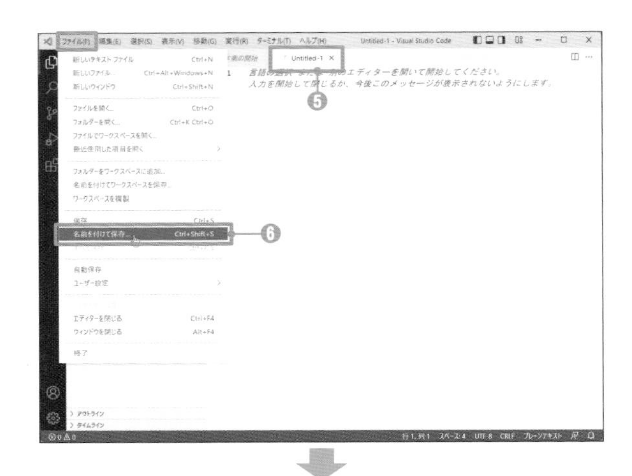

ダイアログが出てきたらサイドバーの［ドキュメント］をクリックして❼、「cafe」フォルダをダブルクリックして開きます。
［ファイル名］に半角で「index.html」と入力してから❽、［保存］をクリックします❾。これでindex.htmlファイルが作られます。

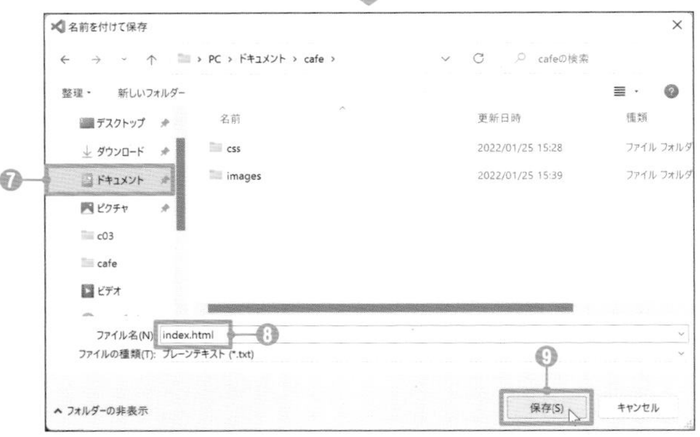

実習 7 新規HTMLファイルを作成する Mac

① Finderウィンドウのサイドバーにある［アプリケーション］をクリックし❶、インストールされているアプリの中から［Visual Studio Code］を探してダブルクリックします❷。

Note

VSCodeを初めて起動するとき Mac

VSCodeを起動しようとして、「“Visual Studio Code.app” はインターネットからダウンロードされたアプリケーションです。開いてもよろしいですか？」と聞かれたら、［開く］をクリックします。

このダイアログが出たら［開く］をクリック

② VSCodeが起動したら、［ファイル］メニュー―［新しいテキストファイル］をクリックします❸。

③ 「Untitled-1」*2という名前のファイルができていることを確認してから❹、［ファイル］メニュー―［名前を付けて保存］をクリックします❺。

＊２「Untitled-」の後ろの番号は変わることがありますが、気にしなくてかまいません。

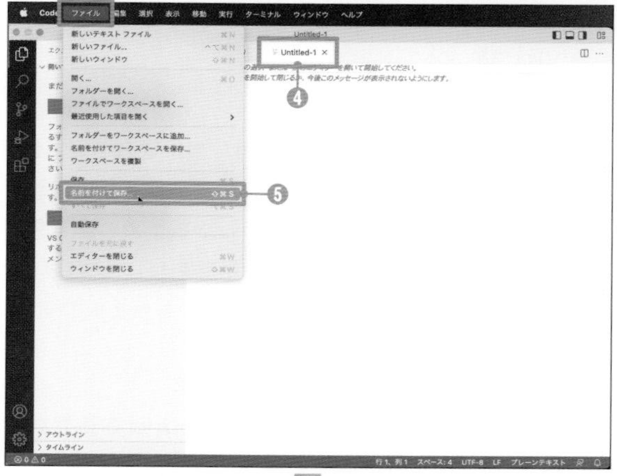

ダイアログが出てきたら［名前:］に半角で「index.html」と入力します❻。次に［場所:］の右側にある⌄をクリックして保存場所を選べるようにします❼。

サイドバーの［書類］をクリックして❽、「cafe」フォルダをクリックします❾。最後に［保存］をクリックして❿、index.htmlファイルを作成します。

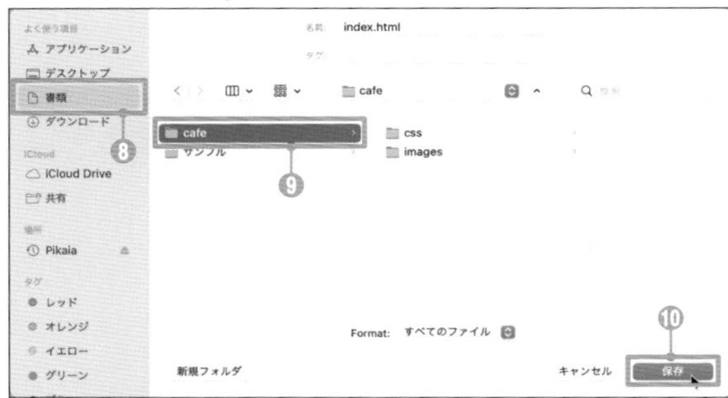

Note ファイル保存時に許可を求められたら Mac

「書類」フォルダ内にファイルを保存しようとして右の図のようなダイアログが出てきた場合は［OK］をクリックします。

“Visual Studio Code”から“書類”フォルダ内のファイルにアクセスしようとしています。

許可しない　OK

保存の許可を求められた場合は［OK］をクリック

Note VSCodeの表示を紙面と合わせたいときは

VSCodeを使っていると、本書に掲載されている画面と作業中の見た目が異なることがあります。また、環境によってはメニューが日本語化されていない場合もあります。そこで、本書に掲載している画面と見た目を合わせるための設定方法を紹介します。なお、ここで挙げる作業は必須ではありません。設定を変更をしなくても同じようにWebサイト制作を進めることはできるので、気にならない方は飛ばしても大丈夫です。

● 日本語でメニューを表示したいときは

環境によってはVSCodeのメニューが日本語でない場合があります[*3]。メニューを日本語にしたいときは、日本語拡張機能をインストールしましょう。VSCodeの左にあるツールバーの

[Extensions] をクリックします❶。検索フィールド（Search Extensions in Marketplaceと書かれているところ）に、半角で「japanese」と入力します❷。

検索結果一覧に「Japanese Language Pack for Visual Studio Code」が出てくるので、[Install] をクリックします❸。

右下に通知パネルが出てきたら [Restart] をクリックして再起動します❹。これでVSCodeのメニューが日本語になります。

＊3 メニューが日本語でなくても、日本語が含まれるHTMLやCSSを編集することは可能です。

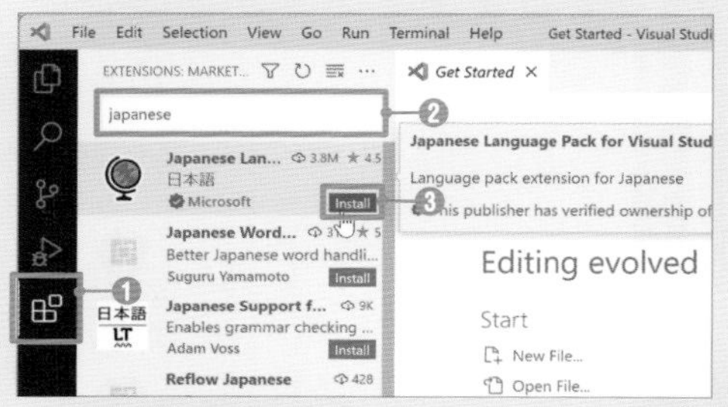

日本語の拡張機能を検索してインストール

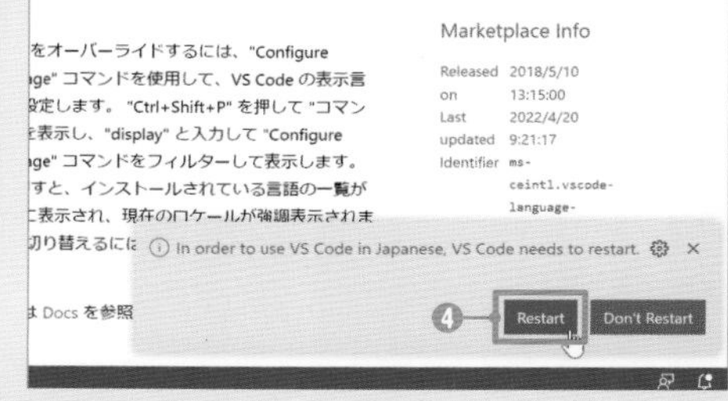

通知パネルで [Restart] をクリックして再起動

● **表示される行数やインデントの大きさなどを紙面に合わせたいときは**

紙面に掲載されている編集中のHTMLやCSSと、ご自分で作業している行数やインデントの大きさを合わせるには次の設定をします。

1. [ファイル] メニュー―[ユーザー設定]―[設定] の順にクリックします❶（Macの場合は[Code] メニュー―[基本設定]―[設定]）。
2. [設定] タブが表示されます。まずフォントサイズを変更しましょう。「設定の検索」欄に半角で「font size」と入力して❷、「Editor: Font Size」という項目を探します。この項目の数値を「16」にします❸。

3. 次にインデントの大きさを設定します。「設定の検索」欄に「indent」と入力します❹。「Editor: Insert Spaces」という項目を探して、「Tabキーを押すとスペースが挿入されます。」と書かれたところにチェックを付けます❺。そして、「Editor: Tab Size」という項目を探して、数値を「4」にします❻。
4. 最後に行間を設定します。「設定の検索」欄に「lineheight」と入力します❼。「Editor: Line Height」という項目を探して、値を「1.3」にします❽。入力が終わったら［設定］タブの右の×をクリックして閉じます。

紙面に掲載されている画面と見た目を合わせたい場合は、フォントサイズ、インデントの大きさ、行間を設定

● 左サイドバーをたたむには

本書の実習ではVSCodeの左サイドバーはほとんど使いません。邪魔だと感じたらたたむことができます。たたむときはツールバーの［エクスプローラー］をクリックします❶。もう一度開きたいときも［エクスプローラー］をクリックします。

左サイドバーが邪魔な場合は、ツールバーの［エクスプローラー］をクリックしてたたむ

02 すべてのページに共通するHTMLタグ

ほぼすべてのHTMLは、DOCTYPE宣言で始まり、<html>タグ、<head>タグ、<body>タグと続きます。どんなページを作るときにも書くことになる共通のタグを書いてみましょう。

ここで使うのは
- **DOCTYPE宣言**
- **<html>**
- **<head>**
- **<body>**
- **<meta>**
- **<title>**

1 すべてのHTMLに共通するタグを書いてみよう

前節で作成したindex.htmlに10行程度のHTMLを記述します。ここで書くのはほぼすべてのHTMLドキュメントに共通するタグで、これから何度も目にすることになります。

実習 8 DOCTYPE宣言と基本的なHTMLタグを記述する

① index.htmlにHTMLをすべて半角で入力します❶。次ページのコードの記載も参照して入力しましょう。VSCodeでは開始タグを入力すると終了タグが自動的に入力されます。インデントや改行が自動的に行われることもあるので、不要なインデントがされてしまった場合は[Back space]キー（Macの場合は[delete]キー）を押して削除しましょう。
入力できたら［ファイル］メニュー—［保存］をクリックして保存します。

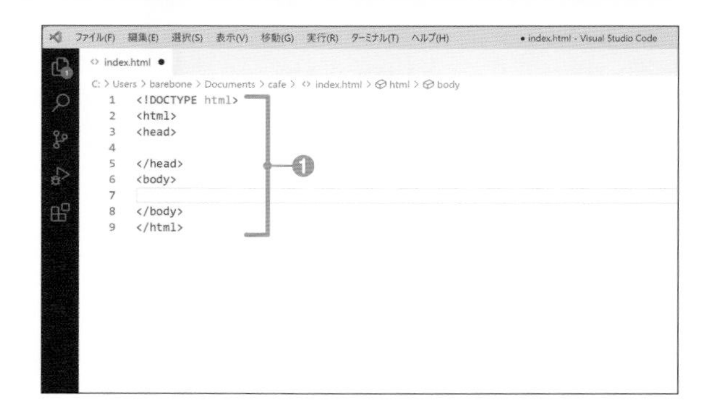

> **Note 終了タグはVSCodeが入力してくれる**
>
> VSCodeは開始タグを入力すると自動的に終了タグも入力してくれます。たとえば「<html>」と入力したら、「</html>」を自動的に入力してくれるということです。

Code ● DOCTYPE宣言と基本的なHTMLタグ

index.html

```
1 <!DOCTYPE html>
2 <html>
3 <head>
4 
5 </head>
6 <body>
7 
8 </body>
9 </html>
```

2 <head> ～ </head>に含まれるタグを記述する

続けて、<head> ～ </head>の中に、<meta>タグ、<title>タグを追加します。これらもすべてのHTMLドキュメントに必要なタグです。

実習 9 <meta>タグ、<title>タグを記述する

① index.htmlの<head> ～ </head>の間にHTMLを入力します❶。VSCodeではダブルクォート（"）を入力すると自動的にもう1つ入力されます。作業が終了したらファイルを保存します。

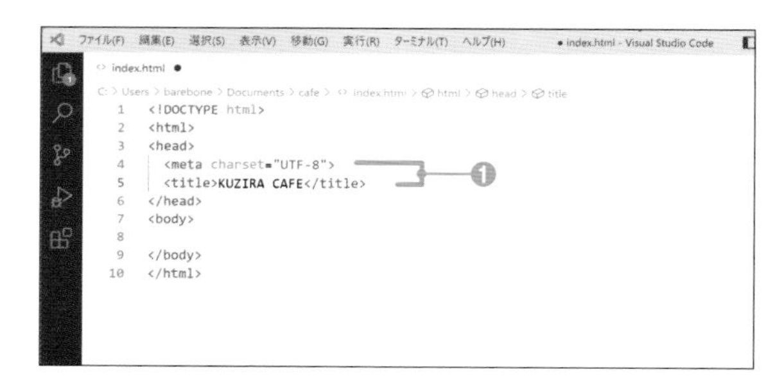

Code ● <meta>タグ、<title>タグ

index.html

```
1 <!DOCTYPE html>
2 <html>
3 <head>
4   <meta charset="UTF-8">
5   <title>KUZIRA CAFE</title>
6 </head>
7 <body>
```

省略

Note VSCodeのコードヒント機能

VSCodeでHTMLファイルを編集していると、タグや属性を入力しているすぐそばにメニューが出てきます。このメニューはコードヒントといって、候補の中から選ぶだけでタグ名などを自動で入力してくれる機能です。使い方は簡単で、候補の中から↑↓キーで選んで Enter キーを押すだけです。HTMLに限らずCSSでもほかのプログラミング言語でも、編集中のファイルの種類（拡張子）に合わせて候補を出してくれます。

```
1  <!DOCTYPE html>
2  <html>
3      <head>
4          <meta charset="UTF-8">
5          <ti
6      </head>  time
7      <body>   title
8
```

コードヒント。↑↓キーで選んで Enter キーを押すと入力できる

3 正しく記述できたか確認してみよう

HTMLを正しく書けたかどうか確認するにはブラウザで表示してみるのが一番です。作成したHTMLファイルをブラウザで表示してみましょう。

実習 10 Edgeで確認する Windows

① 第1章「パソコンに保存されたファイルをブラウザで開いてみよう」（p.6）を参考に、「cafe」フォルダに作成した「index.html」をダブルクリックします❶。

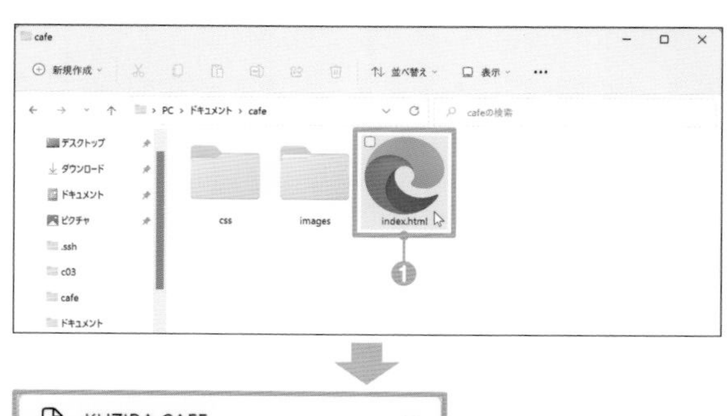

Edgeが起動して、HTMLの表示を確認できます。タブのところに「KUZIRA CAFE」と、<title>タグの中に書いたテキストが表示されます❷。

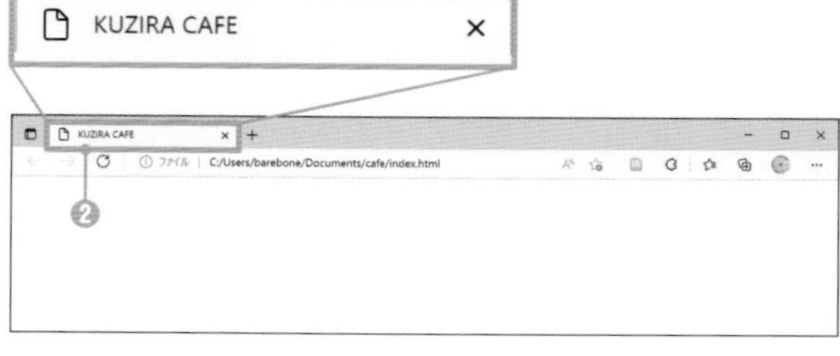

実習 10 Safariで確認する Mac

① 第１章「パソコンに保存されたファイルをブラウザで開いてみよう」(p.6) を参考に、「cafe」フォルダに作成した「index.html」をダブルクリックします❶。

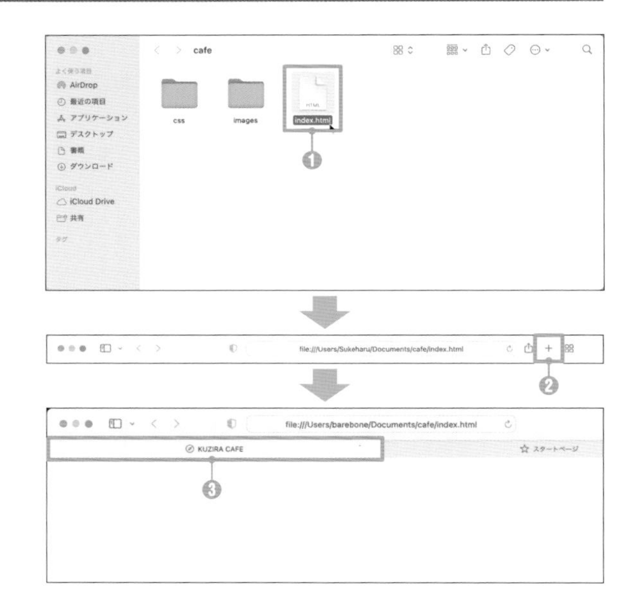

Safariが起動して表示を確認できます。タブのところに「KUZIRA CAFE」と、<title>タグの中に書いたテキストが表示されるのですが、Safariの場合、タブが１枚しか開いていないときはどこにも表示されません。その場合は、ウィンドウ右上の［+］をクリックして❷、タブを追加すると確認できます❸。

解説

すべてのHTMLで共通するタグ

今回index.htmlに記述したHTMLは、タイトルのテキストを除き、そのままほかのHTMLドキュメント＊4にも記述する共通部分です。それぞれのタグの意味と、HTMLの構造を見ていきましょう。

＊4　HTMLファイルに書かれたソースコードのこと。

DOCTYPE宣言

１行目に書いた「<!DOCTYPE html>」は**DOCTYPE宣言**と呼ばれ、HTMLドキュメントの先頭に必ず書く決まりになっています。ドキュメントが最新のHTML仕様に基づいて書かれていることを示しています。実習では「DOCTYPE」の部分だけ大文字であとは小文字で書きましたが、DOCTYPE宣言は大文字・小文字を区別しません。したがって、全部大文字で書いても、全部小文字で書いても大丈夫です。

Fig ● 「DOCTYPE html」の部分は大文字でも小文字でもよく、たとえばすべて小文字で書いてもよい

```
<!doctype html>
```
すべて小文字の例

<html>タグ、<head>タグ、<body>タグ

DOCTYPE宣言に続くのは**<html>**タグです。また、HTMLは必ず**</html>**終了タグで終わります。<html>タグは**ルート要素**と呼ばれ、DOCTYPE宣言を除くほかのすべてのHTMLタグの親要素になります。そして、<html>～</html>の中には**<head>**タグと**<body>**タグの2つが、この順番で含まれます。

HTMLドキュメントの基本構造

HTMLドキュメントは大きく分けて2つのパートで構成されています。1つはそのHTMLドキュメント自体の情報が書かれている**メタデータ部**で、ブラウザウィンドウには表示されません。もう1つは実際にブラウザウィンドウに表示される**コンテンツ部**です。メタデータ部は<head>～</head>の中に、コンテンツ部は<body>～</body>の中に記述します。

Fig ● HTMLドキュメントは大きく分けて2つのパートからなる

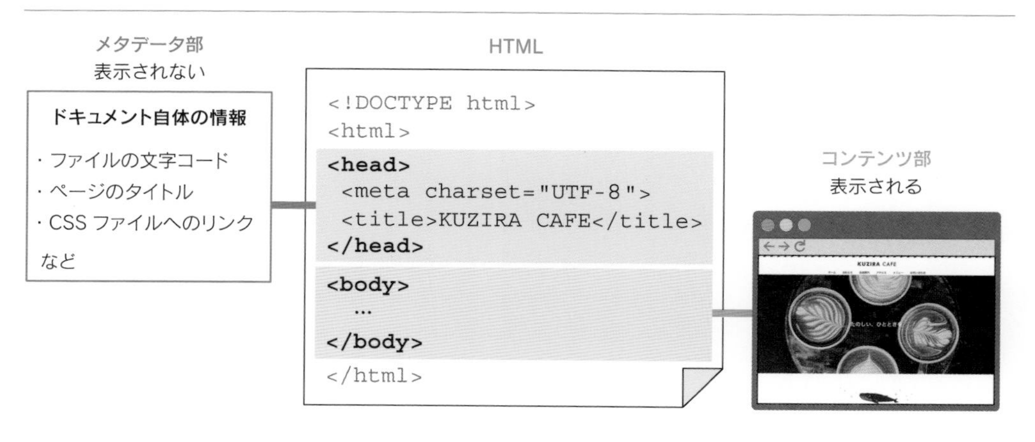
メタデータ部
表示されない
ドキュメント自体の情報
・ファイルの文字コード
・ページのタイトル
・CSSファイルへのリンク
など
HTML
<!DOCTYPE html>
<html>
<head>
<meta charset="UTF-8">
<title>KUZIRA CAFE</title>
</head>
<body>
…
</body>
</html>
コンテンツ部
表示される
KUZIRA CAFE

<head>タグの内容(1)……<meta charset="UTF-8">

<head>～</head>の中には**メタデータ**と呼ばれる、そのHTMLドキュメント自身の情報を書いておきます。メタデータにはWebページのタイトルや使用するCSSファイルの場所(URL)などが含まれますが、ブラウザウィンドウに表示されることはありません。

今回追加したメタデータのうち、4行目の「<meta charset="UTF-8">」は「このHTMLファ

イルで使用している文字コード方式(p.49)はUTF-8ですよ」ということを示しています。この**<meta charset>**タグは慣例的に<head>開始タグのすぐ次の行に書くことになっています[*5]。

＊5 過去のブラウザで<head>開始タグのすぐ次に<meta charset>がないと正しく動作しないものがあって、その名残です。

Fig ● <meta charset>の書式

```
<meta charset="UTF-8">
```

<head>タグの内容(2)……<title>タグ

<title>タグは、Webページのタイトルを示します。ブラウザのタブに表示されるほか、ブックマークや履歴などの名前にも使われます。また、Googleなどで検索したときに表示される見出しにもなるため、より多くの人に見てもらうためには的確なタイトルをつけておくことがとても大事です(第12章「的確なタイトルをつける」p.311)。なお<title>～</title>の間に書けるのはテキストのみで、ほかのHTMLタグなどを含めることはできません。

Fig ● <title>の書式

```
<title>Webページのタイトル</title>
```

Column

文字コードってなに？

コンピュータで文字を画面に表示したり入力したりするために、すべての文字にはID番号となる固有の値、文字コードが割り当てられています。

ある文字に対するID番号の割り当て方のルールのことを「文字コード方式」といい、いくつかの種類があります。日本語が扱える文字コード方式にはShift_JIS、EUC-JP、UTF-8など複数ありますが、同じ文字でも文字コード方式によってID番号が異なるため、ファイルを作ったときの文字コード方式と、ファイルを開いて表示するときの文字コード方式が同じでないと正しく表示されず、いわゆる「文字化け」が発生します。

Fig ● 「遊」の字の文字コードの場合。Shift_JISとUTF-8ではまったく違う文字コードが割り当てられている

	文字コード
Shift_JIS	**9756**
UTF-8	**E9 81 8A**

なお、Webサイトで使うHTMLやCSSなどのファイルはUTF-8で作成する決まりになっています。VSCodeの場合は新しいファイルを作成すると自動的にUTF-8になるので、気にしなくて大丈夫です。ちなみに現在編集中のファイルの文字コード方式はウィンドウ下部のステータスバーで確認できます。

Fig ● VSCodeではステータスバーに文字コード方式が表示されている

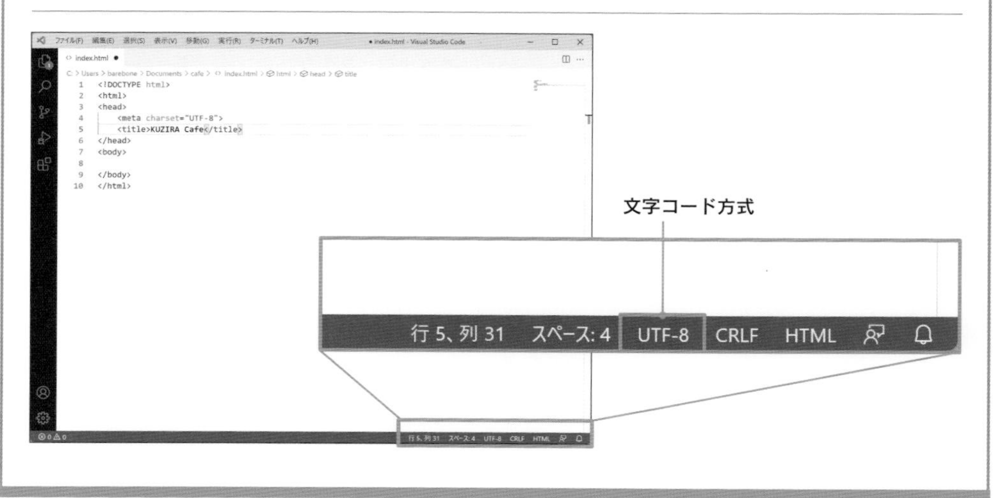

Column

HTMLの仕様

HTMLのタグや書式の仕様は、WHATWG（ワットダブルジー）という団体が「HTML Living Standard」という文書にまとめてWeb上で公開しています。言語仕様が標準化されていて、また各種ブラウザもその仕様に準拠して作られているので、Webページはどんな環境で見ても、どんな機器を使っていても、等しく閲覧できるようになっているのです＊6。

このHTMLの仕様ですが、以前はこのWHATWGの文書以外にW3Cという別の団体が公開する仕様があって、こちらは数年おきに「HTML5」や「HTML5.2」などと、バージョン番号つきで発表されていました。両者の内容はほぼ同じだったのですが、それでも仕様が2つあるのはややこしいなどの理由で、2019年にW3C版は廃止され、WHATWG版に一本化されました。それと同時にHTMLの仕様にバージョン番号はつかなくなっています。「HTML Living Standard」の中身は次のURLで読むことができます。

HTML Living Standard

URL https://html.spec.whatwg.org/multipage/

英語ですし、なかなか難しい文書ですがチャレンジしてみたい方はどうぞ。本書で紹介するHTMLや解説の内容はこの「HTML Living Standard」（最新版、2022年5月時点）に準拠しています。

＊6 ただし、見た目がまったく同じように表示されるわけではないので、Webページを作成する際は、できるだけ多くのブラウザで確認します。

Fig ● HTML Living Standard

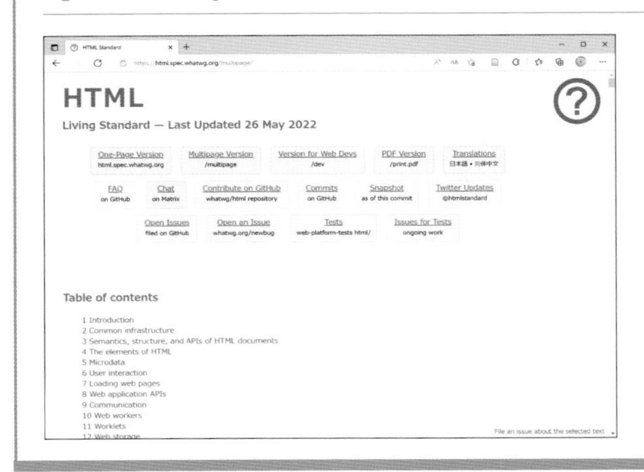

Chapter

4

テキストの表示

この章では主にテキストの表示に関連するタグを使用します。まずは見出し、段落、リストなど基本のタグを使って、長いテキストから箇条書きまでさまざまな種類のテキストを表示させてみます。その後、複数のタグをまとめるためのグループ化タグやテーブル（表）を作成するタグなどいろいろ試しながら、ページの主要な部分を組み立てていきましょう。

01 見出し

見出しには、重要度の異なる<h1>～<h6>まで6種類のタグが用意されています。このうちの<h1>タグ、<h2>タグを使ってindex.htmlに見出しテキストを3つ追加します。

ここで使うのは　● <h1>　● <h2>

1 キャッチコピーと2つの見出しを追加する

ここから実際にブラウザに表示される部分のHTMLを書いていきましょう。まずはindex.htmlに見出しを3つ追加します。1つはサイト全体のキャッチコピーで、<h1>タグを使用します。残りの2つは「お知らせ」と「店舗情報」という見出しを、どちらも<h2>タグで追加します。

実習 11 <h1>タグ、<h2>タグを記述する

① index.htmlの<body>～</body>の中にHTMLを追加します❶。タグは半角で入力することをお忘れなく。作業が終わったら［ファイル］メニュー―［保存］をクリックしてファイルを保存します。

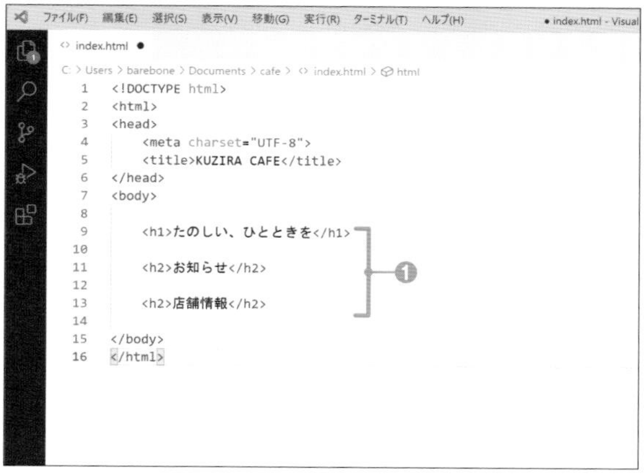

ファイル(F)　編集(E)　選択(S)　表示(V)　移動(G)　実行(R)　ターミナル(T)　ヘルプ(H)　● index.html - Visual

index.html ●

C: > Users > barebone > Documents > cafe > index.html > html

```
1   <!DOCTYPE html>
2   <html>
3   <head>
4       <meta charset="UTF-8">
5       <title>KUZIRA CAFE</title>
6   </head>
7   <body>
8
9       <h1>たのしい、ひとときを</h1>
10
11      <h2>お知らせ</h2>
12
13      <h2>店舗情報</h2>
14
15  </body>
16  </html>
```

❶

② ブラウザで表示を確認します。index.htmlがすでに表示されている場合はブラウザの再読み込みボタンをクリックします❷。表示されていない場合は、第3章「正しく記述できたか確認してみよう」(p.45) の操作を参考に、ブラウザでindex.htmlを開きます。ページにいま追加した見出しが表示されます。

Code ● <h1>タグ、<h2>タグを記述する

index.html

```
1  <!DOCTYPE html>
2  <html>
3  <head>
4    <meta charset="UTF-8">
5    <title>KUZIRA CAFE</title>
6  </head>
7  <body>
8
9    <h1>たのしい、ひとときを</h1>
10
11   <h2>お知らせ</h2>
12
13   <h2>店舗情報</h2>
14
15 </body>
16 </html>
```

解説

6レベルの見出し

<h1>、**<h2>**は見出しを意味するタグです。見出しは6レベル、<h1>、<h2>、<h3>、<h4>、<h5>、<h6>があります。<h1>タグが最も重要な見出しで、「h」に続く数字が大きくなるにつれて重要度が下がります。

HTMLドキュメントに見出しが必要な場合は、原則として<h1>タグから始めます。ドキュメント内に<h1>ほど重要でない見出しが出てきたら<h2>、それよりもさらに重要でない見出しが出てきたら<h3>……と、重要度が下がるごとに数字を1ずつ増やしていきます。なお、ドキュメント内に<h2>と同じくらい重要な見出しがもう一度出てきたら、そのときは<h2>を使用します。

Fig ● 見出し番号の選び方。<h1>タグから始めて、見出しの重要度が下がるごとに1ずつ数字を増やす

```
<body>
    <h1>大見出し</h1>
    …
        <h2>中見出し</h2>
        …
            <h3>小見出し</h3>
            …
            <h3>小見出し</h3>
            …
        <h2>中見出し</h2>
        …
            <h3>小見出し</h3>
            …
</body>
```

解説

ブラウザの再読み込み

すでにブラウザで開いているHTMLドキュメントを編集したときは、ブラウザの再読み込みボタンをクリックして確認します＊1。**再読み込みする前には必ずテキストエディタで編集したファイルを保存しましょう。**そうしないと、編集内容がブラウザの表示に反映されません。

＊1 Edgeでは［更新］、Safariでは［このページを再読み込み］など、ブラウザによって呼び方は少しずつ異なります。「リロード」と言うことも多いでしょう。本書ではブラウザの種類に関係なく「再読み込み」と呼んでいます。

Note

再読み込みのショートカットキーを覚えておこう

Webサイト制作中は頻繁にブラウザで表示を確認することになるので、再読み込みのショートカットキーを覚えておくと便利です。Windowsでは［F5］キー、Macでは［⌘］＋［R］キーを押すと再読み込みします。このショートカットキーは、EdgeやSafariに限らずChromeやFirefoxなど主要なブラウザすべてで共通です。

段落

「段落」を意味する<p>タグは、特によく使われる基本タグのひとつです。<h1>で追加した見出しの下に、段落を1つ追加してみましょう。

ここで使うのは
- <p>

1 カフェの紹介文を追加する

カフェの紹介文の短いテキストを、「段落」を意味する<p>タグを使って追加します。紹介文自体は「サンプル」フォルダに含まれる「サイト原稿.txt」からコピーして使用します。

実習 12 <p>タグを記述する

① 「サイト原稿.txt」を開いて紹介文のテキストをコピーします。VSCodeで［ファイル］メニュー—［ファイルを開く］をクリックします❶。

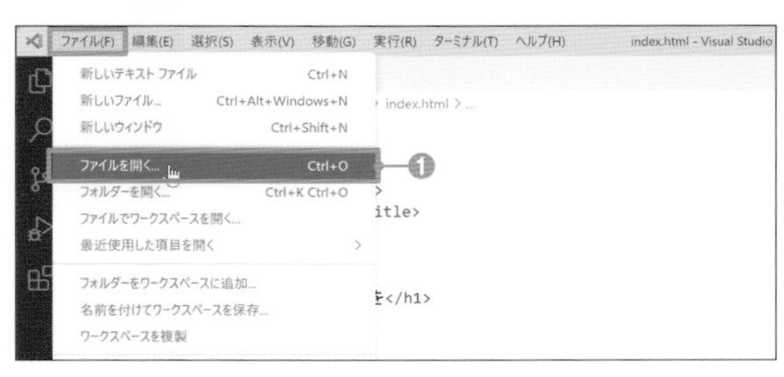

② ファイルを開くダイアログが表示されます。
Windowsではサイドバーの［ドキュメント］をクリックして❷、「サンプル」—「サイト作成素材」—「サイト原稿.txt」の順にダブルクリックします❸。
Macではサイドバーの［書類］—「サンプル」—「サイト作成素材」の順にクリックして、「サイト原稿.txt」をダブルクリックします。

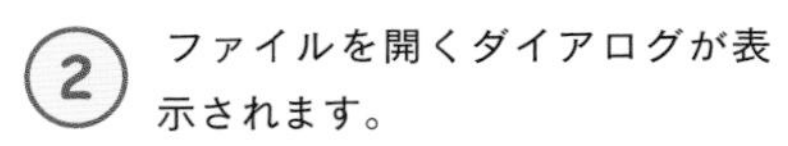

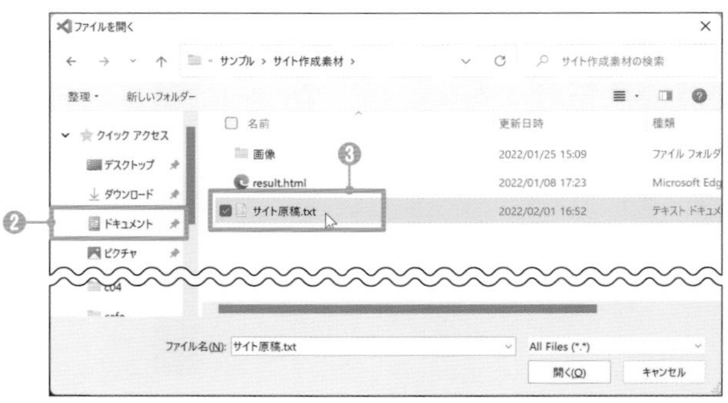

③ 「サイト原稿.txt」が開いたら、「紹介文」と書かれたすぐ下にあるテキストをドラッグして選択します❹。[編集] メニュー―[コピー] をクリックしてコピーします❺ 。ここでテキストが横に長く表示される場合は、VSCodeの設定を変更することもできます。「Note：VSCodeで段落のテキストが横に長く表示されるときは」(p.58) を参照してください。

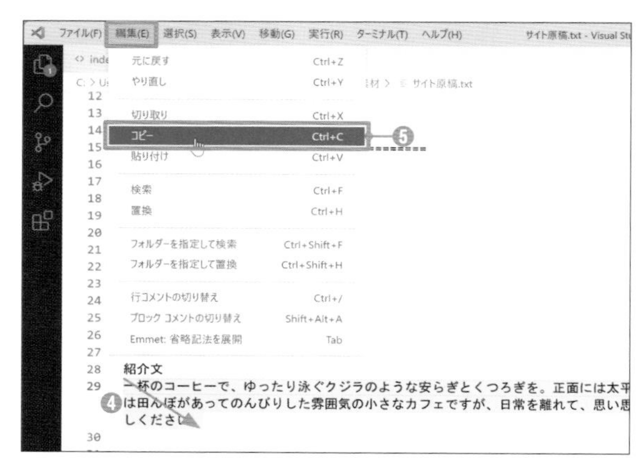

④ index.htmlを編集します。index.htmlが開いていない場合は開き、開いている場合は [index.html] タブをクリックします❻。「<h1>たのしい、ひとときを</h1>」の後ろをクリックしてカーソルを移動します❼。

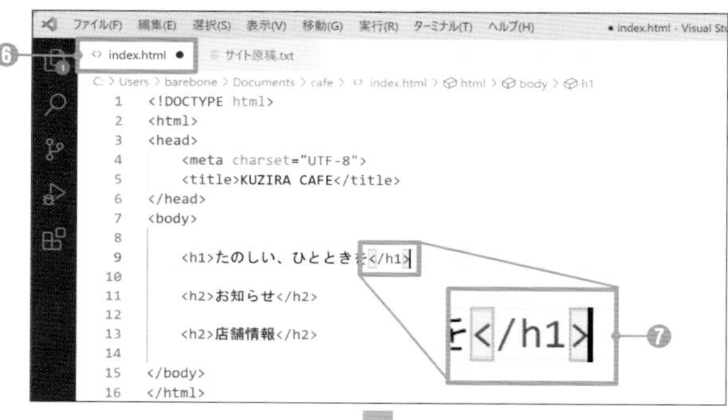

Enter キーを2回押して、1行空けて「<p>」タグを入力します❽。終了タグも自動的に入力されます。

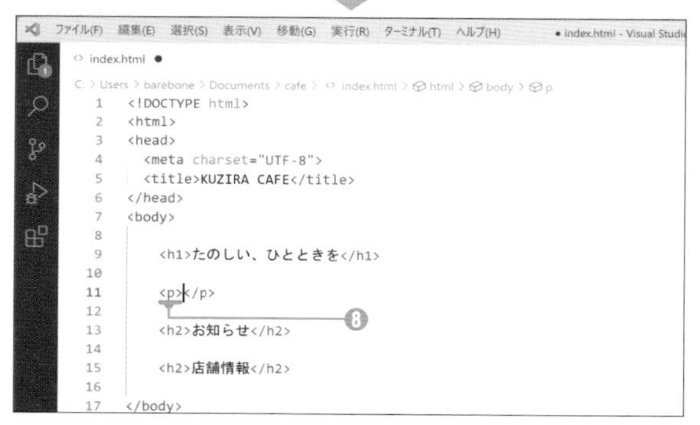

⑤ カーソルが<p>開始タグと</p>終了タグの間にあることを確認して、[編集] メニュー―[貼り付け] (Macの場合は [ペースト]) をクリックし❾、コピーしたテキストを貼り付け (ペースト) します❿。
作業が終わったらファイルを保存します。

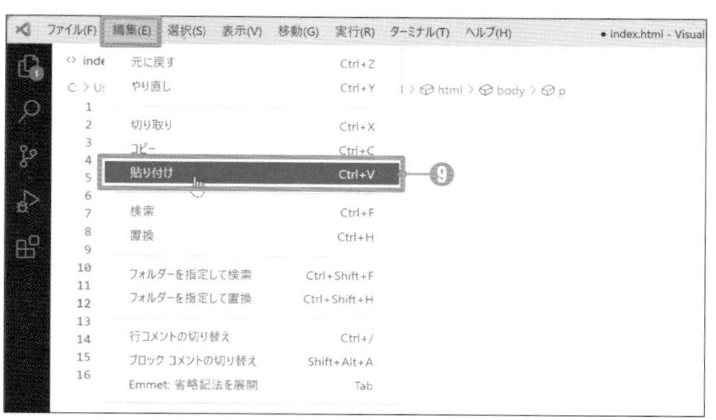

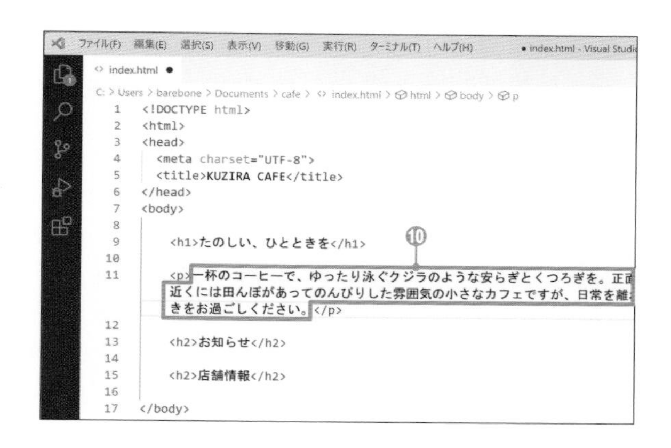

Note コピー＆ペーストのショートカットキーを覚えよう

データのコピー＆ペーストは、アプリのメニューを選べばできます。でも、頻繁に行う操作ですから、ショートカットキーを覚えておくと作業が楽になります。

コピーは、コピーしたい部分を選択してから Ctrl ＋ C キー（Macの場合は ⌘ ＋ C）を押します。貼り付け（ペースト）は、ペーストしたい場所を選択してから Ctrl ＋ V キー（Macの場合は ⌘ ＋ V）を押します。

⑥ ブラウザで表示を確認すると、最初の見出しの下にテキストが追加されています⑪。

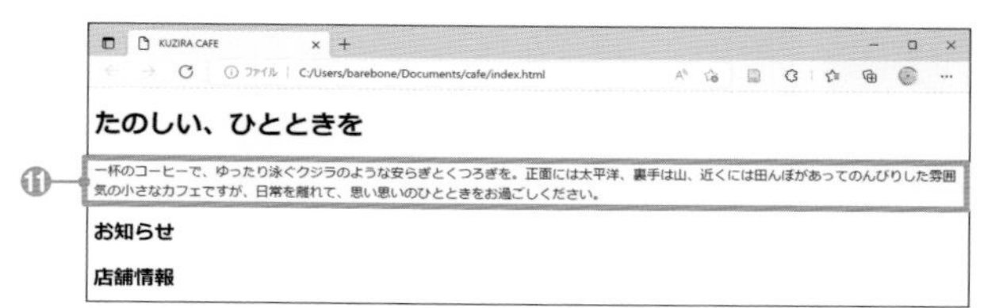

Code ● <p>タグを記述する

index.html

```
省略
7  <body>
8
9    <h1>たのしい、ひとときを</h1>
10
11   <p>一杯のコーヒーで、ゆったり泳ぐクジラのような安らぎとくつろぎを。正面には太平洋、裏手は山、近くには田んぼがあってのんびりした雰囲気の小さなカフェですが、日常を離れて、思い思いのひとときをお過ごしください。</p>
12
13   <h2>お知らせ</h2>
14
15   <h2>店舗情報</h2>
省略
```

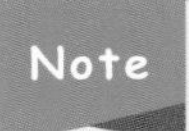

VSCodeで段落のテキストが横に長く表示されるときは

VSCodeで1行が長いテキストを表示すると、折り返さずに横に長く表示されることがあります。そのままでも問題はありませんが作業がしづらいと感じたら、VSCodeの設定を変更しましょう。[ファイル] メニュー—[ユーザー設定]—[設定] をクリックし、[設定] タブを開きます❶。[設定] タブ左側の [よく使用するもの] をクリックしてから❷、右側をスクロールして「Editor: Word Wrap」と書かれている欄を探します。その下のメニューから [on] を選ぶと長いテキストが折り返して表示されるようになります❸。最後に [設定] タブを閉じて終了です。

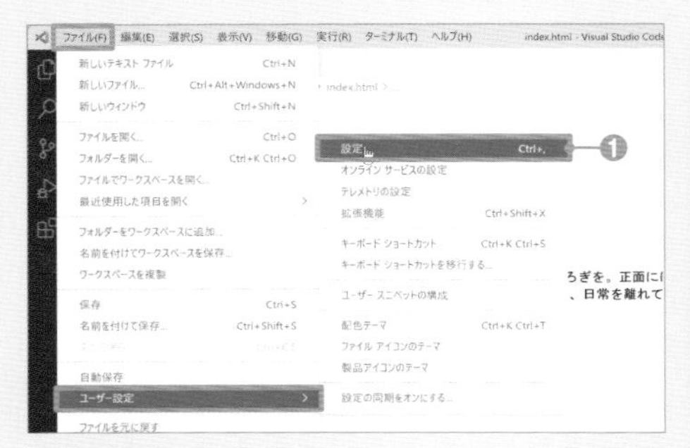
[設定] タブを開く

「Editor: Word Wrap」を [on] にする

解説

テキストの段落を意味する<p>タグ

<p> はHTMLで最もよく使われるタグのひとつで、<p> ～ </p>に囲まれたテキストを1つの段落にします。つまり、テキストの終わりで改行し、次の段落や見出しはまた新たな行からスタートするようになります。非常にシンプルな意味を持つタグですが、一点気にしておいたほうがよいことがあります。それは、<p> ～ </p>の間に書けるコンテンツの内容に制限があるということです。

<p> ～ </p>のコンテンツに含めることができるのは、テキストか、テキストを修飾するタグ[*2]、リンク、画像などです。それ以外のタグを含めてしまうと、まれにページの表示が崩れたり、CSSがうまく適用されなかったりすることがあるので注意しましょう。参考までに<p>の子要素にできない代表的なタグを次の表に挙げておきます。

＊2 テキストを強調するために太字にするタグなどがあります（第9章「<strong>タグと、テキストを修飾するタグ」p.230）。

Table ● <p> ~ </p>の中に含めることができない代表的なタグ

タグ	意味	本書で取り上げているところ
<p>	段落	本節
<ol>	番号付きリスト	第9章「アクセスページのHTMLを編集」(p.225)
<ul>	番号なしリスト	第4章「番号なしリスト(非序列リスト)」(p.60)
<table>	表	第4章「テーブル(表)」(p.81)
<div>	特に意味を持たず要素をグループ化する	第4章「要素のグループ化」(p.64)

Column

HTMLに定義されているタグの数

HTMLに定義されているタグの数は一体いくつあるのでしょう？　数え方にもよりますが、第3章でも紹介したWHATWGの文書で定義されているタグ名だけを数えると、全部で111個あります(DOCTYPE宣言を除く、2022年6月現在)。この数が多いと感じるか少ないと感じるかは人それぞれかもしれませんが、一時期はこれよりも多い140個以上が定義されていたこともあったので、それに比べれば現在の仕様はだいぶコンパクトになっています。しかも、定義されているタグの中でも実際によく使うものだけを考えてみると、おそらくその半分にも満たない、50個ほどではないでしょうか。

その50個程度のタグのうち、すでに皆さんは8個使っています。<html>、<head>、<body>、<meta>、<title>の5つはどんなWebページを作るときも書きますし、<h1>、<h2>、<p>の3つはすべてのHTMLドキュメントに必ず出てくるわけではないものの、極めて高い頻度で書くことになる重要タグです。もちろんHTMLで学習するのはタグだけでありませんが、この調子でやっていけば意外とすんなりマスターできるかもしれませんね。

03 番号なしリスト（非序列リスト）

番号なしリスト（非序列リスト）とは箇条書きのことで、CSSを使用しない標準の状態では各項目の先頭に「・」が付くようになっています。テキストの段落を表す<p>と並んで最もよく使われるタグのひとつで、ここでは４つのお知らせをリストアップするのに使用します。

ここで使うのは　● `<ul>`　● `<li>`

1 お知らせを箇条書きで追加する

「お知らせ」という見出しの下に、ニュースの箇条書きを４つ追加します。前節同様、テキストは「サイト原稿.txt」からコピーして使いますが、もちろんご自分でオリジナルのお知らせを作ってもかまいません。

実習 13 <ul>タグ、<li>タグを記述する

(1) 「サイト原稿.txt」からテキストをコピーします。「お知らせ」と書かれている次の行から１段落分、ドラッグして選択します❶。［編集］メニュー―［コピー］をクリックしてコピーします。

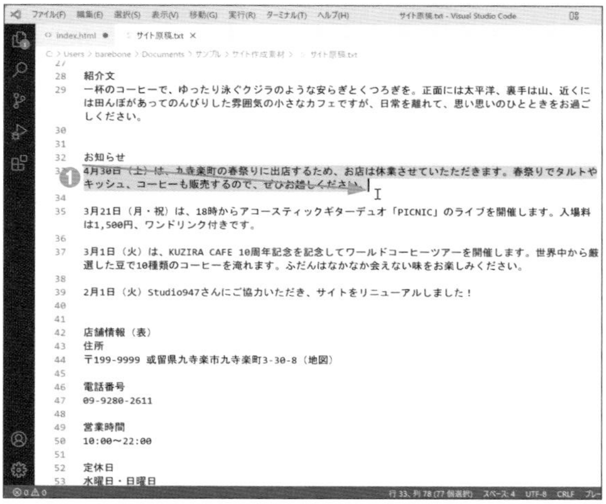

2 次にindex.htmlを編集します。「<h2>お知らせ</h2>」の後ろをクリックしてカーソルを移動してから改行します❷。

「<ul>」タグを入力します❸。終了タグの</ul>も自動的に入力されますが、このときカーソルは開始タグと終了タグの間にとどまります。その状態で1回 Enter キーを押して改行すると、<ul>開始タグと</ul>終了タグの間に1行空きます❹。

3 空いた1行に「<li>」タグを入力します❺。その後［編集］メニュー―［貼り付け］（Macの場合は［ペースト］）をクリックし、コピーしたテキストをペーストします❻。

4 </li>終了タグの後ろをクリックしてカーソルを移動してから Enter キーを押して改行します。同じような作業をあと3回繰り返し、「サイト原稿.txt」の「お知らせ」にある3段落分のテキストを箇条書きとして追加します❼。

作業が終わったらファイルを保存します。

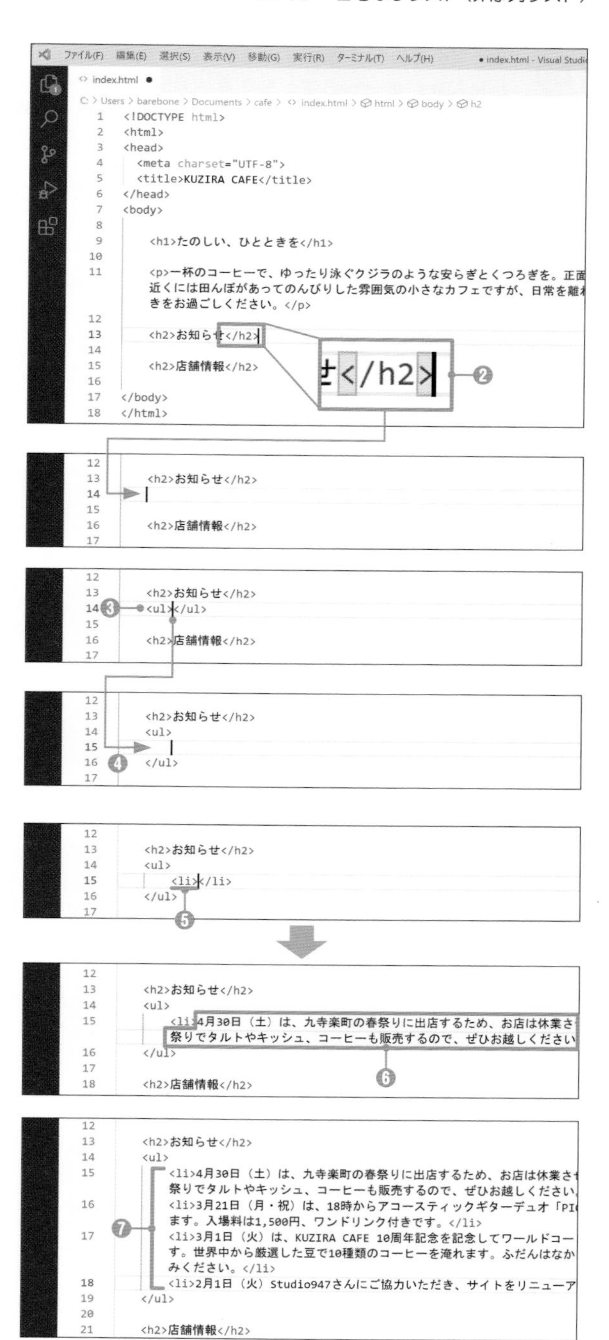

5 ブラウザで表示を確認すると、「お知らせ」見出しの下に箇条書きのテキストが4つ追加されています❽。

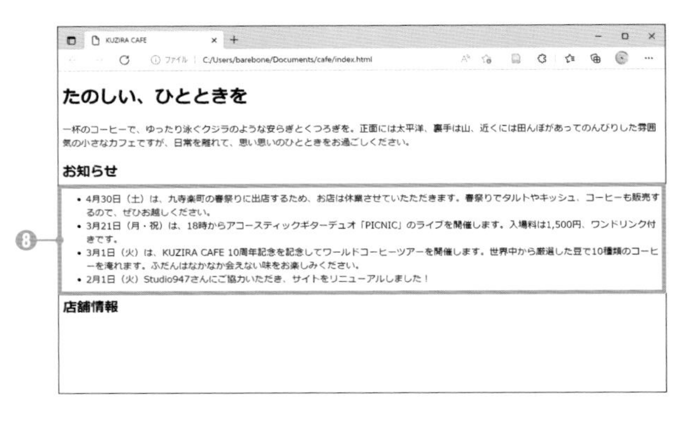

Code ● <ul>タグ、<li>タグを記述する

index.html

```
省略
7  <body>
8
9      <h1>たのしい、ひとときを</h1>
10
11     <p>一杯のコーヒーで、ゆったり泳ぐクジラのような安らぎとくつろぎを。……思い思いのひとときをお過ごしください。</p>
12
13     <h2>お知らせ</h2>
14     <ul>
15         <li>4月30日(土)は、九寺楽町の春祭りに出店するため、お店は休業させていただきます。春祭りでタルトやキッシュ、コーヒーも販売するので、ぜひお越しください。</li>
16         <li>3月21日(月・祝)は、18時からアコースティックギターデュオ「PICNIC」のライブを開催します。入場料は1,500円、ワンドリンク付きです。</li>
17         <li>3月1日(火)は、KUZIRA CAFE 10周年記念を記念してワールドコーヒーツアーを開催します。世界中から厳選した豆で10種類のコーヒーを淹れます。ふだんはなかなか会えない味をお楽しみください。</li>
18         <li>2月1日(火)Studio947さんにご協力いただき、サイトをリニューアルしました！</li>
19     </ul>
20
21     <h2>店舗情報</h2>
22
23 </body>
24 </html>
```

解説

番号なしリストの<ul>タグと、その項目を意味する<li>タグ

今回使用した**<ul>**タグは番号なしリストを表し、**<li>〜</li>**で書かれたリスト項目を、先頭に「・」が付いた箇条書きにして表示します。名前を覚えておく必要はありませんが、番号なしリストは正式には**非序列リスト**と呼ばれています。<ul>タグは今回のように通常の箇条書きとしてページの本文中で使うだけでなく、同じような種類のテキストや画像が連続するような場面でも利用します。作成中のKUZIRA CAFE Webサイトでも、サイトの主要なページへのリンクを集めた「ナビゲーション」を作るときにもう一度登場します。応用範囲が広く、使用頻度の高いタグです。

Fig ● サイトの主要なページへのリンクを集めたナビゲーションの例

なお、<ul>〜</ul>の直接の子要素は必ず<li>タグにします。<li>以外のタグやテキストを、<ul>の直接の子要素にすることはありません。また<li>タグを単独で使うこともありません。<li>タグと<ul>タグ、もしくは番号付きリストの<ol>タグ[*3]はセットで使用するということですね。

＊3 第9章「アクセスページのHTMLを編集」（p.225）

04 要素のグループ化

ここまでテキストを表示するタグを書いてきましたが、今回は少し性格の異なる、グループ化タグを使ってみます。グループ化タグは複数の要素（タグとそのコンテンツ）を囲んで1つにまとめるもので、主にCSSと組み合わせてページのデザインを調整するのに使用します。CSSを書くのはまだちょっと先ですが、ソースコードが長くなりすぎないうちにグループ化しておきましょう。

ここで使うのは ● `<header>` ● `<footer>` ● `<main>` ● `<div>`

1 ヘッダー部分とフッター部分を追加する

Webページのヘッダーとフッターになる部分にグループ化タグを挿入します。それぞれ**<header>**タグ、**<footer>**タグを使います。

実習14 ヘッダー部分に<header>タグを追加する

① index.htmlを編集して、ページの最上部にグループ化タグを追加します。<body>開始タグの後ろをクリックしてカーソルを移動してから、2回改行します。その後「<header>」と入力します。終了タグも自動的に入力されたら、開始タグと終了タグの間で改行して1行空けておきます❶。

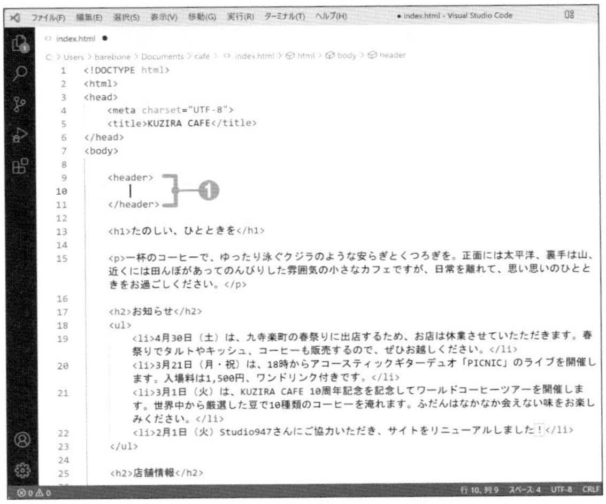

```
ファイル(F) 編集(E) 選択(S) 表示(V) 移動(G) 実行(R) ターミナル(T) ヘルプ(H)   ● index.html - Visual Studio Code
index.html ●
C: > Users > barebone > Documents > cafe > index.html > html > body > header
1  <!DOCTYPE html>
2  <html>
3  <head>
4      <meta charset="UTF-8">
5      <title>KUZIRA CAFE</title>
6  </head>
7  <body>
8
9      <header>
10         |                                  ❶
11     </header>
12
13     <h1>たのしい、ひとときを</h1>
14
15     <p>一杯のコーヒーで、ゆったり泳ぐクジラのような安らぎとくつろぎを。正面には太平洋、裏手は山、近くには田んぼがあってのんびりした雰囲気の小さなカフェですが、日常を離れて、思い思いのひとときをお過ごしください。</p>
16
17     <h2>お知らせ</h2>
18     <ul>
19         <li>4月30日（土）は、九寺楽町の春祭りに出店するため、お店は休業させていただきます。春祭りでタルトやキッシュ、コーヒーも販売するので、ぜひお越しください。</li>
20         <li>3月21日（月・祝）は、18時からアコースティックギターデュオ「PICNIC」のライブを開催します。入場料は1,500円、ワンドリンク付きです。</li>
21         <li>3月1日（火）は、KUZIRA CAFE 10周年記念を記念してワールドコーヒーツアーを開催します。世界中から厳選した豆で10種類のコーヒーを淹れます。ふだんはなかなか会えない味をお楽しみください。</li>
22         <li>2月1日（火）Studio947さんにご協力いただき、サイトをリニューアルしました！</li>
23     </ul>
24
25     <h2>店舗情報</h2>
⊗0 ⚠0                                  行 10、列 9  スペース: 4  UTF-8  CRLF
```

Code ● ヘッダー部分に<header>タグを追加する

index.html

```
1  <!DOCTYPE html>
2  <html>
3  <head>
4    <meta charset="UTF-8">
5    <title>KUZIRA CAFE</title>
6  </head>
7  <body>
8
9    <header>
10
11   </header>
12
13   <h1>たのしい、ひととときを</h1>
```

省略

実習 15 フッター部分に<footer>タグを追加する

① ページ最下部にもグループ化タグを追加します。「<h2>店舗情報</h2>」の後ろをクリックしてカーソルを移動してから、2回改行します。その後「<footer>」と入力します。終了タグも自動的に入力されたら、開始タグと終了タグの間で改行して1行空けておきます❶。

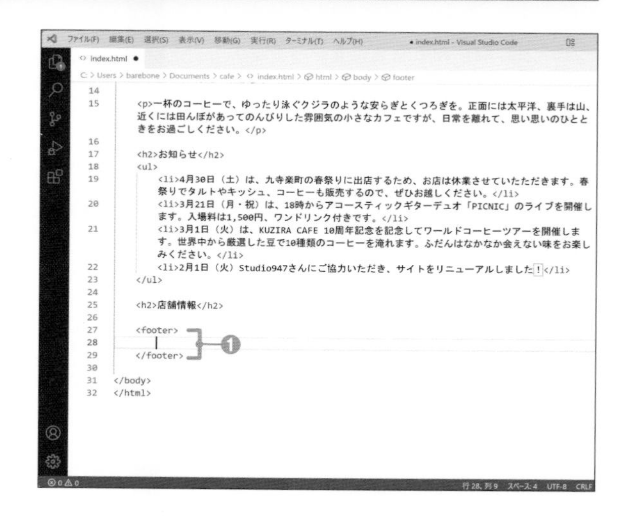

Code ● フッター部分に<footer>タグを追加する

index.html

省略

```
25   <h2>店舗情報</h2>
26
27   <footer>
28
29   </footer>
```

chapter 04 テキストの表示

```
30
31 </body>
32 </html>
```

2 ページの中心となる部分を１つにまとめる

ページの中心となる部分を**<main>**タグで囲みます。<main>タグで囲んだ部分は後でCSSを適用して幅を調整します。それに対し<h1>タグには大きな背景画像を表示するため幅を調整しません。そこで、<h1>タグは<main>タグに含めないことにします。

実習 16 <main>タグで１つにまとめる

① ページのメイン部分を１つにまとめます。まず、<h1>～</h1>と<p>との間にある空き行をクリックしてカーソルを移動してから❶、改行します❷。

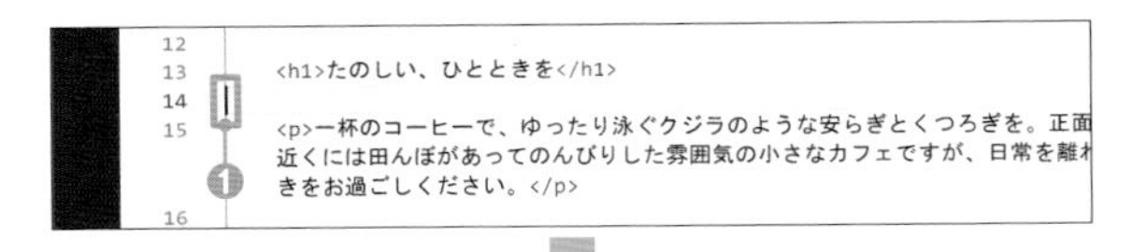

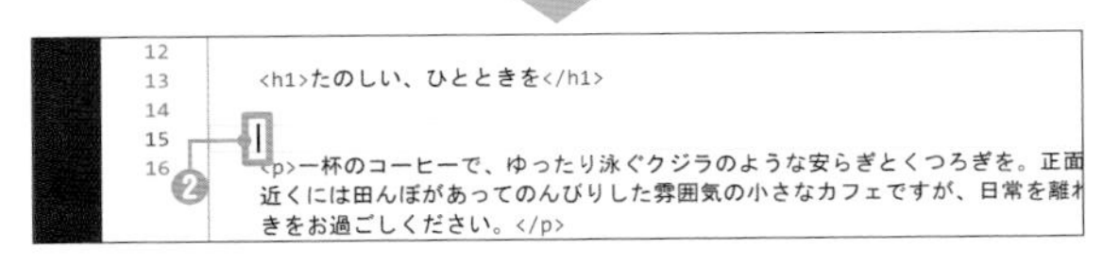

改行すると自動的にインデントされるので、その状態で「<main>」と入力します❸。終了タグも入力されます。

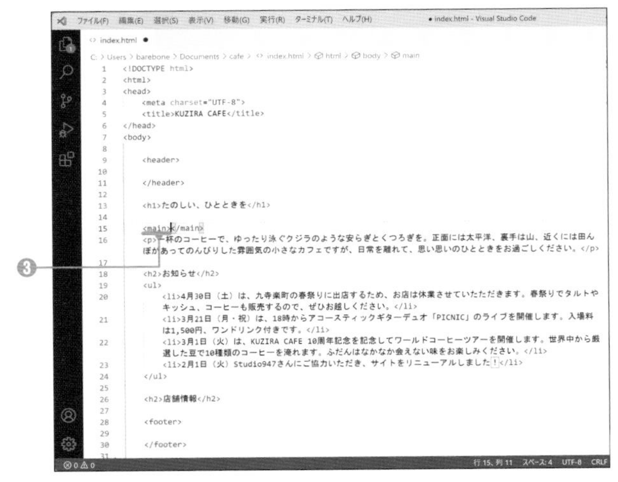

2 </main> 終了タグをドラッグして選択し❹、[編集] メニュー―[切り取り](Macの場合は [カット]) をクリックして切り取ります❺。

3 「<h2>店舗情報</h2>」の後ろをクリックしてカーソルを移動してから2回改行します。その後 [編集] メニュー― [貼り付け](Macの場合は [ペースト]) をクリックし、切り取ったテキストをペースト (貼り付け) します❻。

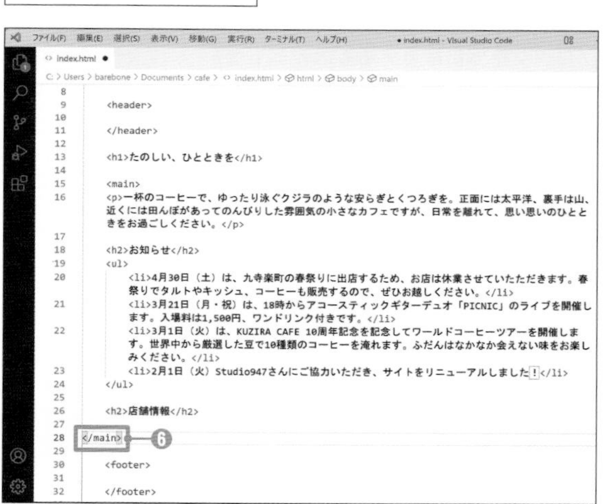

4 <main> タグで囲む作業はこれで終わりですが、ソースコードをきれいにするためにインデントを整えましょう。<p> ～ </main> をドラッグして選択します❼。

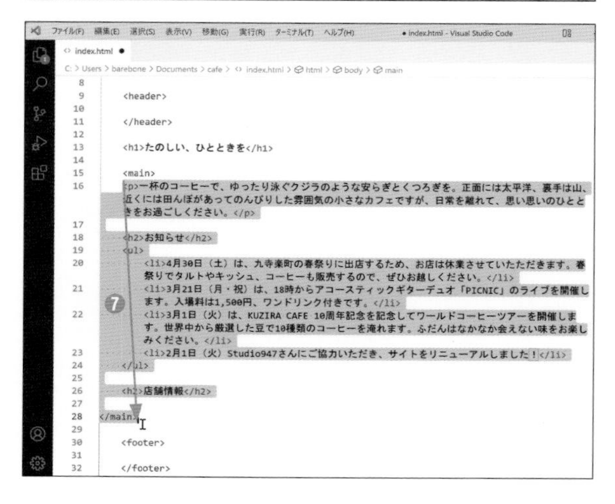

chapter 04 テキストの表示

Tab キーを押すとインデントが整います❽。
作業が終わったらファイルを保存します。

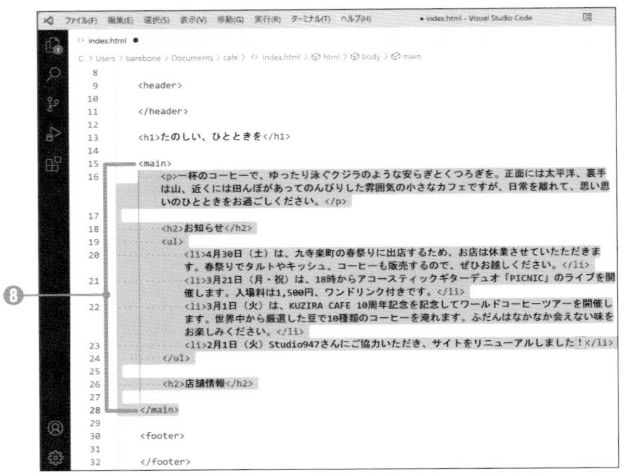

5 ここでいったん表示を確認してみましょう。ブラウザで見てみると、表示に変化がありません。グループ化タグ自体には見えるものが何もないのですね。

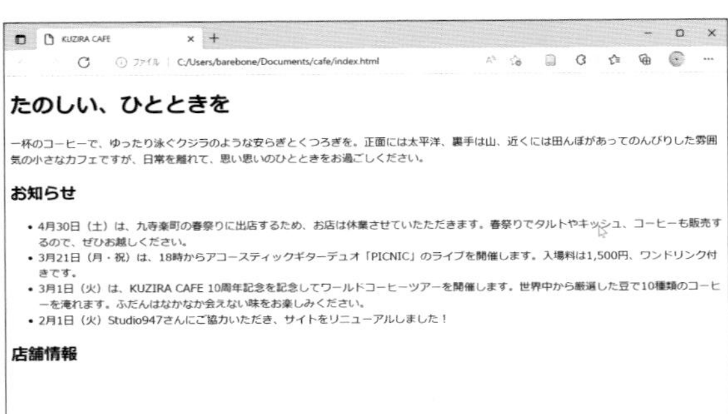

Code ● <main>タグで1つにまとめる　　index.html

```
----------------------------- 省略 -----------------------------
 7 <body>
 8
 9   <header>
10
11   </header>
12
13   <h1>たのしい、ひとときを</h1>
14
15   <main>
16     <p>一杯のコーヒーで、ゆったり泳ぐクジラのような安らぎとくつろぎを。……思い思いのひとときをお
   過ごしください。</p>
17
18     <h2>お知らせ</h2>
19     <ul>
20       <li>4月30日(土)は、九寺楽町の春祭りに出店するため、……ぜひお越しください。</li>
21       <li>3月21日(月・祝)は、18時から……ワンドリンク付きです。</li>
22       <li>3月1日(火)は、KUZIRA CAFE 10周年記念を記念して……ふだんはなかなか会えない味を
   お楽しみください。</li>
```

```
23          <li>2月1日(火)Studio947さんにご協力いただき、サイトをリニューアルしました！</li>
24        </ul>
25
26        <h2>店舗情報</h2>
27
28    </main>
29
30    <footer>
31
32    </footer>
33
34  </body>
35  </html>
```

3 「お知らせ」「店舗情報」をグループ化する

メイン部分に含まれる「お知らせ」と「店舗情報」もそれぞれグループ化タグで囲んでまとめます。このように、すでにグループ化されている部分をさらに小さくグループ化することもよくあります。どちらも**<div>**タグを使います。

実習 17 お知らせをグループ化する

① </p>終了タグがある行と「<h2>お知らせ</h2>」の間の空いている行をクリックしてカーソルを移動してから、改行します。その後「<div>」と入力します❶。終了タグも入力されます。

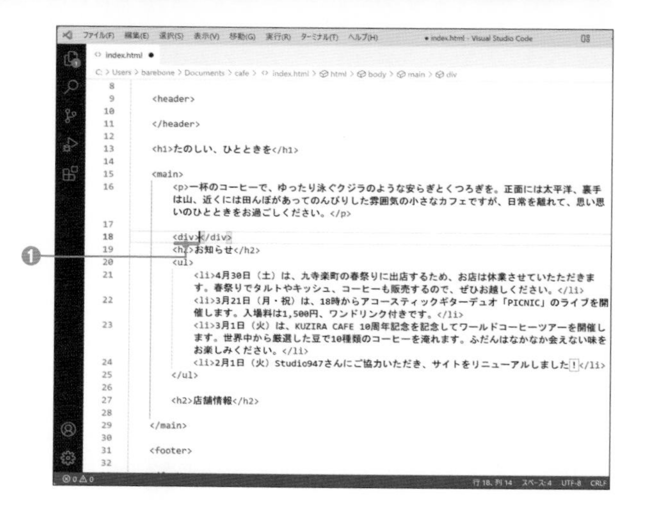

② <main>タグのときの作業を参考に、切り取りと貼り付け（カットとペースト）で</div>終了タグを移動させましょう。見出しとお知らせの箇条書きを<div>～</div>で囲んでまとめます。インデントまで整えると図のようになります❷。

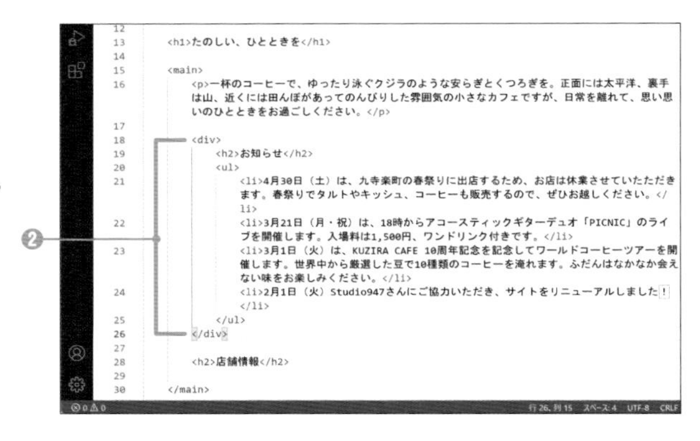

Code ● お知らせをグループ化する

index.html

```
------------------------------ 省略 ------------------------------
18      <div>
19          <h2>お知らせ</h2>
20          <ul>
21              <li>4月30日(土)は、九寺楽町の春祭りに出店するため、……ぜひお越しください。</li>
------------------------------ 省略 ------------------------------
24              <li>2月1日(火)Studio947さんにご協力いただき、サイトをリニューアルしました！</li>
25          </ul>
26      </div>
------------------------------ 省略 ------------------------------
```

実習 18 店舗情報をグループ化する

① 店舗情報にはまだ見出ししかありませんが、ここにもグループ化タグを追加します。
お知らせを囲んだ</div>終了タグと「<h2>店舗情報</h2>」の間の空いている行をクリックしてカーソルを移動してから改行します。その後「<div>」と入力します❶。終了タグも入力されます。

2 </div>終了タグを移動させて見出しを囲みます。後で編集することを考えて、「<h2>店舗情報</h2>」と</div>終了タグの間には1行空けておきましょう。インデントまで整えると図のようになります❷。
作業が終わったらファイルを保存します。

```
11        </header>
12
13        <h1>たのしい、ひとときを</h1>
14
15        <main>
16            <p>一杯のコーヒーで、ゆったり泳ぐクジラのような安らぎとくつろぎを。正面には太平洋、裏手は山、近くには田んぼがあってのんびりした雰囲気の小さなカフェですが、日常を離れて、思い思いのひとときをお過ごしください。</p>
17
18            <div>
19                <h2>お知らせ</h2>
20                <ul>
21                    <li>4月30日（土）は、九寺楽町の春祭りに出店するため、お店は休業させていただきます。春祭りでタルトやキッシュ、コーヒーも販売するので、ぜひお越しください。</li>
22                    <li>3月21日（月・祝）は、18時からアコースティックギターデュオ「PICNIC」のライブを開催します。入場料は1,500円、ワンドリンク付きです。</li>
23                    <li>3月1日（火）は、KUZIRA CAFE 10周年記念を記念してワールドコーヒーツアーを開催します。世界中から厳選した豆で10種類のコーヒーを淹れます。ふだんはなかなか会えない味をお楽しみください。</li>
24                    <li>2月1日（火）Studio947さんにご協力いただき、サイトをリニューアルしました！</li>
25                </ul>
26            </div>
27
28            <div>
29                <h2>店舗情報</h2>
30
31            </div>
32
```

3 ブラウザでもう一度表示を確認してみます。やはり表示に変化はありませんね。

Code ● 店舗情報をグループ化する

index.html

```
-------------------- 省略 --------------------
26        </div>
27
28        <div>
29            <h2>店舗情報</h2>
30
31        </div>
32    </main>
-------------------- 省略 --------------------
```

解説

複数の要素を１つにまとめるタグ

今回は<header>タグ、<footer>タグ、<main>タグ、<div>タグと、一気に４つの新しいタグを使用しました。これら４つのタグはどれも複数の要素を１つにまとめるためのタグで、本書では「グループ化タグ」と呼んでいます。グループ化タグの主な役割は、ページの要素を部分ごとにまとめて、CSSを効果的に適用できるようにすることです。また、小さなグループにまとめることで意味合いをはっきりさせ、複雑なHTMLソースコードを読みやすくする効果もあります。

今回使用した４種類のタグには、それぞれ次のような意味・特徴があります。

- **<header>タグ —— ヘッダー部分をまとめるためのタグです。**
- **<footer>タグ —— フッター部分をまとめるためのタグです。**
- **<main>タグ —— ページの中心となる内容をまとめるタグです。この<main>タグは、原則として１つのHTMLファイル内で１回しか使えないという制限があります。**
- **<div>タグ —— 汎用ブロックと呼ばれる、何の意味も持たないタグです。何の意味も持たないため、どんな要素をまとめるのにも使えます。主にCSSをうまく適用するために使用します。**

なお、今回は使用しませんでしたが、要素をまとめるグループ化タグにはほかに次の表のようなものもあります。

Table ● そのほかのグループ化タグ

タグ	説明
<nav>	サイトの主要なページへのリンクを集めた「ナビゲーション」をまとめるタグ。第４章「ヘッダーにナビゲーションを設置」(p.76) で使用
<article>	ページの中心部分や、１つの話題に関する見出しとテキストなどをまとめるのに使う。定義が抽象的なためあまり使われていない
<section>	汎用セクションと呼ばれていて、まとめるコンテンツに<div>タグよりはもう少し重要な意味合いを持たせたいときに使う
<aside>	ページ内のあまり重要でなく、本題とは少し離れる要素やコンテンツ——たとえば広告やブログのコメント欄など——をまとめるのに使う

05 コメント文

ソースコードが長くなってくると、どこに何が書いてあるのかわかりづらくなってきます。HTMLのコメント機能を使えば、表示に影響を与えることなくメモを残しておくことができます。

ここで使うのは　● <!--　-->

1 ヘッダー、メイン、フッターの前後にコメントを追加する

index.htmlはヘッダー部分、メイン部分、フッター部分と、大きく分けて3つのパートからなっています。各パートの前後にコメントを追加して、どこからどこまでが何の部分なのか、わかりやすく整理しておきましょう。

実習 19 コメント文を追加する

① index.htmlにコメントを追加します。
8行目の空白行（<body>開始タグと<header>開始タグの間）をクリックしてカーソルを移動し、Tabキーを押してインデントしてから、「<!-- ヘッダー -->」というコメントを追加します❶。

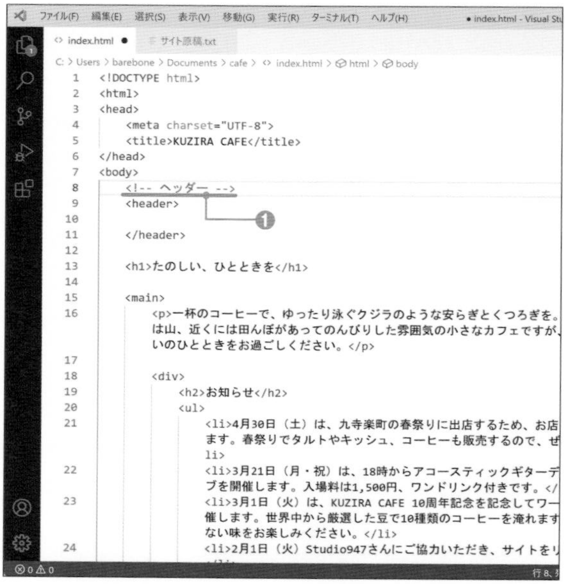

```
ファイル(F) 編集(E) 選択(S) 表示(V) 移動(G) 実行(R) ターミナル(T) ヘルプ(H)    ● index.html - Visual St
index.html ●   サイト原稿.txt
C: > Users > barebone > Documents > cafe > index.html > html > body
1   <!DOCTYPE html>
2   <html>
3   <head>
4       <meta charset="UTF-8">
5       <title>KUZIRA CAFE</title>
6   </head>
7   <body>
8       <!-- ヘッダー -->   ❶
9       <header>
10
11      </header>
12
13      <h1>たのしい、ひとときを</h1>
14
15      <main>
16          <p>一杯のコーヒーで、ゆったり泳ぐクジラのような安らぎとくつろぎを。
            は山、近くには田んぼがあってのんびりした雰囲気の小さなカフェですが、
            いのひとときをお過ごしください。</p>
17
18          <div>
19              <h2>お知らせ</h2>
20              <ul>
21                  <li>4月30日（土）は、九寺楽町の春祭りに出店するため、お店
                    ます。春祭りでタルトやキッシュ、コーヒーも販売するので、ぜ
                    li>
22                  <li>3月21日（月・祝）は、18時からアコースティックギターデ
                    ブを開催します。入場料は1,500円、ワンドリンク付きです。</
23                  <li>3月1日（火）は、KUZIRA CAFE 10周年記念を記念してワー
                    催します。世界中から厳選した豆で10種類のコーヒーを淹れます
                    ない味をお楽しみください。</li>
24                  <li>2月1日（火）Studio947さんにご協力いただき、サイトをリ
⊗0 ⚠0                                                              行8、
```

2 同じように、12行目、14行目、33行目、34行目、38行目（編集後）の空白行にも以下のコメントを追加します❷。

・12行目：<!-- ヘッダーここまで -->
・14行目：<!-- メイン -->
・33行目：<!-- メインここまで -->
・34行目：<!-- フッター -->
・38行目：<!-- フッターここまで -->

作業が終わったらファイルを保存します。

3 ブラウザで表示を確認します。コメントはページには現れず、表示に変化はありません。

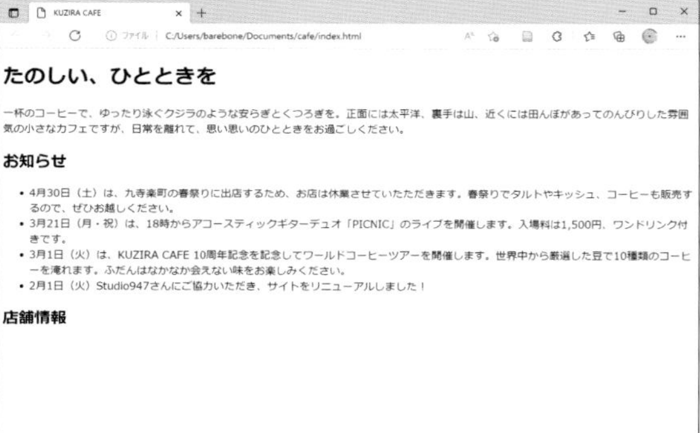

Code • コメント文を追加する

index.html

```
------------------------------ 省略 ------------------------------
 7 <body>
 8   <!-- ヘッダー -->
 9   <header>
10
11   </header>
12   <!-- ヘッダーここまで -->
13   <h1>たのしい、ひとときを</h1>
14   <!-- メイン -->
15   <main>
16     <p>一杯のコーヒーで、ゆったり泳ぐクジラのような安らぎとくつろぎを。……思い思いのひとときをお
   過ごしください。</p>
------------------------------ 省略 ------------------------------
```

```
29        <h2>店舗情報</h2>
30
31      </div>
32    </main>
33    <!-- メインここまで -->
34    <!-- フッター -->
35    <footer>
36
37    </footer>
38    <!-- フッターここまで -->
39  </body>
40  </html>
```

解説

コメント文

「**<!--**」と「**-->**」で囲む**コメント文**は、ブラウザには表示させたくないテキストを残しておくのに使います。ほかのHTMLタグと異なり、コメントのテキストには小なり記号（<）や大なり記号（>）も使えます。また、複数行にまたがるコメントを書くこともできます。

Fig ● 複数行コメントの例

```
<!--
コメントには<や>も使えるし、
改行しても大丈夫。
-->
```

ただし、次の例のようにコメント文の中にコメント文を入れることはできません。表示が崩れるので気をつけましょう。

Fig ● コメント文の中にコメント文を入れることはできない

```
<!--
    <!-- コメントを二重にすることはできません! -->   ×
-->
```

06 ヘッダーに ナビゲーションを設置

ヘッダーにサイトの主要なページを行き来できるナビゲーションを設置します。まずは「ここがナビゲーション」ということを示す<nav>タグを追加し、それから箇条書きを使って短いテキストの項目を６つリストアップしましょう。

ここで使うのは ● `<nav>` ● `<ul>` ● `<li>`

1 ヘッダーにナビゲーションを設置する

ヘッダーに**ナビゲーション**を設置します。ナビゲーションとは、Webサイトの主要なページや情報にすばやくたどり着けるように各ページの上部など目立つ場所に配置する、複数のリンクが並んだ部分のことをいいます。ナビゲーションはいくつかのタグを組み合わせて作成するのですが、その最初の作業として、**<nav>**タグを、<header>タグの中に追加します。

実習 20 ヘッダーに<nav>タグを追加する

① index.htmlにナビゲーションのHTMLを作成します。<header>開始タグと終了タグの間に空いている行をクリックしてカーソルを移動します。Tab キーを入力してインデントしてから「<nav>」と入力します。終了タグも自動的に入力されたら、開始タグと終了タグの間で改行して１行空けておきます❶。

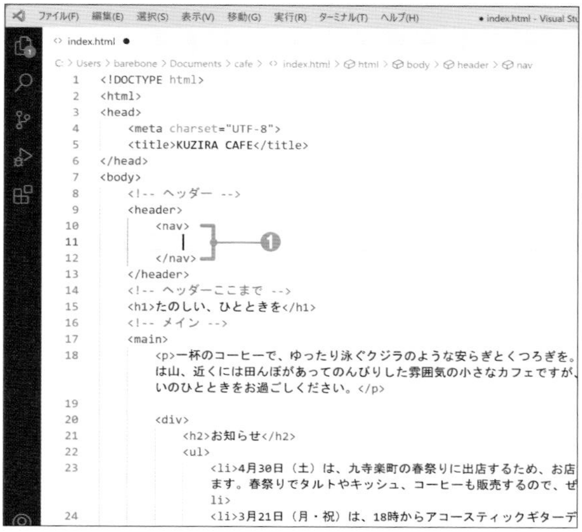

```
ファイル(F) 編集(E) 選択(S) 表示(V) 移動(G) 実行(R) ターミナル(T) ヘルプ(H)   ● index.html - Visual St
index.html ●
C: > Users > barebone > Documents > cafe > index.html > html > body > header > nav
1   <!DOCTYPE html>
2   <html>
3   <head>
4       <meta charset="UTF-8">
5       <title>KUZIRA CAFE</title>
6   </head>
7   <body>
8       <!-- ヘッダー -->
9       <header>
10          <nav>
11              |               ❶
12          </nav>
13      </header>
14      <!-- ヘッダーここまで -->
15      <h1>たのしい、ひとときを</h1>
16      <!-- メイン -->
17      <main>
18          <p>一杯のコーヒーで、ゆったり泳ぐクジラのような安らぎとくつろぎを。
            は山、近くには田んぼがあってのんびりした雰囲気の小さなカフェですが、
            いのひとときをお過ごしください。</p>
19
20          <div>
21              <h2>お知らせ</h2>
22              <ul>
23                  <li>4月30日（土）は、九寺楽町の春祭りに出店するため、お店
                    ます。春祭りでタルトやキッシュ、コーヒーも販売するので、ぜ
                    li>
24                  <li>3月21日（月・祝）は、18時からアコースティックギターデ
```

Code ● ヘッダーに<nav>タグを追加する

index.html

```
省略
7  <body>
8    <!-- ヘッダー -->
9    <header>
10     <nav>
11
12     </nav>
13   </header>
14   <!-- ヘッダーここまで -->
省略
```

2 <nav>タグ内にナビゲーションのテキストを追加する

いま追加した<nav>～</nav>の中に、ナビゲーションの項目となる短いテキストを6つ追加します。番号なしリスト（箇条書き）の<ul>タグ、<li>タグを使います。

実習 21 <ul>、<li>タグを使って テキストを6項目追加する

① <nav>開始タグと終了タグの間に空いている行をクリックしてカーソルを移動します。「<ul>」を入力して、終了タグも自動的に入力されたら、開始タグと終了タグの間で改行します❶。もし途中で作業を中断するなどして図のようにインデントされていない場合は、Tab キーを押してインデントしましょう。

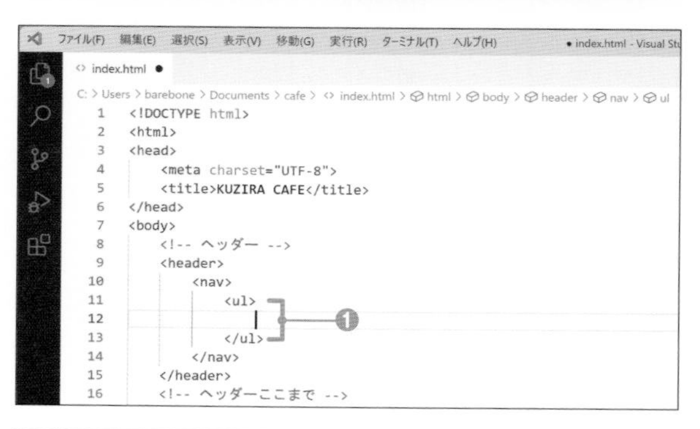

② <ul>～</ul>の間に<li>とテキストを6つ入力します❷。
作業が終わったらファイルを保存します。

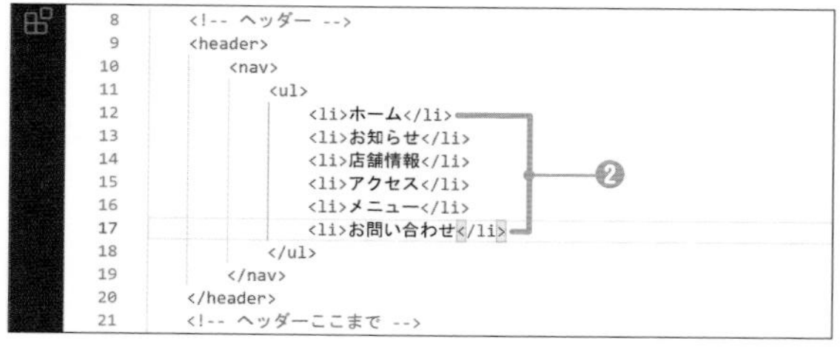

③ ブラウザで表示を確認しましょう。ページの上部に箇条書きとして入力したテキストが並んでいます❸。

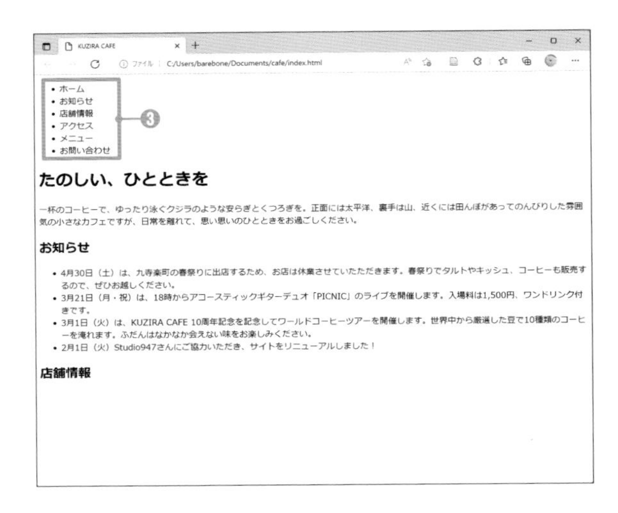

Code ● <ul>、<li>タグを使ってテキストを6項目追加する　　index.html

```
---------------- 省略 ----------------
 7 <body>
 8   <!-- ヘッダー -->
 9   <header>
10     <nav>
11       <ul>
12         <li>ホーム</li>
13         <li>お知らせ</li>
14         <li>店舗情報</li>
15         <li>アクセス</li>
16         <li>メニュー</li>
17         <li>お問い合わせ</li>
18       </ul>
19     </nav>
20   </header>
21   <!-- ヘッダーここまで -->
---------------- 省略 ----------------
```

解説

ナビゲーションの作成

<nav>タグはグループ化タグの一種で、<nav>～</nav>に含まれるコンテンツが、ナビゲーションであることを示しています。ナビゲーションはそのサイトの主要なページや場所に行けるリンクを集めたもので、箇条書きの<ul>タグ、<li>タグを使って作ります。

キーボードで入力しにくい文字の表示

小なり記号（<）や大なり記号（>）、著作権記号（©）など、要素のコンテンツとして使えない文字やキーボードで入力しづらい文字を表示させたいときは文字実体参照を使用します。

ここで使うのは
- ©

1 フッターにコピーライトのテキストを追加する

Webページのフッター部分の<footer>～</footer>の中にコピーライト（著作権表記）のテキストを載せます。©記号を表示させるために**文字実体参照**を使ってみましょう。

実習 22 <p>タグと文字実体参照を記述する

① index.htmlを編集して、コピーライトのテキストを追加します。<footer>開始タグと終了タグの間に空いている行をクリックしてカーソルを移動します。Tabキーを押してインデントしてから「<p>」タグを入力して、続けてテキストを入力します❶。
作業が終わったらファイルを保存します。

```
ファイル(F) 編集(E) 選択(S) 表示(V) 移動(G) 実行(R) ターミナル(T) ヘルプ(H)   • index.html - Visual Studio
index.html ●
C: > Users > barebone > Documents > cafe > index.html > html > body > footer > p
        いのひとときをお過ごしください。</p>
26
27      <div>
28          <h2>お知らせ</h2>
29          <ul>
30              <li>4月30日（土）は、九寺楽町の春祭りに出店するため、お店
                ます。春祭りでタルトやキッシュ、コーヒーも販売するので、ぜ
                li>
31              <li>3月21日（月・祝）は、18時からアコースティックギターデ
                ブを開催します。入場料は1,500円、ワンドリンク付きです。</
32              <li>3月1日（火）は、KUZIRA CAFE 10周年記念を記念してワー
                催します。世界中から厳選した豆で10種類のコーヒーを淹れます
                ない味をお楽しみください。</li>
33              <li>2月1日（火）Studio947さんにご協力いただき、サイトをリ
                </li>
34          </ul>
35      </div>
36
37      <div>
38          <h2>店舗情報</h2>
39
40      </div>
41  </main>
42  <!-- メインここまで -->
43  <!-- フッター -->
44   <footer>
45      <p>&copy; KUZIRA CAFE</p>
46  </footer>
47  <!-- フッターここまで -->  ❶
48 </body>
49 </html>
```

② ブラウザで表示を確認すると、「©」と入力した部分が©に置き換わって表示されていることがわかります❷。

Code ● <p>タグと文字実体参照を記述する

index.html

```
                              省略
43    <!-- フッター -->
44    <footer>
45      <p>&copy; KUZIRA CAFE</p>
46    </footer>
47    <!-- フッターここまで -->
48  </body>
49  </html>
```

解説

特殊な文字の入力　～文字実体参照～

実習では「©」と書いた部分が、ブラウザでは「©」に置き換わって表示されていました。この©のように、アンパサンド（&）で始まりセミコロン（;）で終わる短いテキストは**文字実体参照**と呼ばれ、HTMLに書くことができなかったり、入力しづらかったりする文字を表示するのに使います。たとえば、半角の小なり記号（<）や大なり記号（>）などは要素のコンテンツの部分には入力できないため、文字実体参照を使うことになります。

Table ● 代表的な文字実体参照

表示される記号	文字実体参照の書式	説明
<	<	半角の小なり記号（<）を表示する
>	>	半角の大なり記号（>）を表示する
&	&	半角のアンパサンド（&）を表示する
"	"	半角のダブルクォート（"）を表示する
¥	¥	半角の円マーク（¥）を表示する。円マークはOSや使用するテキストエディタによっては文字化けすることがあるため、文字実体参照を使ったほうが安全
半角スペース		半角スペース1つを表示する。なお、普通に半角スペースを2つ続けて入力しても、Webページの表示では1つ分しか空かない。スペースを2つ分以上空けたいときはこの「 」を使う

08 テーブル（表）

店舗情報のテーブル（表）を作成しましょう。テーブルは、<table>タグをはじめとするいくつかの専用のタグを組み合わせて作成します。新しく出てくるタグの数は多いですが書き方にパターンがあり、慣れれば難しくありません。

ここで使うのは ● <table> ● <tr> ● <th> ● <td>

1 店舗情報のテーブルを作成する（1）

index.htmlの「店舗情報」見出しの下に、5行2列で見出しセルがあるテーブルを作成します。テーブルはHTMLが長くなりやすく一度に全部作るのは少し大変なので、ここでは2回に分けて作業することにしましょう。まずは構造が把握しやすくシンプルな、1行2列で見出しセルのないテーブルを作ります。テーブルを意味する**<table>**タグ、テーブル行を示す**<tr>**タグ、セルの**<td>**タグを使用します。

実習 23 1行2列のテーブルを作成する

① index.htmlを編集します。「<h2>店舗情報</h2>」の次の行をクリックしてカーソルを移動し、Tabキーを押してインデントします。「<table>」を入力して、終了タグも自動的に入力されたら改行し、開始タグと終了タグの間に1行空けておきます❶。

```
ファイル(F) 編集(E) 選択(S) 表示(V) 移動(G) 実行(R) ターミナル(T) ヘルプ(H)    ● index.html - Visual Studio Code
index.html ●
C: > Users > barebone > Documents > cafe > index.html > html > body > main > div > table
        いのひとときをお過ごしください。</p>
26
27      <div>
28          <h2>お知らせ</h2>
29          <ul>
30              <li>4月30日（土）は、九寺楽町の春祭りに出店するため、お店は休業さ
                ます。春祭りでタルトやキッシュ、コーヒーも販売するので、ぜひお越し
                li>
31              <li>3月21日（月・祝）は、18時からアコースティックギターデュオ「P
                ブを開催します。入場料は1,500円、ワンドリンク付きです。</li>
32              <li>3月1日（火）は、KUZIRA CAFE 10周年記念を記念してワールドコー
                催します。世界中から厳選した豆で10種類のコーヒーを淹れます。ふだ
                ない味をお楽しみください。</li>
33              <li>2月1日（火）Studio947さんにご協力いただき、サイトをリニュー
                </li>
34          </ul>
35      </div>
36
37      <div>
38          <h2>店舗情報</h2>
39          <table>
40              |                ❶
41          </table>
42      </div>
43  </main>
44  <!-- メインここまで -->
45  <!-- フッター -->
46  <footer>
```

<table> ～ </table> の中に「<tr>」を入力して、終了タグも自動的に入力されたら改行し、さらに「<td>」を入力します。<td> 開始タグと </td> 終了タグの間では改行せず、図のようにします❷。

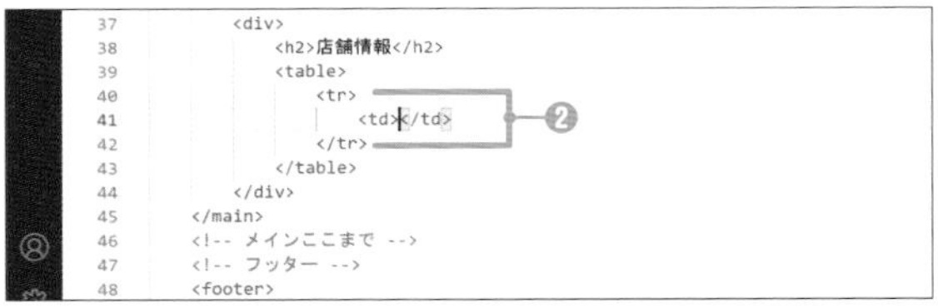

② ここでいったん index.html を離れて「サイト原稿 .txt」を開き、必要なテキストをコピーしましょう。「店舗情報（表）」と書かれている次の行のテキスト「住所」を選択してコピーします❸。

index.html に戻って <td> と </td> の間にペースト（貼り付け）します❹。

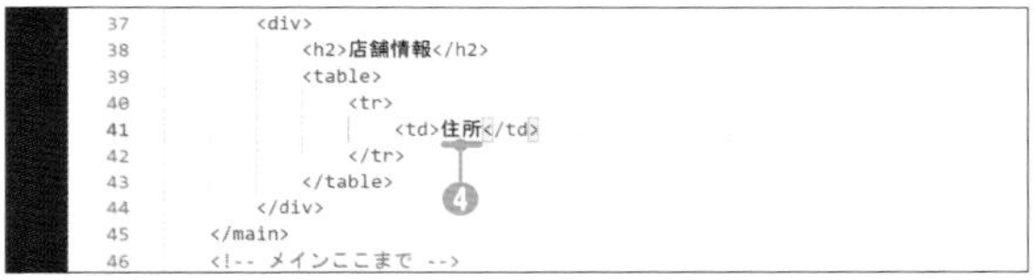

③ </td> 終了タグの後ろをクリックしてカーソルを移動してから改行し、もう 1 つ「<td>」を追加します❺。

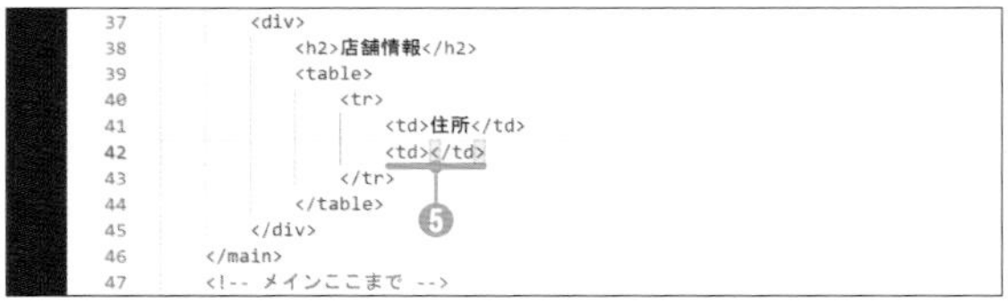

④ 「サイト原稿 .txt」を開き、先ほどコピーした「住所」の次の行をコピーします❻。

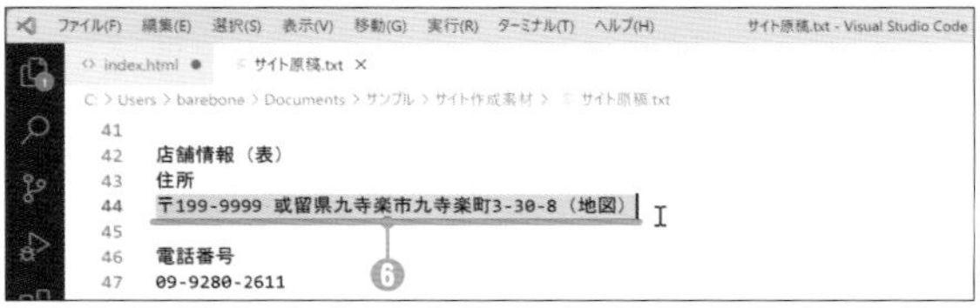

index.html に戻って <td> と </td> の間にペーストします❼。作業が終わったらファイルを保存します。

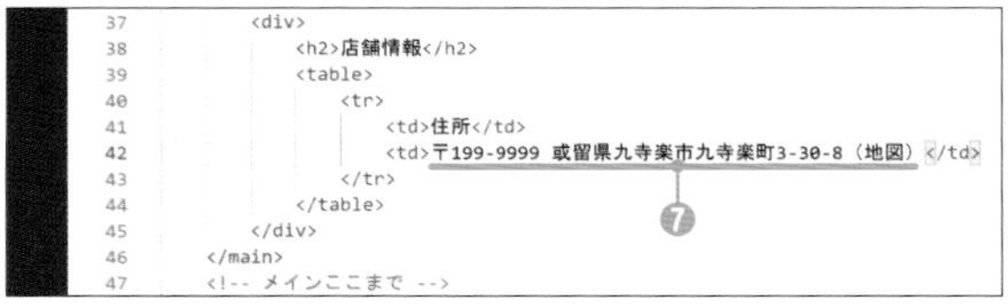

⑤ ブラウザで表示を確認すると、コピー＆ペーストしたテキストが1行表示されています❽。この段階では罫線が引かれていないためテーブルのようには見えませんが大丈夫です。罫線は後でCSSを使って引きます。

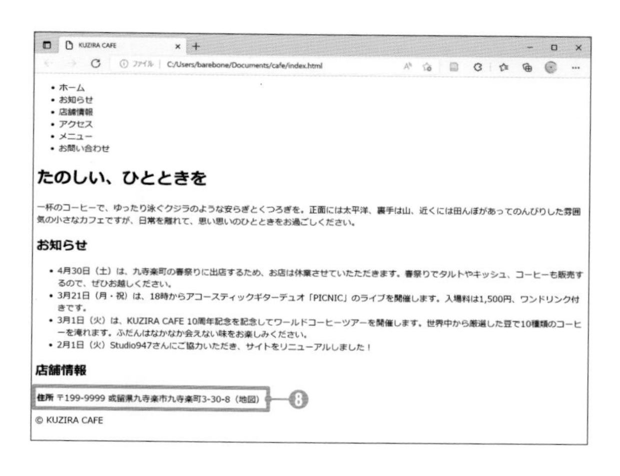

Code ● 1行2列のテーブルを作成する

index.html

```
---------------------------- 省 略 ----------------------------
37      <div>
38        <h2>店舗情報</h2>
39        <table>
40          <tr>
41            <td>住所</td>
42            <td>〒199-9999 或留県九寺楽市九寺楽町3-30-8(地図)</td>
43          </tr>
44        </table>
45      </div>
---------------------------- 省 略 ----------------------------
```

2 店舗情報のテーブルを作成する(2)

5行2列のテーブルを完成させましょう。まず、すでに作成したテーブルの中で左列(「住所」と書かれたセル)のタグを書き換えて、見出しセル(**<th>**)に変更します。その後、テーブル行の2行目から5行目を作成します。作業のために簡単に説明しておくと、<tr>タグが「テーブルの1行」を示しています。そのため、<tr> ~ </tr>までを丸ごとコピーしてペースト(貼り付け)すれば、テーブルの行が増えていきます。作成した1行分のHTMLをコピーして増やしていきましょう。

実習 24 行を増やして完成させる

① テーブルの左列を見出しセルに変更します。index.htmlで「住所」と書かれた行の<td>を<th>に、</td>を</th>に、それぞれ書き換えます❶。

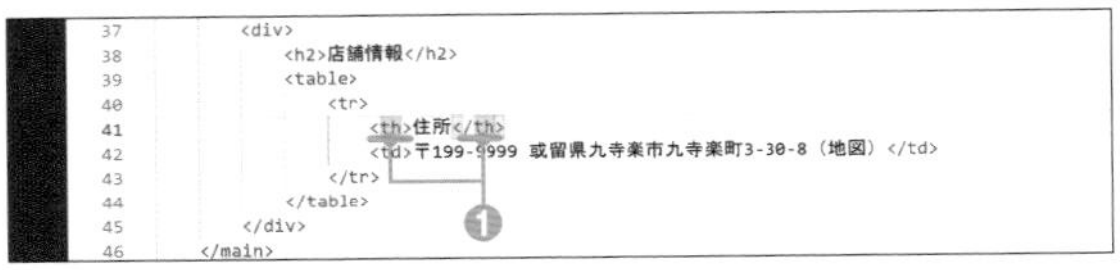

```
37    <div>
38        <h2>店舗情報</h2>
39        <table>
40            <tr>
41                <th>住所</th>
42                <td>〒199-9999 或留県九寺楽市九寺楽町3-30-8（地図）</td>
43            </tr>
44        </table>
45    </div>
46 </main>
```

② ここまでに作成したHTMLをもとにして、テーブルの2行目以降を作成します。<tr>～</tr>をドラッグして選択し、コピーします❷。

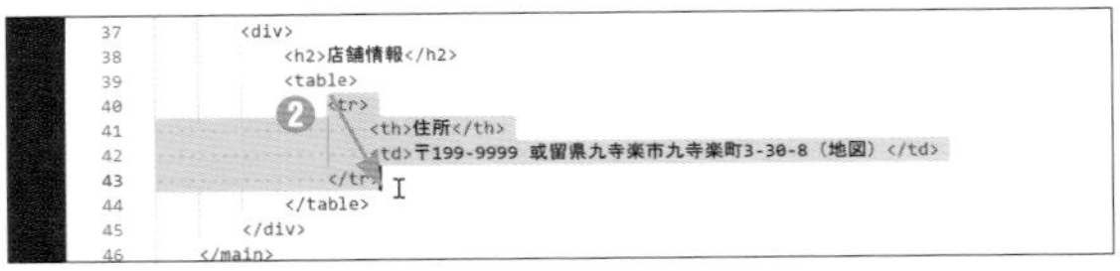

```
37    <div>
38        <h2>店舗情報</h2>
39        <table>
40            <tr>
41                <th>住所</th>
42                <td>〒199-9999 或留県九寺楽市九寺楽町3-30-8（地図）</td>
43            </tr>
44        </table>
45    </div>
46 </main>
```

</tr>終了タグの後ろをクリックしてカーソルを移動してから改行し、ペーストします❸。これでテーブル行が1行増えます。

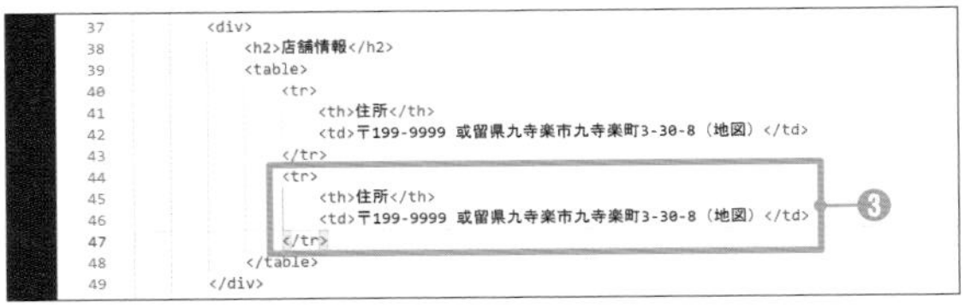

```
37    <div>
38        <h2>店舗情報</h2>
39        <table>
40            <tr>
41                <th>住所</th>
42                <td>〒199-9999 或留県九寺楽市九寺楽町3-30-8（地図）</td>
43            </tr>
44            <tr>
45                <th>住所</th>
46                <td>〒199-9999 或留県九寺楽市九寺楽町3-30-8（地図）</td>
47            </tr>
48        </table>
49    </div>
```

③ 改行してペーストする作業をあと3回繰り返し、全部で5行のテーブルを作ります❹。

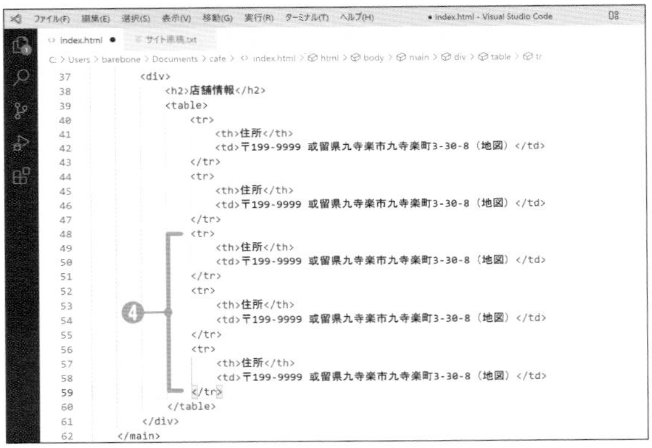

```
37    <div>
38        <h2>店舗情報</h2>
39        <table>
40            <tr>
41                <th>住所</th>
42                <td>〒199-9999 或留県九寺楽市九寺楽町3-30-8（地図）</td>
43            </tr>
44            <tr>
45                <th>住所</th>
46                <td>〒199-9999 或留県九寺楽市九寺楽町3-30-8（地図）</td>
47            </tr>
48            <tr>
49                <th>住所</th>
50                <td>〒199-9999 或留県九寺楽市九寺楽町3-30-8（地図）</td>
51            </tr>
52            <tr>
53                <th>住所</th>
54                <td>〒199-9999 或留県九寺楽市九寺楽町3-30-8（地図）</td>
55            </tr>
56            <tr>
57                <th>住所</th>
58                <td>〒199-9999 或留県九寺楽市九寺楽町3-30-8（地図）</td>
59            </tr>
60        </table>
61    </div>
62 </main>
```

④ 「サイト原稿.txt」から各行のテキストをコピーしてindex.htmlの正しい位置にペーストし、テーブルのテキストを書き換えていきます❺。

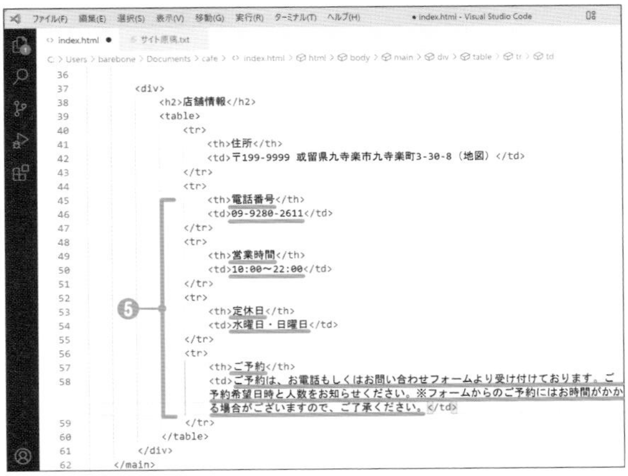

```
36
37    <div>
38        <h2>店舗情報</h2>
39        <table>
40            <tr>
41                <th>住所</th>
42                <td>〒199-9999 或留県九寺楽市九寺楽町3-30-8（地図）</td>
43            </tr>
44            <tr>
45                <th>電話番号</th>
46                <td>09-9280-2611</td>
47            </tr>
48            <tr>
49                <th>営業時間</th>
50                <td>10:00～22:00</td>
51            </tr>
52            <tr>
53                <th>定休日</th>
54                <td>水曜日・日曜日</td>
55            </tr>
56            <tr>
57                <th>ご予約</th>
58                <td>ご予約は、お電話もしくはお問い合わせフォームより受け付けております。ご予約希望日時と人数をお知らせください。※フォームからのご予約にはお時間がかかる場合がございますので、ご了承ください。</td>
59            </tr>
60        </table>
61    </div>
62 </main>
```

⑤ 作業が終わったらファイルを保存します。ブラウザで表示を確認すると、テーブル行が増えています。また、左列のテキストが太字になっています❻。

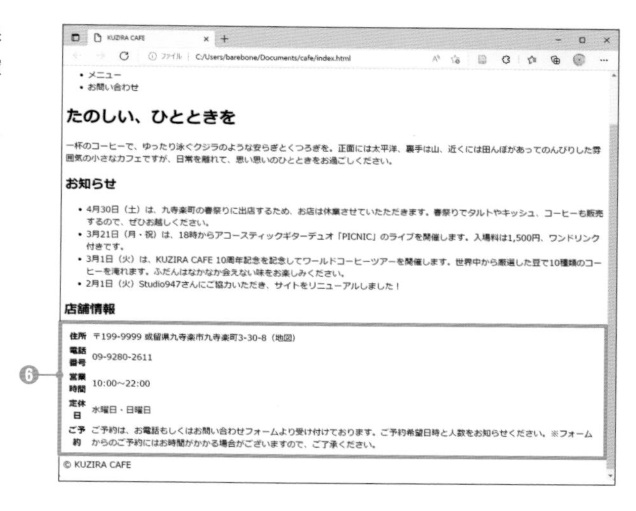

Code ● 行を増やして完成させる

index.html

```
省略
37      <div>
38      <h2>店舗情報</h2>
39        <table>
40          <tr>
41            <th>住所</th>
42            <td>〒199-9999 或留県九寺楽市九寺楽町3-30-8(地図)</td>
43          </tr>
44          <tr>
45            <th>電話番号</th>
46            <td>09-9280-2611</td>
47          </tr>
48          <tr>
49            <th>営業時間</th>
50            <td>10:00〜22:00</td>
51          </tr>
52          <tr>
53            <th>定休日</th>
54            <td>水曜日・日曜日</td>
55          </tr>
56          <tr>
57            <th>ご予約</th>
58            <td>ご予約は、お電話もしくはお問い合わせフォームより受け付けております。ご予約希望日時と人数をお知らせください。※フォームからのご予約にはお時間がかかる場合がございますので、ご了承ください。</td>
59          </tr>
60        </table>
61      </div>
省略
```

テーブル

テーブルは、**<table>**を親要素として、**<tr>**、**<td>**、**<th>**タグなどを組み合わせて作成します。

まず、1つの<tr>～</tr>が、テーブルの1行になります。この<tr>～</tr>の間には、列数分の<td>～</td>、もしくは<th>～</th>を含めます。つまり、2列のテーブルを作りたいなら、<tr>～</tr>の中に<td>～</td>もしくは<th>～</th>を2つ追加するわけです。この<td>タグや<th>タグはテーブルのセルで、<td>が**通常セル**、<th>が**見出しセル**を表しています。このうちの見出しセルは、テキストが太字で表示され、かつセル幅に対して中央揃えになるという特徴があります。

Fig ● テーブルのHTML —— <table>、<tr>、<td>の関係

<table>

<tr>	<td> </td>	<td> </td>	</tr>
<tr>	<td> </td>	<td> </td>	</tr>
<tr>	<td> </td>	<td> </td>	</tr>

</table>

しかし、ここまでの実習ではテーブルに罫線が引かれないため、表示結果がわかりづらいですね。第8章「テーブルの整形」(p.206)でCSSを使って罫線を引くので、その際にもう一度表示を確認することにしましょう。

最後に1つだけ、テーブル作成時の注意点を挙げておきます。テーブルの1行の列数、つまりセルの数は、各行とも同じにしておかなければなりません。「1行目は3セルで、2行目は4セル」というテーブルは作れないのです。そのため実習で行った作業のように、1行分のテーブルを作成したらそのソースコードをコピーして残りの行を作成するようにしましょう。そうすれば列数を間違えることがありませんし、何度もタグを書かなくて済むので作業も効率的に進められます。

Chapter

5

リンクと画像の挿入

Webページに欠かせないのが「リンク」。リンクを設定するためにはパスの知識が必要です。そこで、リンクとパスを理解するために、本章ではさまざまなタイプのリンクの挿入をしてみます。また、同じくパスの知識が必要な画像の挿入にもチャレンジして、1ページ目のHTMLを完成させましょう。リンクや画像の表示ができるとページが一気に充実してきて、ますます楽しくなりますよ。

01 サイト内リンクと相対パス

ナビゲーションの項目やコンテンツのテキストにリンクを設定します。リンクに使用する<a>タグは、HTMLになくてはならない最重要タグのひとつです。

ここで使うのは ● <a> ● href属性

1 ナビゲーションにリンクを追加する

リンクには大きく分けて3つのパターンがあります。

- **サイト内リンク —— サイト内のほかのページにリンクをする**
- **外部サイトへのリンク —— ほかのサイトのページにリンクをする**
- **ページ内リンク —— ページの特定の場所にリンクをする**

どのリンクでも**<a>**タグを使うことに変わりはありませんが、リンク先を指定する方法が変わります。1つずつ取り上げていきますが、まずは最も基本的な「サイト内リンク」を試してみましょう。ナビゲーションにある項目のうち「ホーム」「アクセス」「メニュー」「お問い合わせ」の4つに<a>タグを追加して、それぞれのページへのリンクを設定します。なお、index.html以外のHTMLファイルがまだないので、リンクを設定する前に動作確認のためのHTMLファイルを3つ作成します。

実習 25 <a>タグを記述する ～サイト内リンク～

① 動作確認用に「アクセス」「メニュー」「お問い合わせ」の3ページの簡単なHTMLファイルを作成します。まずは「アクセス」ページから作成しましょう。VSCodeで［ファイル］メニュー—［新しいテキストファイル］をクリックして新規ファイルを作成し、1行目に「アクセス」と書きます❶。

その後、「cafe」フォルダの中に❷、半角英字で「access.html」というファイル名をつけて保存します❸。

保存ができたらVSCodeでタブ右側の［×］をクリックして閉じてかまいません❹。

同じ操作で新規ファイルを作り、テキストに「メニュー」と書いて❺、「cafe」フォルダの中に「menu.html」という名前で保存します。

もう1つ新規ファイルを作り、テキストに「お問い合わせ」と書いて❻、「cafe」フォルダの中に「contact.html」という名前で保存します。

これで、「cafe」フォルダの中、作業中のindex.htmlと同じ場所に全部で4つのHTMLファイルができました❼。

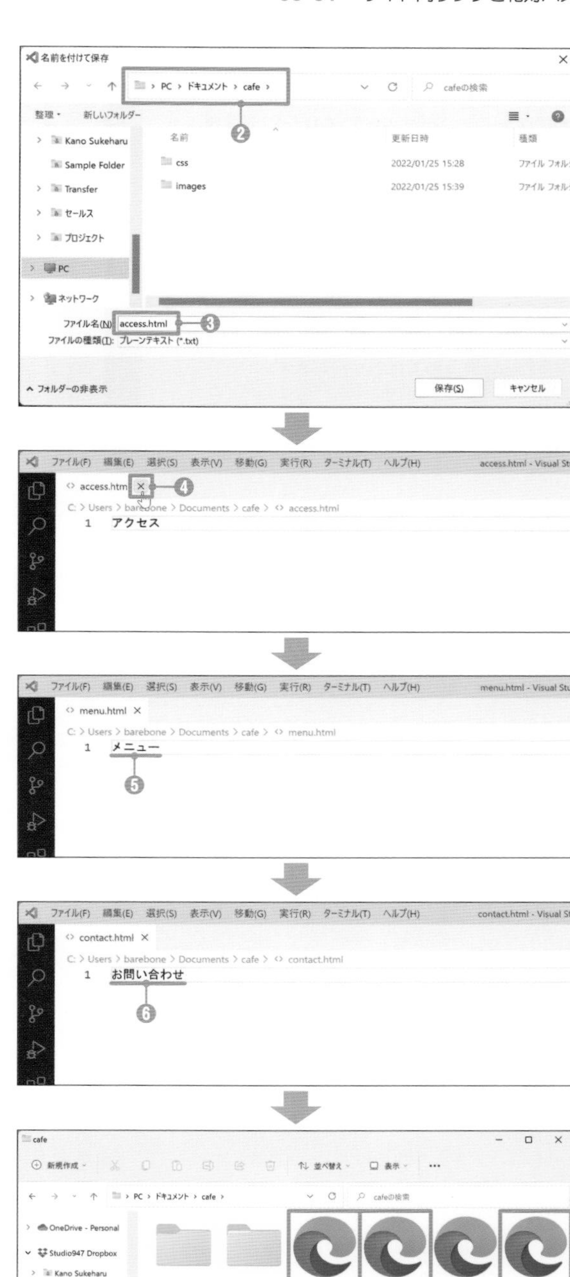

② それではindex.htmlを編集し、リンクを作成します。
ナビゲーションの<li>タグのうち1行目、4行目、5行目、6行目のテキストを<a>タグで囲み❽、リンクを設定します[*1]。タグ名（a）と属性（href）の間には半角スペースを空けることをお忘れなく。作業が終わったらファイルを保存します。

＊1　2行目、3行目はリンクの方法が少し違うので後回しにします。

```
1  <!DOCTYPE html>
2  <html>
3  <head>
4      <meta charset="UTF-8">
5      <title>KUZIRA CAFE</title>
6  </head>
7  <body>
8      <!-- ヘッダー -->
9      <header>
10         <nav>
11             <ul>
12                 <li><a href="index.html">ホーム</a></li>
13                 <li>お知らせ</li>
14                 <li>店舗情報</li>
15                 <li><a href="access.html">アクセス</a></li>
16                 <li><a href="menu.html">メニュー</a></li>
17                 <li><a href="contact.html">お問い合わせ</a></li>
18             </ul>
19         </nav>
20     </header>
21     <!-- ヘッダーここまで -->
22     <h1>たのしい、ひとときを</h1>
```

③ ブラウザでindex.htmlを開きます。リンクを設定したナビゲーションのテキストをクリックして、正しいページが表示されることを確認します。

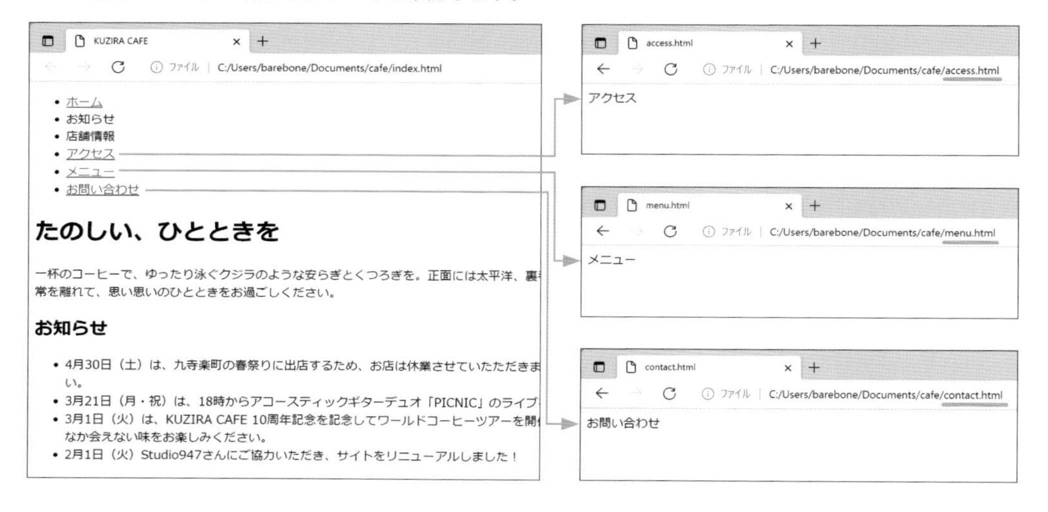

Code ● <a>タグを記述する　～サイト内リンク～　　index.html

```
省略
7  <body>
8    <!-- ヘッダー -->
9    <header>
10     <nav>
11       <ul>
12         <li><a href="index.html">ホーム</a></li>
13         <li>お知らせ</li>
14         <li>店舗情報</li>
15         <li><a href="access.html">アクセス</a></li>
16         <li><a href="menu.html">メニュー</a></li>
```

```
17          <li><a href="contact.html">お問い合わせ</a></li>
18        </ul>
19      </nav>
20    </header>
21    <!-- ヘッダーここまで -->
```

省略

2 テキストの一部をリンクにする

ナビゲーションだけではなく、index.htmlに含まれるテキストの一部もリンクにしてみましょう。店舗情報のテーブルの中から、「地図」と「お問い合わせフォーム」と書かれたテキストにリンクを設定します。

実習 26 テキストの一部を<a>タグで囲む

① 店舗情報のテーブルの中から「地図」と書かれた部分を探して<a>タグで囲みます。リンクする先のファイルは「access.html」にします❶。

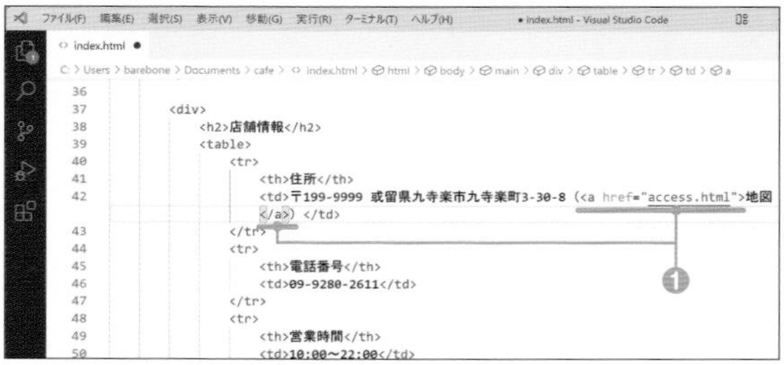

```
36
37        <div>
38          <h2>店舗情報</h2>
39          <table>
40            <tr>
41              <th>住所</th>
42              <td>〒199-9999 或留県九寺楽市九寺楽町3-30-8 (<a href="access.html">地図
                </a>) </td>
43            </tr>
44            <tr>
45              <th>電話番号</th>
46              <td>09-9280-2611</td>
47            </tr>
48            <tr>
49              <th>営業時間</th>
50              <td>10:00～22:00</td>
```

② 同じくテーブル内のテキストから「お問い合わせフォーム」と書かれた部分を探して、「contact.html」へのリンクを設定します❷。
作業が終わったらファイルを保存します。

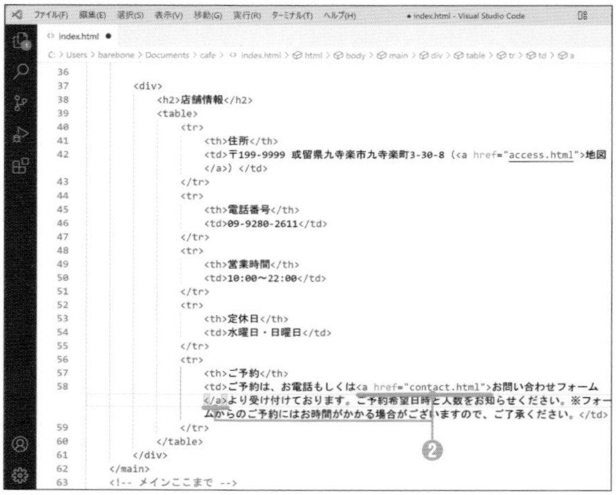

```
36
37        <div>
38          <h2>店舗情報</h2>
39          <table>
40            <tr>
41              <th>住所</th>
42              <td>〒199-9999 或留県九寺楽市九寺楽町3-30-8 (<a href="access.html">地図
                </a>) </td>
43            </tr>
44            <tr>
45              <th>電話番号</th>
46              <td>09-9280-2611</td>
47            </tr>
48            <tr>
49              <th>営業時間</th>
50              <td>10:00～22:00</td>
51            </tr>
52            <tr>
53              <th>定休日</th>
54              <td>水曜日・日曜日</td>
55            </tr>
56            <tr>
57              <th>ご予約</th>
58              <td>ご予約は、お電話もしくは<a href="contact.html">お問い合わせフォーム
                </a>より受け付けております。ご予約希望日時と人数をお知らせください。※フォー
                ムからのご予約にはお時間がかかる場合がございますので、ご了承ください。</td>
59            </tr>
60          </table>
61        </div>
62      </main>
63      <!-- メインここまで -->
```

③ index.htmlをブラウザで開いて動作を確認します。「地図」をクリックしたらアクセスのページ（access.html）が、「お問い合わせフォーム」をクリックしたらお問い合わせのページ（contact.html）が開くかどうか試しましょう。

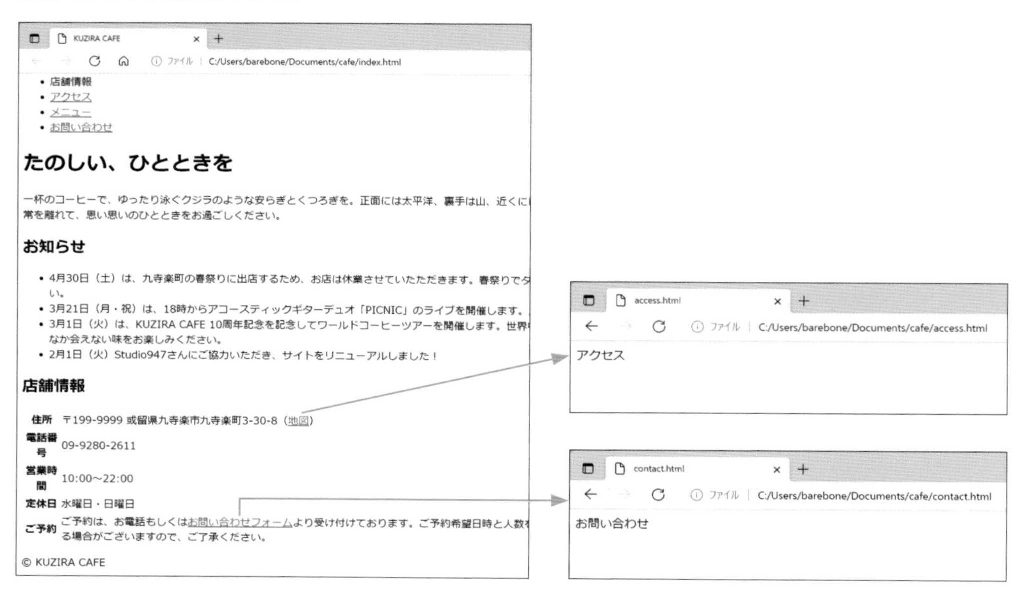

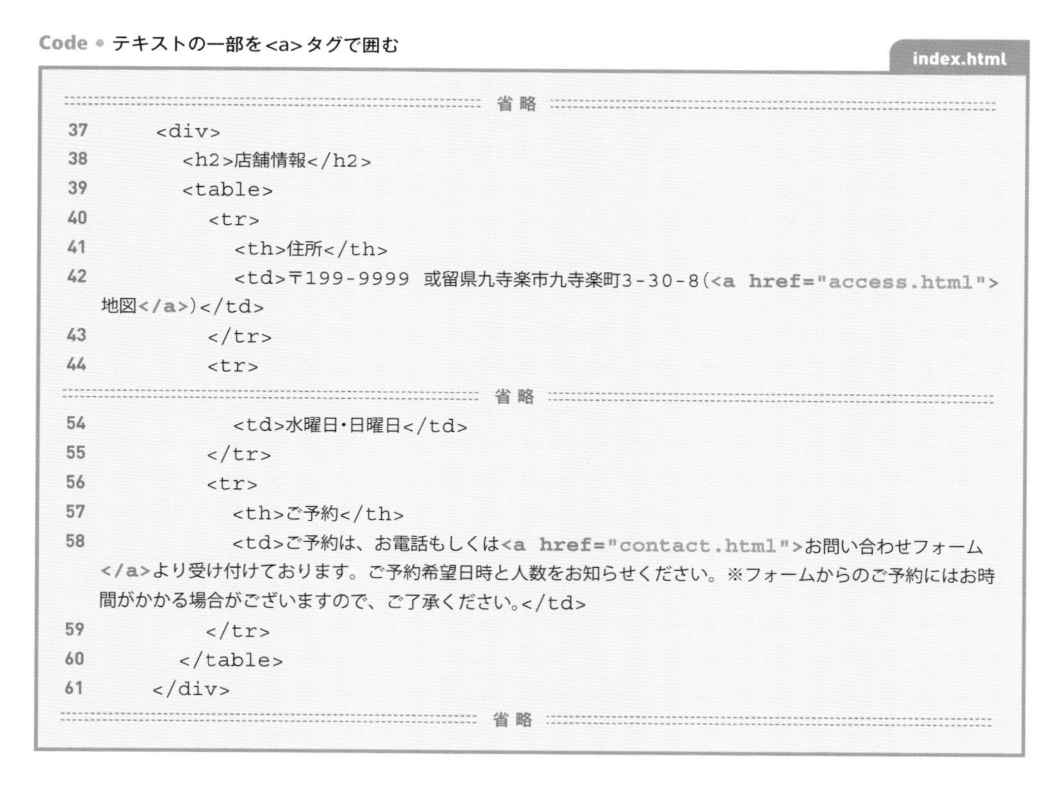

Code ● テキストの一部を<a>タグで囲む

index.html

```
------------------------------------ 省略 ------------------------------------
37      <div>
38        <h2>店舗情報</h2>
39        <table>
40          <tr>
41            <th>住所</th>
42            <td>〒199-9999 或留県九寺楽市九寺楽町3-30-8(<a href="access.html">
   地図</a>)</td>
43          </tr>
44          <tr>
------------------------------------ 省略 ------------------------------------
54            <td>水曜日・日曜日</td>
55          </tr>
56          <tr>
57            <th>ご予約</th>
58            <td>ご予約は、お電話もしくは<a href="contact.html">お問い合わせフォーム
   </a>より受け付けております。ご予約希望日時と人数をお知らせください。※フォームからのご予約にはお時
   間がかかる場合がございますので、ご了承ください。</td>
59          </tr>
60        </table>
61      </div>
------------------------------------ 省略 ------------------------------------
```

解説

リンクを設定する<a>タグ

<a>タグは、<a>～</a>で囲まれたコンテンツにリンクを設定します。リンクが設定されたコンテンツをクリックすると"リンク先"に移動するようになりますが、どこに移動するのか、そのリンク先は**href**属性で指定します。<a>タグの基本的な書式は次のとおりです。

Fig ● <a>タグの基本的な書式

```
<a href="パスまたはURL">リンクするコンテンツ</a>
```

正しくリンクを設定するには、href属性に設定する値であるパスやURLの書き方を知っている必要があります。

解説

パスの仕組みとhref属性の書き方

ナビゲーションの項目に設定したリンクは、いずれもサイト内の別ページに移動するためのものです。こうした、サイト内のページを指定するリンクのことを**サイト内リンク**もしくは**内部リンク**と呼びます。サイト内リンクを指定するには、<a>タグのhref属性に**パス**を書きます。ここで、パスがどういうものかを理解するために、次ページの図のようなフォルダ構成の場合を考えてみましょう。

Fig ● パスを考えるための例

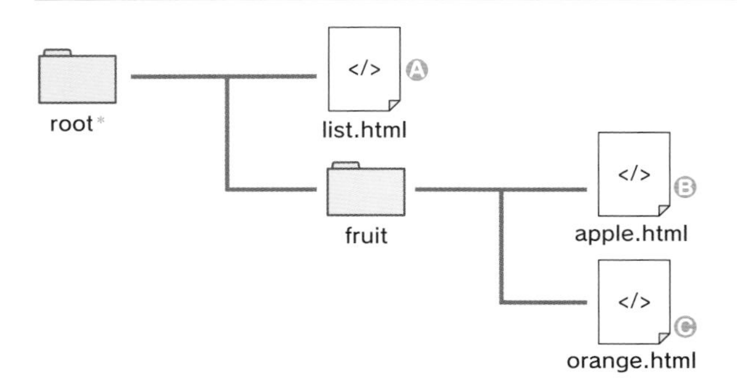

＊ Webサイトの全データが保存される親フォルダのことを「ルートフォルダ」または「ルートディレクトリ」といいます。実習中のKUZIRA CAFEサイトでは「cafe」フォルダがルートフォルダに該当します。

この図を例に、list.htmlⒶからapple.htmlⒷやorange.htmlⒸにリンクを設定したいときに書くパスを考えてみましょう。この場合、「fruit」フォルダにある「apple.html」もしくは「orange. html」というように、Ⓐを起点に目的のファイルに至るまでに通るフォルダ名やファイル名を、スラッシュ（/）で区切って続けて書きます。具体的には次のようになります。

Fig ● list.htmlⒶからapple.htmlⒷやorange.htmlⒸにリンクするときのパス

```
<a href="fruit/apple.html">
<a href="fruit/orange.html">
```

次に、apple.htmlⒷやorange.htmlⒸから、list.htmlⒶにリンクを設定することを考えてみましょう。この場合、Ⓑ、Ⓒを起点にして「1階層上のフォルダ」の「list.html」、というように指定します。「1階層上のフォルダ」を表すには、「../」（半角のドット2つとスラッシュ）と書きます。

Fig ● apple.htmlⒷやorange.htmlⒸからlist.htmlⒶにリンクするときのパス

```
<a href="../list.html">
```

このように、リンク元ファイルを起点に、リンク先ファイルまでの通り道を指定する記述法を**相対パス**といいます。パスの指定方法にはこれ以外に絶対パス（p.97）もありますが、サイト内リンクを記述するときには一般的に相対パスを用います。

実習作業で編集中のindex.htmlと、access.htmlやmenu.htmlなどのHTMLファイルは、すべて同じフォルダ内（「cafe」フォルダ）にあります。同じフォルダ内のファイルにリンクを設定するときは、パスにはファイル名のみを書けばよいことになります。

02 外部サイトへのリンクと絶対パス

前節ではサイト内のページにリンクするのに相対パスを使いましたが、今度はほかのWebサイトへリンクをするために絶対パスを利用します。また、リンク先をブラウザの別のタブで開く方法も紹介します。

ここで使うのは ● **<a>** ● **target属性**

1 お知らせのテキストの一部にリンクを追加する

index.htmlのお知らせの一部にほかのWebサイトへのリンクを設定して、クリックすると著者のWebサイトである「studio947.net」に移動するようにします。また、<a>タグに**target**属性を追加して、リンク先のページをブラウザの別のタブで開くようにします。

実習27 <a> タグを記述する ～外部サイトへのリンク～

① index.htmlを編集します。お知らせの箇条書きから「Studio947」と書かれている部分を探して、<a>タグで囲みます❶。
作業が終わったらファイルを保存します。

```
24      <main>
25          <p>一杯のコーヒーで、ゆったり泳ぐクジラのような安らぎとくつろぎを。正面には太平洋、裏手
            は山、近くには田んぼがあってのんびりした雰囲気の小さなカフェですが、日常を離れて、思い思
            いのひとときをお過ごしください。</p>
26
27          <div>
28              <h2>お知らせ</h2>
29              <ul>
30                  <li>4月30日（土）は、九寺楽町の春祭りに出店するため、お店は休業させていただき
                    ます。春祭りでタルトやキッシュ、コーヒーも販売するので、ぜひお越しください。</
                    li>
31                  <li>3月21日（月・祝）は、18時からアコースティックギターデュオ「PICNIC」のライ
                    ブを開催します。入場料は1,500円、ワンドリンク付きです。</li>
32                  <li>3月1日（火）は、KUZIRA CAFE 10周年記念を記念してワールドコーヒーツアーを開
                    催します。世界中から厳選した豆で10種類のコーヒーを淹れます。ふだんはなかなか会え
                    ない味をお楽しみください。</li>
33                  <li>2月1日（火）<a href="https://studio947.net">Studio947</a>さんにご協力い
                    ただき、サイトをリニューアルしました！</li>
34              </ul>
35          </div>
36
37          <div>
38              <h2>店舗情報</h2>
39              <table>
40                  <tr>
41                      <th>住所</th>
42                      <td>〒199-9999 或留県九寺楽市九寺楽町3-30-8（<a href="access.html">地図
                        </a>）</td>
43                  </tr>
44                  <tr>
45                      <th>電話番号</th>
```

❶

② ブラウザでindex.htmlを開き、リンクを設定したテキストをクリックして、「studio947.net」に移動できるかどうか、アドレスバーのURLがhref属性に指定した値になっているかどうかを確認します❷。

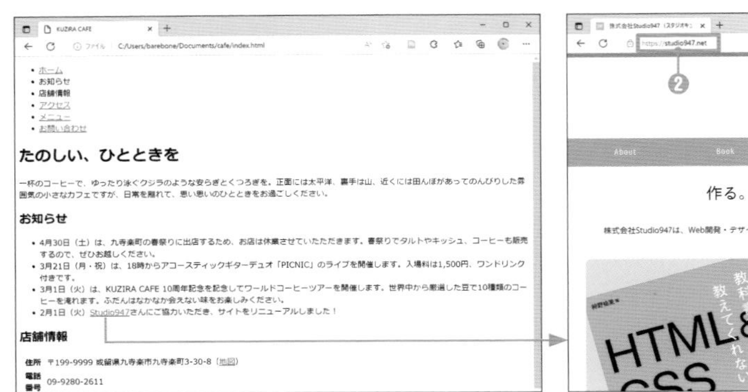

Code ● <a> タグを記述する　～外部サイトへのリンク～

index.html

```
-------------------- 省略 --------------------
27        <div>
28          <h2>お知らせ</h2>
29          <ul>
-------------------- 省略 --------------------
33            <li>2月1日(火)<a href="https://studio947.net">Studio947</a>さん
    にご協力いただき、サイトをリニューアルしました！</li>
34          </ul>
35        </div>
-------------------- 省略 --------------------
```

① リンク先がブラウザの別タブで開くように、<a>タグにtarget属性を追加します❶。
作業が終わったらファイルを保存します。

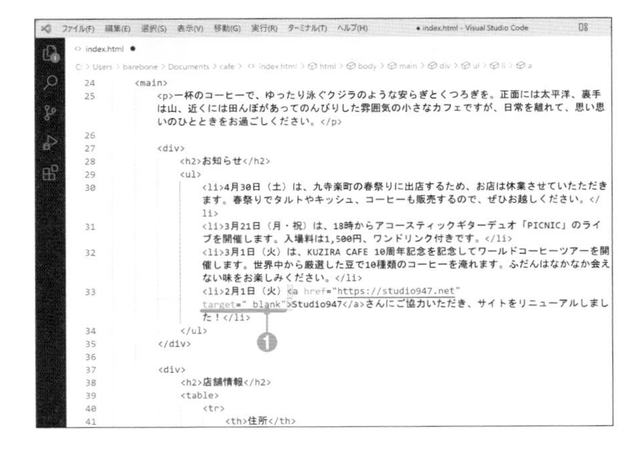

② ブラウザでリンクをクリックすると、「studio947.net」のページが新しいタブで開かれるようになります❷。

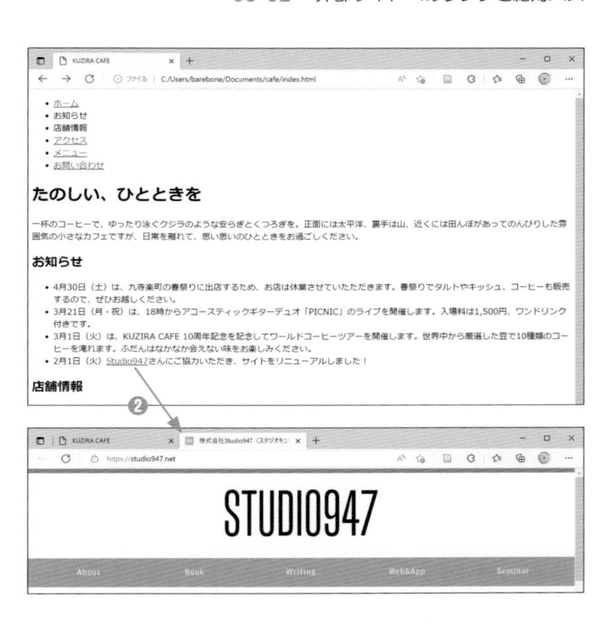

Code ● 外部サイトへのリンクを別タブで開くようにする　　index.html

```
------------------------------ 省略 ------------------------------
33          <li>2月1日(火)<a href="https://studio947.net" target="_blank">
   Studio947</a>さんにご協力いただき、サイトをリニューアルしました！</li>
34       </ul>
------------------------------ 省略 ------------------------------
```

URLと絶対パス

別のWebサイトのページにリンクしたいときは、<a>タグのhref属性に、「**https://**」もしくは「**http://**」から始まるURLを指定します。インターネットで公開されているすべてのページに固有のURLが付いていて、同じURLにアクセスすれば必ず同じページが表示されることから**絶対パス**とも呼ばれています。

ページのURLを調べるのは簡単です。ブラウザでリンクしたいページを開いておき、アドレスバーに表示されているURLをまるごとコピーするだけです。ただ、Google ChromeやSafariなど、近年はアドレスバーにURLのすべてを表示しないブラウザもあります。そうしたブラウザであっても、一度アドレスバーをクリックしてコピーすれば、正しいURLをコピーできるようになっています。

Fig ● URLのすべてが表示されていなくても正しくコピーされる。図はGoogle Chromeの例

アドレスバーをクリックして、表示されているURLが選択された状態でコピー

正しいURLがコピーされる

解説

<a>タグのtarget属性

外部サイトのページへリンクするときによく使われるのが、<a>タグの**target**属性です。「**target="_blank"**」としておけば、リンク先のページが別のタブで開くようになります。

Fig ● リンク先を別のタブで開く

```
<a href="リンク先のURL" target="_blank">リンクテキスト</a>
```

Column

「http://」や「https://」ってなに？

URLの先頭にある「http://」や「https://」は**スキーム**と呼ばれる、データを送受信する通信方式を表しています。Webサイトを構成するファイル――HTMLファイル、CSSファイル、画像ファイルなど――や、フォームに入力したデータなどはインターネット回線を通じて、パソコンやスマートフォンとサーバーと呼ばれるコンピュータの間を行ったり来たりします。httpやhttpsは、送受信されているデータがWebサイト向けであることを示していて、インターネット上を流れるほかのデータ、たとえばメールのデータやチャットのデータなどと混同しないようになっています。

さらに、httpsで始まるURLのデータは、暗号化されて送受信されます。そのためもし仮に第三者が通信を傍受しても中身を解読するのが困難で、より安全な通信が実現できます。逆にhttpで始まるURLでは暗号化されません。最近はより安全なhttpsで通信をすることが多くなっていて、httpで始まるURLを見ることは少なくなりました。

ページ内リンク

リンクのパターン3つ目は「ページ内リンク」。ページの特定の場所にリンクする方法です。<a>タグのhref属性の書き方に特徴があるのと、移動先の要素にid属性を追加する必要があります。

ここで使うのは　● <a>　● id属性

1 「お知らせ」「店舗情報」の見出しへリンクする

ナビゲーションの項目にはまだリンクを設定していないものがあります。これらの項目にページ内リンクを設定し、index.htmlの途中にある「お知らせ」と「店舗情報」に移動できるようにします。ページ内リンクを実現するには移動先の要素に**id**属性を追加する必要があるほか、<a>タグのhref属性の書き方も特徴的です。

実習 29 見出しにid属性を追加する

① index.htmlを編集します。「お知らせ」全体を囲む親要素の<div>タグにid属性を追加して、値を「"news"」にします❶。

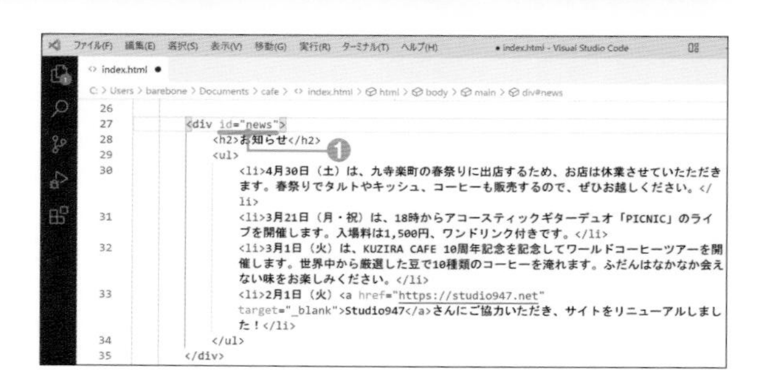

② 「店舗情報」全体を囲む親要素の<div>タグにid属性「"shop"」を追加します❷。タグにid属性を追加しても表示に変化はないので、このまま作業を続けましょう。

```
35      </div>
36
37      <div id="shop">
38          <h2>店舗情報</h2>
39          <table>
40              <tr>
41                  <th>住所</th>
42                  <td>〒199-9999 或留県九寺楽市九寺楽町3-30-8 (<a href="access.html">地図</a>) </td>
43              </tr>
44              <tr>
45                  <th>電話番号</th>
46                  <td>09-9280-2611</td>
47              </tr>
48              <tr>
```
❷

Code ● 見出しにid属性を追加する

index.html

```
                        省略
27      <div id="news">
28        <h2>お知らせ</h2>
                        省略
35      </div>
36
37      <div id="shop">
38        <h2>店舗情報</h2>
                        省略
```

実習 30 ナビゲーションにページ内リンクを追加する

① ナビゲーションの箇条書きのうち、まだリンクを設定していない「お知らせ」「店舗情報」を<a>タグで囲み、リンクを設定します❶。
作業が終わったらファイルを保存します。

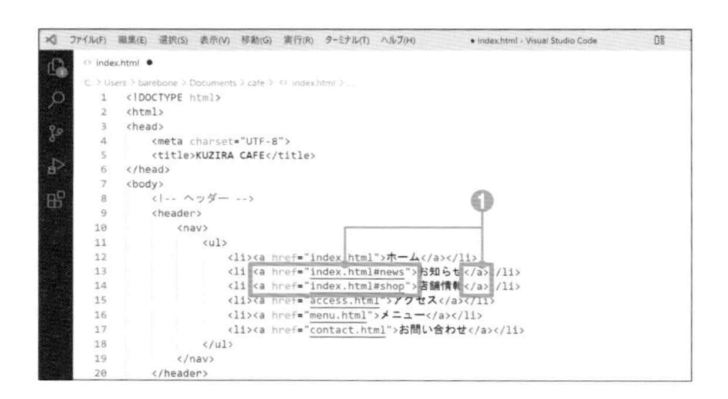

② ブラウザでindex.htmlを開きます。ナビゲーションの「お知らせ」や「店舗情報」をクリックすると、それぞれの見出しの部分までページが移動します。もし移動しない場合は、ブラウザウィンドウを狭めてからクリックしてみてください。

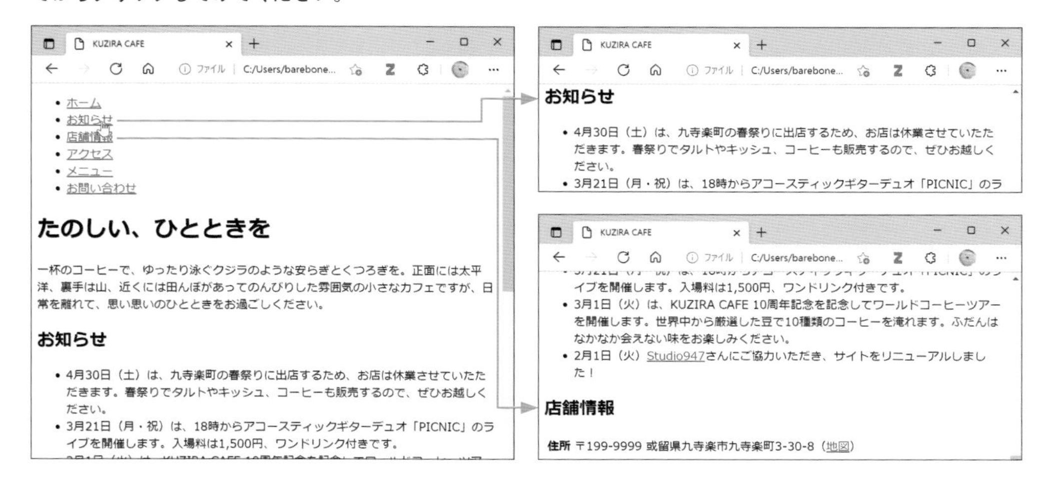

Code ● ナビゲーションにページ内リンクを追加する

index.html

```
省略
 9  <header>
10    <nav>
11      <ul>
12        <li><a href="index.html">ホーム</a></li>
13        <li><a href="index.html#news">お知らせ</a></li>
14        <li><a href="index.html#shop">店舗情報</a></li>
15        <li><a href="access.html">アクセス</a></li>
16        <li><a href="menu.html">メニュー</a></li>
17        <li><a href="contact.html">お問い合わせ</a></li>
18      </ul>
19    </nav>
20  </header>
省略
```

解説

ページの特定の場所にリンクする「ページ内リンク」

ページ内リンクとは、HTMLの特定の場所をリンク先に指定する設定方法です。id属性が付いたタグをリンク先に指定でき、そのタグにリンクを設定するには、<a>タグのhref属性にHTMLファイルのURLやパスに続けて「シャープ記号(#)＋id属性の値」というふうに書きます。

Fig ● ページ内リンクの書式

```
<a href="HTMLファイルのURLまたはパス#id属性の値">リンクテキスト</a>
```

同じHTML内の特定の場所にリンクする場合は、URLやパスを省略して、href属性に「シャープ記号(#)＋id属性の値」とだけ書くこともできます。

Fig ● 同一HTML内の特定の場所にリンクする例。URLやパスは省略できる

```
<p>スケジュールは<a href="#logo">News</a> でお知らせします。<p>
```

「でもそれなら、今回もパス(index.html)は省略できたんじゃない？」たしかにそうですね。

なぜ省略しなかったのでしょう？　それは、このヘッダー部分はほかのページでも使うからです。index.htmlの作成がひととおり終わった後、第9章でほかのページを作成しますが、ヘッダー部分のソースコードはそのまま再利用します。ほかのページからはパス（index.html）がないとリンクできないので、同じファイル内のリンクでも今回は省略しなかったのです。

解説

id属性

id属性は、特定の要素にほかと区別できる固有の名前をつけるための属性です。id属性でつけた固有の名前（id属性の値）は、「ID名」や「識別子」と呼ばれることもあります。id属性はすべてのタグに追加できますが、そのID名は、同じHTMLドキュメント内では一度しか使えません。どこかのタグに「news」というID名をつけたら別のタグにはつけられないし、「shop」というID名をつけたら別のタグにはつけられないのです。

id属性はさまざまな用途に利用されます。今回の実習のようにページ内リンクをするときのほか、本書では扱いませんがJavaScript プログラム[＊2]と連携するのにも使われます。CSSの適用に使うこともあります。

id属性でつけるID名には、半角スペース以外の文字で好きな名前をつけることができます。日本語も使えますが、一般的には半角英字の小文字、半角数字、およびアンダースコア（_）、ハイフン（-）のみを使用します。

＊2 「Note：JavaScriptとは」（p.6）

Fig ● id属性の書式

```
<div id="ID名">
```

画像の挿入

ページに画像を挿入します。画像の挿入には <img> タグを使いますが、ここでもリンクの <a> タグと同様、パスを指定します。

ここで使うのは　● **<img>**

1　クジラの絵とキャンペーンバナーを挿入

index.htmlは、上から順にヘッダー → <h1>見出し → 短いテキストと続いています。この短いテキストの上下に画像を挿入します。上に挿入する画像のファイル名は「logo-whale.svg」、下に挿入するのは「banner.jpg」で、どちらも「cafe」フォルダの中の「images」フォルダ内にあります。index.htmlからの相対パスでファイルを指定するので、どんなパスを書けばよいか、想像しながら作業を進めてみましょう。

実習 31　<img>タグを２つ記述する

(1) index.htmlを編集します。<main>開始タグの次の行に<img>タグを追加して、「logo-whale.svg」を挿入します❶。

```
ファイル(F) 編集(E) 選択(S) 表示(V) 移動(G) 実行(R) ターミナル(T) ヘルプ(H)    ● index.html - Visual Studio Co
index.html ●
C: > Users > barebone > Documents > cafe > index.html > html > body > main > img
7   <body>
8       <!-- ヘッダー -->
9       <header>
10          <nav>
11              <ul>
12                  <li><a href="index.html">ホーム</a></li>
13                  <li><a href="index.html#news">お知らせ</a></li>
14                  <li><a href="index.html#shop">店舗情報</a></li>
15                  <li><a href="access.html">アクセス</a></li>
16                  <li><a href="menu.html">メニュー</a></li>
17                  <li><a href="contact.html">お問い合わせ</a></li>
18              </ul>
19          </nav>
20      </header>
21      <!-- ヘッダーここまで -->
22      <h1>たのしい、ひとときを</h1>
23      <!-- メイン -->
24      <main>
25          <img src="images/logo-whale.svg" alt="">   ❶
26          <p>一杯のコーヒーで、ゆったり泳ぐクジラのような安らぎとくつろぎを。正面には太平洋、裏手
            田んぼがあってのんびりした雰囲気の小さなカフェですが、日常を離れて、思い思いのひととき
            い。</p>
27
28          <div id="news">
29              <h2>お知らせ</h2>
30              <ul>
31                  <li>4月30日（土）は、九寺楽町の春祭りに出店するため、お店は休業させていただ
                    でタルトやキッシュ、コーヒーも販売するので、ぜひお越しください。</li>
32                  <li>3月21日（月・祝）は、18時からアコースティックギターデュオ「PICNIC」のラ
                    す。入場料は1,500円、ワンドリンク付きです。</li>
33                  <li>3月1日（火）は、KUZIRA CAFE 10周年記念を記念してワールドコーヒーツアーを
                    界中から厳選した豆で10種類のコーヒーを淹れます。ふだんはなかなか会えない味をお
                    い。</li>
```

② いま挿入した<img>タグに続く<p>タグの下にもう1つ<img>タグを追加して、「banner.jpg」を挿入します❷。
作業が終わったらファイルを保存します。

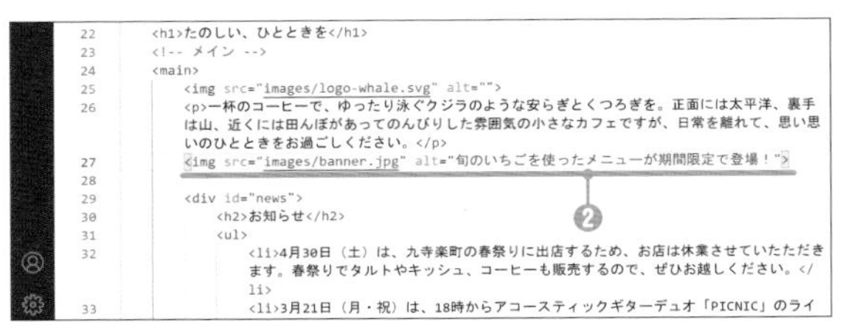

③ index.htmlをブラウザで開くと、短いテキストの上下に画像が表示されます❸。

Code • <img>タグを2つ記述する　index.html

```
省略
24    <main>
25      <img src="images/logo-whale.svg" alt="">
26      <p>一杯のコーヒーで、ゆったり泳ぐクジラのような安らぎとくつろぎを。……思い思いのひとときをお過ごしください。</p>
27      <img src="images/banner.jpg" alt="旬のいちごを使ったメニューが期間限定で登場！">
省略
```

解説

Webページに画像を挿入する

やっぱり画像が入ると楽しいですね。Webページに画像を挿入するには**<img>**タグを使用します。<img>タグは**空要素**といって、終了タグがありません。また、このタグには2つの重要な属性があります。それが今回も使用している**src**属性と**alt**属性です。それぞれ「ソース属性」「オルト属性」と読みます。1つずつ見ていきましょう。

src属性には挿入したい画像ファイルのURLまたはパスを指定します[*3]。今回はindex.htmlに「images」フォルダ内の「logo-whale.svg」と「banner.jpg」を挿入したので、パスは次のようになります。

>> クジラの絵のパスは、images/logo-whale.svg
>> キャンペーンバナー画像のパスは、images/banner.jpg

もう1つのalt属性には、何らかの理由で画像が表示できないとき、たとえばネットワークの調子が悪かったりパスの指定が間違っていたりして画像データが取得できないときに、代わりに表示するテキストを指定します。また、視覚障害者などが使用する「読み上げ機能」も、このalt属性のテキストを読み上げます。画像が見えなくても最低限の情報が伝わるように、alt属性にはその画像を簡潔に説明するテキストを指定しましょう。

＊3 第5章「パスの仕組みとhref属性の書き方」(p.93)

Fig ● 画像データが取得できないとき、alt 属性に指定したテキストが代わりに表示される

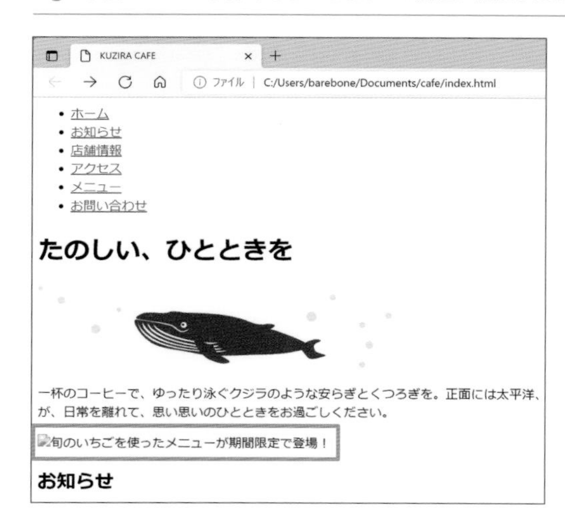

とはいえ、alt属性に指定するテキストを何にするか困ることもよくあります。たとえば今回挿入した画像のうちクジラの絵は装飾的な画像で、これ自体に重要な意味があるわけではありません。そのような、代わりに使用する適当なテキストがない場合、alt属性自体は残しておいて、値を空にする、つまりダブルクォート(")を2つ書いておくだけにします。

Fig ● alt属性の属性値を指定しないときはダブルクォートを2つ書いておくだけにする

```
<img src="images/logo-whale.svg" alt="">
```

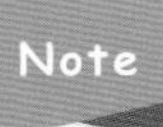

<img> タグのそのほかの属性

<img>タグには、src属性、alt属性以外にも、画像の表示サイズを指定するwidth属性やheight属性があります。ただ、Webサイトをパソコンだけでなく、画面が小さいモバイル端末での表示にも対応させるときは、どうしても画像サイズを固定したい場合を除いてwidth属性やheight属性は指定しないほうが作業が楽になります。そのため本書では指定していません。なお、width属性などを指定しないと画像は原則として実サイズで表示されます。

```
<img src="画像ファイルのパス" alt="画像の説明" width="500" height="200">
```

width属性、height属性は、表示したいサイズをピクセル数で指定。単位は付けず、数字だけをダブルクォート(")で囲む

画像を500ピクセル×200ピクセルで固定表示する例。width属性、height属性を指定する

解説

Webサイトで使える画像ファイル形式

画像にはさまざまなファイル形式がありますが、Webページに表示できるのは次の5種類です。

- JPEG (.jpg、.jpeg)
- PNG (.png)
- GIF (.gif)
- SVG (.svg)
- WebP (.webp)

いずれの形式も元の画像データを圧縮してファイルサイズを小さくしますが、それぞれに特徴があり、長所を生かして使い分けます。

画像ファイルの保存には画像編集アプリを使用するのが一般的ですが、現在では多数のWebサービスもあります。「写真編集　オンライン」などで検索すれば見つかります。興味がある方は一度試してみてはいかがでしょうか。

以下、それぞれの画像ファイル形式の特徴を説明します。

JPEG形式

JPEGは多くのスマートフォンやデジタルカメラにも使われている、有名なファイル形式のひとつです。色の微妙な階調表現が得意で、写真や、色数が多くグラデーションを多用したイラストなどはJPEG形式で保存します。逆に、輪郭がはっきりしたロゴマークや、色数が少ない図表やグラフの保存は苦手で、画質が悪化したり、ぼやけて見えたりすることがあります。

Fig ● JPEG形式は写真が得意。図表や輪郭のはっきりしたイラストは画質が悪くなることがある

○

写真のような階調の多い画像はJPEG向き

×

図やグラフのような、階調が少なくはっきりした線があるグラフィックはJPEGに不向き

PNG形式

PNGは色数の少ないイラスト、図表、グラフなどに適したファイル形式で、くっきりした輪郭を表現するのが得意です。写真をPNG形式で保存しても画質は悪くなりませんが、ファイルサイズが増大するためWebサイト向きではありません。

PNG形式では背景を切り抜いて透過させた画像を作ることもできます。写真を切り抜いて表示したいときにはJPEGでなくPNG画像を用意します。

Fig ● PNG形式は写真でも図表でも画質の劣化が少なく、背景を切り抜くこともできる

透過領域

GIF形式

GIFはPNGと似たような特徴を持っています。しかしGIFのほうが古い規格で、同じ画像ならPNGで保存したほうがファイルサイズが小さくなるため、現在は静止画像としてはあまり使われていません。

ただ、GIF形式にはJPEGやPNGにはない特徴があります。それは、パラパラマンガのようなアニメーション(GIFアニメーション、GIFアニメ)を作れることです。メッセージアプリなどで知らない間に目にしていることも多いでしょう。Webサイトにちょっとしたアニメーションを載せたいときはGIFアニメーション形式で保存します。

SVG形式

ベクター方式[*4]と呼ばれる、線や塗りを数式で表した画像形式で、拡大しても画質がまったく変わらず、ほかの形式と比べてファイルサイズも小さいのが特徴です。色数が少なく、比較的単純なシェイプの画像に適しています。Webサイトでは線画やロゴマーク、アイコンなどに使われています。

＊4 SVG以外の形式は「ビットマップ方式」と呼ばれるデータで、色が付いた小さな点が多数集まって1つの画像を作っています。

Fig ● ベクター方式のSVGは拡大しても画質が変わらない

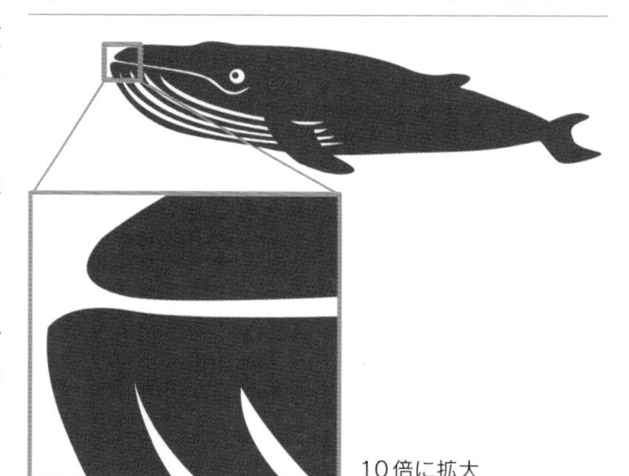

WebP形式

「ウェッピー」と読みます。グーグル社が開発した画像形式で、JPEG、PNG、GIFの長所を兼ね備えています。透過処理もアニメもできるうえにファイルサイズも小さくなるため、まさにWeb向きの形式といえるでしょう。現在は主要なブラウザすべてが対応していますが、編集や書き出しができるアプリが少ないのが難点であまり使われてきませんでした。ただこの状況もPhotoshopがバージョン23.2[*5]から標準で対応するようになるなど徐々に改善していて、今後は普及が進むものと思われます。

＊5 2022年2月リリース

画像+リンク

リンクはテキストだけでなく、画像などにも設定することができます。ページ最上部にサイトのロゴを追加して、さらにリンクを設定してみましょう。同じように、ページ下部にページトップに戻るための、ボタンのような画像も追加します。

ここで使うのは ● <div> ● <img> ● <footer> ● <a>

1 ロゴを挿入してリンクを設定する

ページの最上部、ヘッダーのナビゲーションより上に<img>タグを追加して、サイトのロゴ画像を表示します。表示する画像は「images」フォルダにある「logo.svg」です。alt属性は「KUZIRA CAFE」にします。また、<img>タグを<a>～</a>で囲み、index.htmlへのリンクを設定します。

実習32 ヘッダーに<img>タグを追加して、リンクも設定する

① index.htmlを編集します。<header>開始タグのすぐ下に<div>タグを追加し、その中に<img>タグを書きます❶。

```
1  <!DOCTYPE html>
2  <html>
3  <head>
4      <meta charset="UTF-8">
5      <title>KUZIRA CAFE</title>
6  </head>
7  <body>
8      <!-- ヘッダー -->
9      <header>
10         <div>
11             <img src="images/logo.svg" alt="KUZIRA CAFE">   ❶
12         </div>
13         <nav>
14             <ul>
15                 <li><a href="index.html">ホーム</a></li>
16                 <li><a href="index.html#news">お知らせ</a></li>
17                 <li><a href="index.html#shop">店舗情報</a></li>
18                 <li><a href="access.html">アクセス</a></li>
19                 <li><a href="menu.html">メニュー</a></li>
20                 <li><a href="contact.html">お問い合わせ</a></li>
21             </ul>
22         </nav>
23     </header>
24     <!-- ヘッダーここまで -->
25     <h1>たのしい、ひとときを</h1>
26     <!-- メイン -->
```

② いま追加した<img>タグを<a>タグで囲み、「index.html」へのリンクを設定します❷。
作業が終わったらファイルを保存します。

```
1  <!DOCTYPE html>
2  <html>
3  <head>
4      <meta charset="UTF-8">
5      <title>KUZIRA CAFE</title>
6  </head>
7  <body>
8      <!-- ヘッダー -->
9      <header>
10         <div>
11             <a href="index.html"><img src="images/logo.svg" alt="KUZIRA CAFE"></a>
12         </div>
13         <nav>
14             <ul>
15                 <li><a href="index.html">ホーム</a></li>
16                 <li><a href="index.html#news">お知らせ</a></li>
17                 <li><a href="index.html#shop">店舗情報</a></li>
18                 <li><a href="access.html">アクセス</a></li>
19                 <li><a href="menu.html">メニュー</a></li>
20                 <li><a href="contact.html">お問い合わせ</a></li>
21             </ul>
22         </nav>
23     </header>
24     <!-- ヘッダーここまで -->
25     <h1>たのしい、ひとときを</h1>
26     <!-- メイン -->
27     <main>
28         <img src="images/logo-whale.svg" alt="">
29         <p>一杯のコーヒーで、ゆったり泳ぐクジラのような安らぎとくつろぎを。正面には太平洋、裏手は山、近くには田んぼがあってのんびりした雰囲気の小さなカフェですが、日常を離れて、思い思いのひとときをお過ごしください。</p>
```

③ ブラウザでindex.htmlを開くと、ページの最上部にロゴが表示されます❸。
また、ロゴをクリックするとindex.htmlが開きます。同じページなので変化はわかりにくいかもしれませんが、再読み込みしたときのような動作をします。

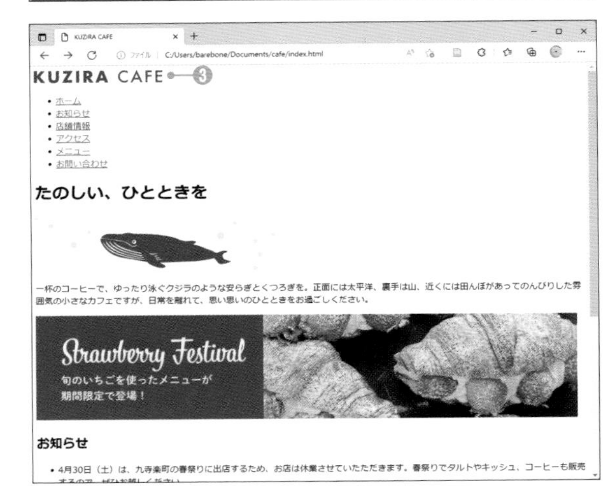

Code ● ヘッダーに<img>タグを追加して、リンクも設定する index.html

```
省略
9   <header>
10      <div>
11          <a href="index.html"><img src="images/logo.svg" alt="KUZIRA
    CAFE"></a>
12      </div>
13      <nav>
省略
```

2 「ページトップへ戻る」ボタンを設置する

フッター部分の一番上に「ページトップへ戻る」ボタンを追加しましょう。ボタンの画像は「images」フォルダにある「gotop.svg」にします。ページトップへ戻る動きはページ内リンクを応用して実現するので、<body>開始タグにもid属性を付けます。

実習33 フッター上部にも<img>タグを追加して、リンクを設定する

① <body>開始タグにid属性を追加して、値を「"top"」にします❶。

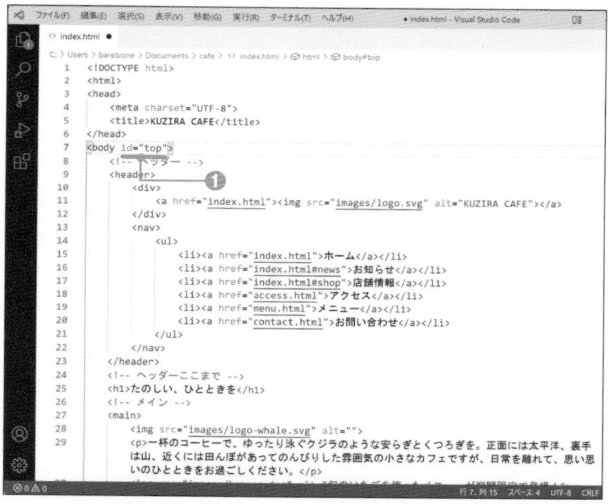

```
1  <!DOCTYPE html>
2  <html>
3  <head>
4      <meta charset="UTF-8">
5      <title>KUZIRA CAFE</title>
6  </head>
7  <body id="top">   ❶
8      <!-- ヘッダー -->
9      <header>
10         <div>
11             <a href="index.html"><img src="images/logo.svg" alt="KUZIRA CAFE"></a>
12         </div>
13         <nav>
14             <ul>
15                 <li><a href="index.html">ホーム</a></li>
16                 <li><a href="index.html#news">お知らせ</a></li>
17                 <li><a href="index.html#shop">店舗情報</a></li>
18                 <li><a href="access.html">アクセス</a></li>
19                 <li><a href="menu.html">メニュー</a></li>
20                 <li><a href="contact.html">お問い合わせ</a></li>
21             </ul>
22         </nav>
23     </header>
24     <!-- ヘッダーここまで -->
25     <h1>たのしい、ひとときを</h1>
26     <!-- メイン -->
27     <main>
28         <img src="images/logo-whale.svg" alt="">
29         <p>一杯のコーヒーで、ゆったり泳ぐクジラのような安らぎとくつろぎを。正面には太平洋、裏手は山、近くには田んぼがあってのんびりした雰囲気の小さなカフェですが、日常を離れて、思い思いのひとときをお過ごしください。</p>
```

② <footer>開始タグのすぐ下に<div>タグを追加し、その中に<img>タグを書きます❷。

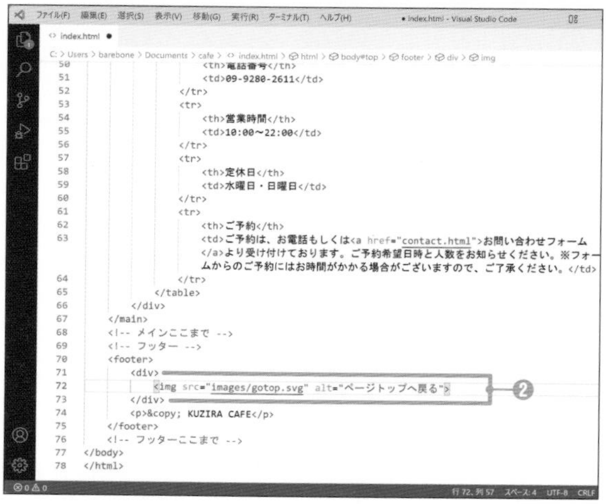

```
50                     <th>電話番号</th>
51                     <td>09-9280-2611</td>
52                 </tr>
53                 <tr>
54                     <th>営業時間</th>
55                     <td>10:00～22:00</td>
56                 </tr>
57                 <tr>
58                     <th>定休日</th>
59                     <td>水曜日・日曜日</td>
60                 </tr>
61                 <tr>
62                     <th>ご予約</th>
63                     <td>ご予約は、お電話もしくは<a href="contact.html">お問い合わせフォーム</a>より受け付けております。ご予約希望日時と人数をお知らせください。※フォームからのご予約にはお時間がかかる場合がございますので、ご了承ください。</td>
64                 </tr>
65             </table>
66         </div>
67     </main>
68     <!-- メインここまで -->
69     <!-- フッター -->
70     <footer>
71         <div>
72             <img src="images/gotop.svg" alt="ページトップへ戻る">   ❷
73         </div>
74         <p>&copy; KUZIRA CAFE</p>
75     </footer>
76     <!-- フッターここまで -->
77 </body>
78 </html>
```

③ いま追加した<img>タグを<a>タグで囲み、リンク先を「#top」にします③。
作業が終わったらファイルを保存します。

④ ブラウザでindex.htmlを開きます。ページの下のほうに丸いボタンのような画像が表示されるようになります④。この画像をクリックすると、ページが最上部まで戻ります。

Code ● フッター上部にも<img>タグを追加して、リンクを設定する　index.html

```
--------------------------- 省略 ---------------------------
 7 <body id="top">
--------------------------- 省略 ---------------------------
69   <!-- フッター -->
70   <footer>
71     <div>
72       <a href="#top"><img src="images/gotop.svg" alt="ページトップへ戻る">
   </a>
73     </div>
74     <p>&copy; KUZIRA CAFE</p>
75   </footer>
76   <!-- フッターここまで -->
77 </body>
78 </html>
```

Chapter

6

CSSの基礎

HTMLの作業が一段落したところで、CSSにも触れましょう。HTMLはページに載せるコンテンツを記述するための言語でしたが、CSSはそのコンテンツを装飾したり、レイアウトを調整したりしてページのデザインを仕上げるために使用する、まったく別の言語です。本章では、CSSの機能や書式など基本的な知識をひととおり確認します。

01 HTMLの「見た目」を整えるCSS

CSSは、HTMLのレイアウトやスタイルを調整して、見た目を整えるために使用する言語です。CSSとはどういう言語か、HTMLとの関係を中心にその概要を見ていきましょう。

1 CSSの特徴とその役割

CSS(シーエスエス)*1は、HTMLにスタイル機能を提供する言語です。HTMLがページのコンテンツを記述するための言語なのに対し、CSSはHTMLで書かれたコンテンツの表示の仕方をコントロールするためにあります。

＊1 Cascading Style Sheets（カスケーディング・スタイルシート）の略。「スタイルシート」と呼ばれることもあります。

Fig ● CSSを使うとHTMLの表示を大きく変えることができる

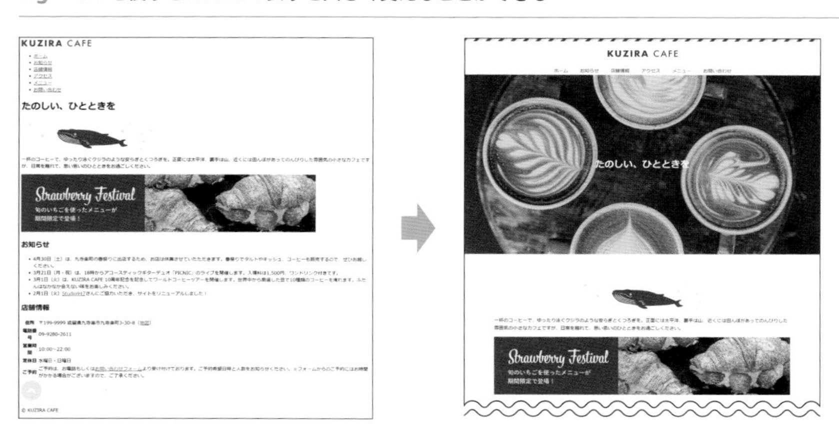

2 CSSはタグが作るボックスの表示を操作するもの

CSSがどのようにHTMLの表示を変化させるのか、少し具体的に見てみましょう。

CSSは、1枚のHTMLに含まれる一つひとつの要素（タグ＋コンテンツ）に働きかけて、その要素に含まれるテキストの色を変えたり、背景に画像を表示したりします。このようなCSSの働きを理解するには、**ボックス**という概念を知っておく必要があります。

HTMLの<body>～</body>の中に書かれた一つひとつのタグは、自身のコンテンツ――<p>タグならテキスト、<ul>タグなら子要素の<li>――をブラウザウィンドウに表示するために表示領域を確保します。この表示領域のことをボックスといいます。

一つひとつのタグが作るボックスを実際に見てみましょう。次の図は、前章（第5章）までに作成したindex.htmlに含まれる各タグのボックスを線で囲んだものです。

Fig ● index.htmlに含まれる各タグのボックスを線で囲むとこうなる

CSSは、タグが作る一つひとつのボックスの表示を操作することで、HTMLの見た目を変えるのです。どんな操作ができるかといえば、大きく分けて次の3つに分類できます。

>> 個々のボックスに含まれるコンテンツの表示を操作する

――テキスト色を変える、長いテキストの行間を調整する、など

>> 個々のボックスそのものの表示を操作する

――ボックスに背景を付ける、ボックスに枠線を引く、ボックスの幅や高さを決める、など

>> 個々のボックスの配置や、ボックスとボックスの位置関係を操作する

――2つ以上のボックスを横に並べる、ボックスを（わざと）重ねる、など

CSSの働きを体感するために、ここで実際にCSSを使った簡単な例を見てみましょう[＊2]。この例では、<p>タグのボックスの背景色をオレンジにして、テキスト色を白にしています。次のHTMLの、<style> ～ </style>の中に書かれた部分がCSSです。

＊2「サンプル」フォルダ内の「extra」フォルダに収録されています。

Fig ● 簡単なCSSの例

Code ● 簡単なCSSの例。<style> ～ </style>の中に書かれた部分がCSS　extra/csssample.html

```
<!DOCTYPE html>
<html>
<head>
  <meta charset="UTF-8">
  <title>簡単なCSSの例</title>
  <style>
  p {
    background-color: #FF6600;
    color: #FFFFFF;
  }
  </style>
</head>
<body>
  <p>pタグの背景色をオレンジ、テキスト色を白にしています。</p>
</body>
</html>
```

このうち、「background-color: #FF6600;」と書かれているのが、<p>タグのボックスに背景色を設定している部分です。前ページで挙げた3分類で考えると「ボックスそのものの表示を操作」していることになります。また「color: #FFFFFF;」と書かれているのが、<p>タグのテキスト色を白にしている部分です。こちらは「ボックスに含まれるコンテンツの表示を操作」している、というわけです。

Note

要素のボックスを確認してみよう

CSSを使えば、<body> ～ </body>に書かれた個々のタグのボックスを簡単に確認することができます。試してみたい人は、作業中のindex.htmlの<head> ～ </head>に次のようなソースコードを追加してみましょう。ブラウザで確認すれば、p.115の図のように表示されるはずです。

Code ● ボックスを確認するためのCSS

extra/index-outline.html

```
<!DOCTYPE html>
<html>
<head>
  <meta charset="UTF-8">
  <title>KUZIRA CAFE</title>
  <style>
  * {
    outline: 1px solid #FF0000;
  }
  </style>
</head>
<body>
------------------------------ 省略 ------------------------------
```

なお、ここで追加したCSSはあくまでボックスを確認するためのものです。Webサイトのデザインには使用しないので、確認が終わったら追加部分は削除しましょう。

Note

CSSはW3Cが標準仕様を公開している

CSSはW3Cという団体が標準仕様を策定、公開しています[*3]。HTMLはWHATWG、CSSはW3Cと、管理する団体は異なりますが言語仕様が標準化されているわけです。このことには大きな利点があります。まず、各ブラウザが標準仕様に準拠して開発されます。それにより、どんなOS、どんなブラウザを使っていてもおおむね同じように動作するようになるので、Webサイト制作者は互換性などを気にする必要が少なくなります。より安心して作業に打ち込めるということですね。

ただし、CSSの開発はHTML以上に活発で、ブラウザにも新機能がどんどん追加されています。古いブラウザでは機能が不足していることもあるので、ブラウザはいつも最新のものを使うようにしましょう。

＊3 Cascading Style Sheets - https://www.w3.org/Style/CSS/

CSSの基本的な書式

CSSは、１枚のHTMLに含まれるタグ一つひとつに働きかけて、そのボックスの表示を操作します。どうやってボックスの表示を操作するのか、まずはCSSの基本的な書式を見ていくことにしましょう。

1 基本の書式と名称

CSSの基本的な考え方は、「HTMLから対象となる要素を選択」して、「選択した要素にスタイルを適用する」という、二段構えになっています。

Fig ● HTML要素にCSSスタイルが適用され表示されるまでの流れ

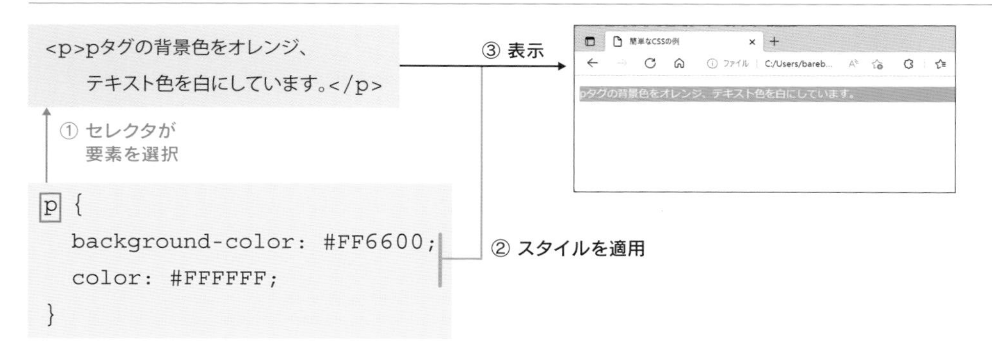

<p>pタグの背景色をオレンジ、
テキスト色を白にしています。</p>
③ 表示
① セレクタが
要素を選択
p {
background-color: #FF6600;
color: #FFFFFF;
}
② スタイルを適用
pタグの背景色をオレンジ、テキスト色を白にしています。

スタイルを定義するには、この「要素を選択する部分」と、「選択した要素にスタイルを適用する部分」をセットで記述します。次ページの図は１セットのCSSの書式例です。

注意

次ページの図で示す書式の名称は、カッコで囲まれていないものが正式名称です。ただし、言葉の響きが難しく感じられる名称もあるため、本書ではわかりやすさを重視して、原則として太字になっている言葉を使っています。

Fig ● 基本的なCSSの書式と名称

① 1セットのCSS

後で詳しく説明しますが、上図の②がHTMLから対象となる要素を選択する部分、③が選択した要素にスタイルを適用する部分です。この②と③を合わせたものが①1セットのCSSです。この1セットのCSSを正式には**ルール**(またはルールセット)といいますが、本書では原則として「1セットのCSS」、もしくは単に「CSS」と呼んでいます。

② セレクタ

②の**セレクタ**は「HTMLから対象となる要素を選択する」部分です。セレクタにはいろいろな書き方が定義されていて、それらを使い分けることで要素の選択条件を設定します。ちなみに上図の書式例では「HTML内のすべての<p>要素」を選択しています。

③ スタイル

③の波カッコ({ 〜 })の中には、「セレクタで選択した要素に適用するスタイル」が書かれています。1つのスタイルには、「テキストを太字にして」「1文字分字下げして」などといくつも設定することになりますが、そうした指示をこの「{ 〜 }」内にすべて書きます。

なお、この③の部分を正式には**宣言ブロック**といいますが、本書では「スタイル」と呼んでいます。

④ プロパティ

表示を操作・設定できる項目一つひとつを**プロパティ**と呼びます。前ページの書式例では「margin-bottom」「background-color」という2つのプロパティを使用していますが、これらはそれぞれ「下マージン（空きスペース）」「背景色」の設定をする項目です。CSSには数多くのプロパティが定義されていて、実現したい見た目に合わせてプロパティを選んで③のスタイルに追加します。

⑤ 値

個別のスタイル項目を設定するプロパティには、コロン（:）に続けて**値**を設定します。設定する値はプロパティによって異なり、数値のこともあれば、あらかじめ決められている単語（キーワード）を指定することもあります。

⑥ スタイル項目

④プロパティと⑤値を組み合わせた1行分が、1つのスタイル項目の設定内容となります。このセットを正式には**宣言**といいますが、本書では「スタイル項目」と呼んでいます。このスタイル項目の設定は、プロパティに続けてコロン（:）、その後ろに値、最後にセミコロン（;）を記述します。「:」や「;」を入力し忘れるとCSSが正しく動作しないことがあるので注意しましょう。

なお、「:」や「;」の前後に半角スペースを入れることがあります。CSSのソースコードを読みやすくするために、一般的には「:」の後ろ、または前後に半角スペースを入れます。

Fig • 1つのスタイル項目を設定する書式

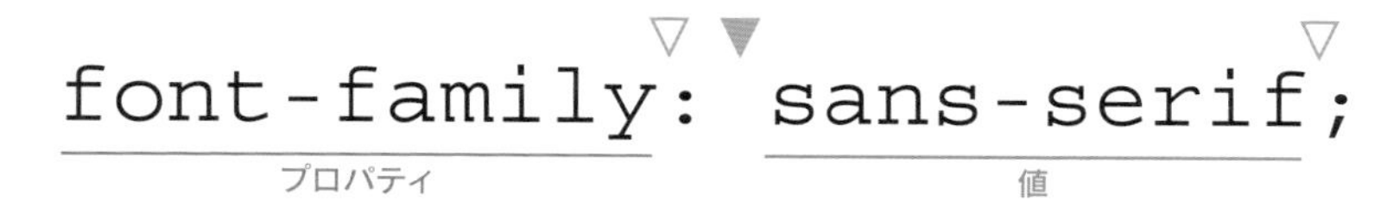

▽▼ 半角スペースを入れてもよい場所
▼ 本書のソースコードで半角スペースを入れている場所

2 全体の設定や条件指定などをする「@ルール」

CSSドキュメントに書かれる1セットのCSSは、原則としてHTMLの各要素に働きかけて、その見た目の設定をします。しかし、中にはCSS全体の設定をしたり、スタイルの適用条件を指定したりと、個々の要素には直接働きかけないルールもあります。こうしたルールは**アットマーク(@)ルール**といい、セレクタは書かず、代わりに「@」で始まる書式が定義されています。

@ルールの代表例は「メディアクエリ」です。メディアクエリは、パソコンでもスマートフォンでも、画面サイズに合わせて最適なデザイン、レイアウトで表示する「レスポンシブデザイン」を実現するための中心的な機能で、現代のWebデザインに欠かせません。詳しくは第11章で取り上げます。

Fig ● @ルールの例

```
@media (min-width: 768px) {
  html {
    font-size: 18px;
  }
}
```

Note CSSのプロパティや値は大文字・小文字を区別しない

CSSのプロパティと値は英字の大文字・小文字を区別しません。そのため、たとえば前のページにある「font-family」を「FONT-FAMILY」と書いても問題なく動作します。しかし、後述するセレクタのうち一部は大文字・小文字を区別するなど規則が複雑なため、実習でCSSを書くときには、できるだけ見本のソースコードに合わせて記述することをお勧めします。

03 主なセレクタと書き方

CSSのセレクタには現在40以上の種類があり、さまざまな条件設定をしてHTMLから要素を選択できるようになっています。ここでは代表的なセレクタをピックアップして紹介します。

1 セレクタの種類

1セットのCSSに定義されたスタイルは、セレクタで選択したHTMLの要素にだけ適用されます。Webサイト制作によく使われる主なセレクタを、簡単な例とともに見ていきましょう。

タイプセレクタ

HTML内の、同じタグ名の要素（タグとコンテンツ）をすべて選択するのが**タイプセレクタ**です。タイプセレクタでは、選択したい要素の「タグ名」をセレクタの部分に記します。次の例では、HTMLドキュメントの<p>タグの要素をすべて選択して、{～}に書かれたスタイルを適用します。

Fig ● タイプセレクタ。<p>を選択してスタイルを適用する

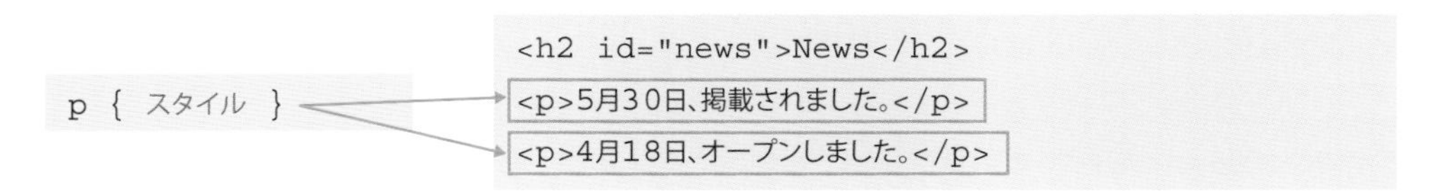

p { スタイル }
<h2 id="news">News</h2>
<p>5月30日、掲載されました。</p>
<p>4月18日、オープンしました。</p>

全称セレクタ

セレクタの部分にアスタリスク（*）を記すと、すべての要素が選択されます。この「*」は**全称セレクタ**[*4]と呼ばれ、ページ全体の大まかな設定をするときなどに使われます。次の例では、全称セレクタを使ってHTMLドキュメントに含まれるすべての要素（<h2>～</h2>と2つの<p>～</p>）を選択し、スタイルを適用します。

＊4「ユニバーサルセレクタ」と呼ばれることもあります。

Fig ● 全称セレクタ。すべての要素を選択してスタイルを適用する

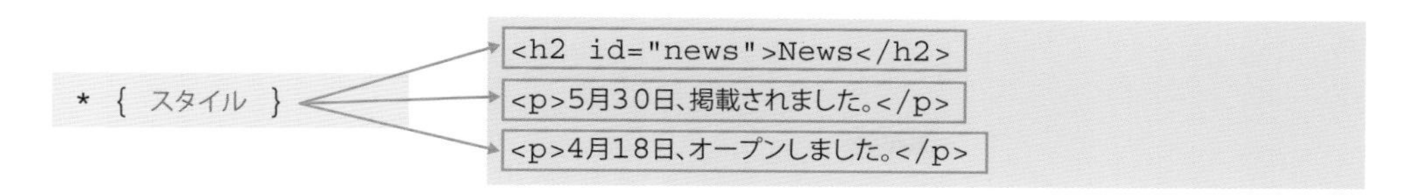
* { スタイル }
<h2 id="news">News</h2>
<p>5月30日、掲載されました。</p>
<p>4月18日、オープンしました。</p>

classセレクタ

すべてのHTMLタグには「class属性」という属性を付けることができます[*5]。このclass属性は、タグに「クラス名」と呼ばれる一種のグループ名をつける役割があり、主にCSSを適用するために使います。CSSの**classセレクタ**は、指定したclass属性の値を持つ要素すべてを選択して、スタイルを適用します。最もよく使われる重要セレクタで、次の第7章以降の実習でもたびたび登場します。

classセレクタを書くときには、ドット(.)に続けて選択したい要素のクラス名を記します。次の例では、class属性の値が"photo"の要素を選択して、スタイルを適用します。

＊5 第7章「テキストと画像の行揃え」(p.150)

Fig ● classセレクタ。class="photo"を持つ要素を選択してスタイルを適用する

```
.photo { スタイル }

<table>
  <tr>
    <td class="photo">写真1</td>
    <td>バナナとキャラメルのタルト</td>
  </tr>
  <tr>
    <td class="photo">写真2</td>
    <td>アプリコットのタルト</td>
  </tr>
</table>
```

idセレクタ

idセレクタは、セレクタで指定した「ID名」と同じid属性の値を持つ要素を選択します。id属性につけるID名は1つのHTMLドキュメント内で一度しか使えないことから、結果的にidセレクタで選択できる要素は1つだけ、ということになります。idセレクタを書くときには、シャープ(#)に続けて選択したい要素のID名を記します。次の例では、id属性の値が"logo"の要素を選択して、スタイルを適用します。

Fig ● idセレクタ。id="logo" を持つ要素を選択してスタイルを適用する

```
#logo { スタイル }  ──→  <h1 id="logo">KUZIRA CAFE</h1>
```

擬似クラス

擬似クラスは、ある要素が特定の状態にあるときだけ選択する特殊なセレクタです。

たとえばリンクの<a>タグの要素には、そのリンクにマウスポインタが「乗っている状態」、マウスボタンが「押された状態」、リンク先のWebページが「すでに閲覧済みの状態」などの状態があります。擬似クラスを使うと、ある要素がこうした特定の状態にあるときにだけ、スタイルを適用することができます。

擬似クラスはコロン(:)で始まります。次の例にある:**hover**擬似クラスは、リンクテキストにマウスポインタが乗っているときにだけ、<a>タグの要素にスタイルを適用します。また、:**active**擬似クラスはマウスボタンが押されたときにだけ、スタイルを適用します。

Fig ● 擬似クラス。<a>が特定の状態にあるときだけスタイルを適用する

マウスポインタが乗っているときだけスタイルを適用

```
a:hover { スタイル }   ──→  <a href="https://www.sbcr.jp">ここでしか
a:active { スタイル }  ──→  味わえない!おいしいうれしい満喫カフェ</a>
```

マウスボタンが押されているときだけスタイルを適用

子孫セレクタ

「<ul> ～ </ul>の中にある<li>要素」や「<table id="info"> ～ </table>の中にある<td>要素」など、特定の親要素に含まれる子要素、および子孫要素を選択するのが**子孫セレクタ**です。複数のセレクタを組み合わせて、1つの子孫セレクタを作ります。組み合わせる個々のセレクタとセレクタの間は半角スペースで区切ります。次の例では「id="nav"」に含まれる子孫要素の<li>だけを選択して、スタイルを適用します。

Fig ● 子孫セレクタ。<nav id="nav"> ~ </nav>の中にある<li>を選択してスタイルを適用する

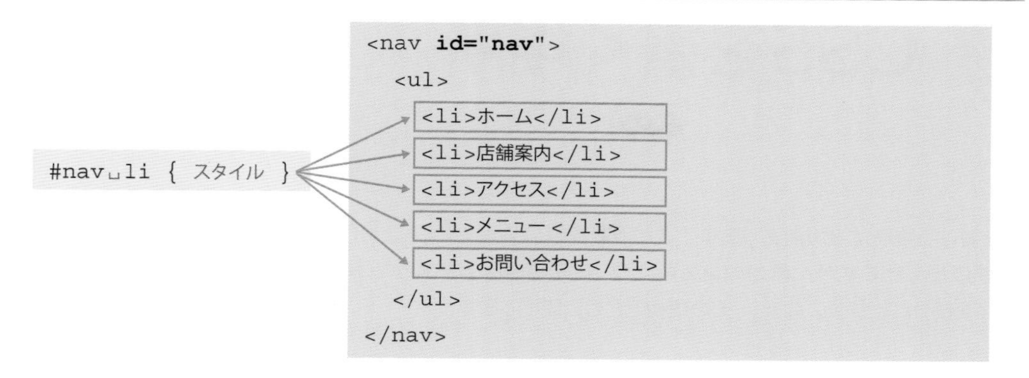

複数のセレクタを1つのスタイルに割り当てる

複数のセレクタを1つのスタイルに対して割り当てることもできます。その場合は、一つひとつのセレクタをカンマ(,)で区切ります。次の例では、<th>タグの要素と<td>タグの要素を選択して、その両方にスタイルを適用しています。

Fig ● thセレクタとtdセレクタがそれぞれ<th>、<td>を選択して、両方に同じスタイルを適用する

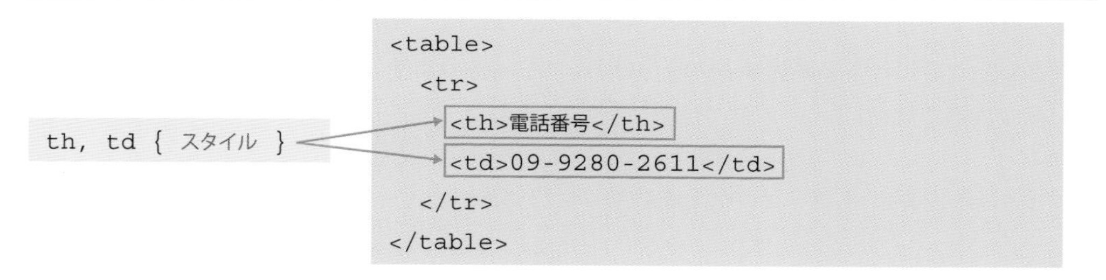

04 CSSを書く場所

CSSを書ける場所は３カ所あります。このうち実際のWebサイトを制作ではCSS専用のファイルを用意することがほとんどですが、ほかの２カ所についても知識として知っておいたほうがよいでしょう。なぜ専用ファイルを使うことが多いのか、その理由とともに説明します。

1 CSSを書ける場所

CSSを書ける場所は３カ所あります。その３カ所の使い方と特徴を見てみましょう。

各タグのstyle属性に書く

HTMLの各タグには**style**属性を追加することができ、そのタグに適用するスタイルを直接指定できます。ただ、多数のタグ一つひとつにstyle属性を設定しなければいけないため、後で見直したときにどこを直せばよいのかわかりづらくなります。そのため、何か特別な理由がない限り実際のWebサイト制作では使いません。

Fig ● タグのstyle 属性の使用例。このstyle属性ではテキストの色を変えている

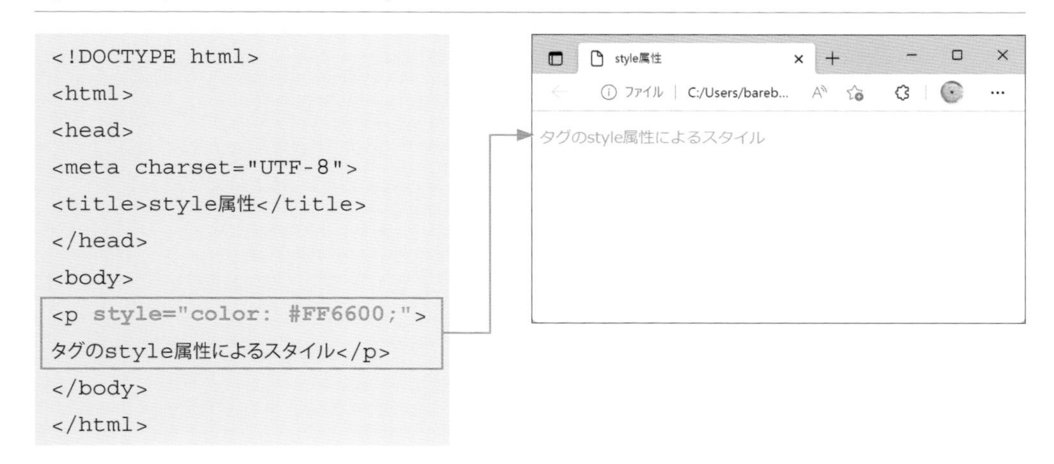

<style> 〜 </style>の中に書く

<head> 〜 </head>の中に<style> 〜 </style>タグを追加して、その中にCSSを書く方法もあります。1枚ものの広告ページを作るときなど特殊なケースで使われることもありますが、通常のWebサイトでは原則として使用しません。

Fig ● <style>タグを使用したスタイルの設定例

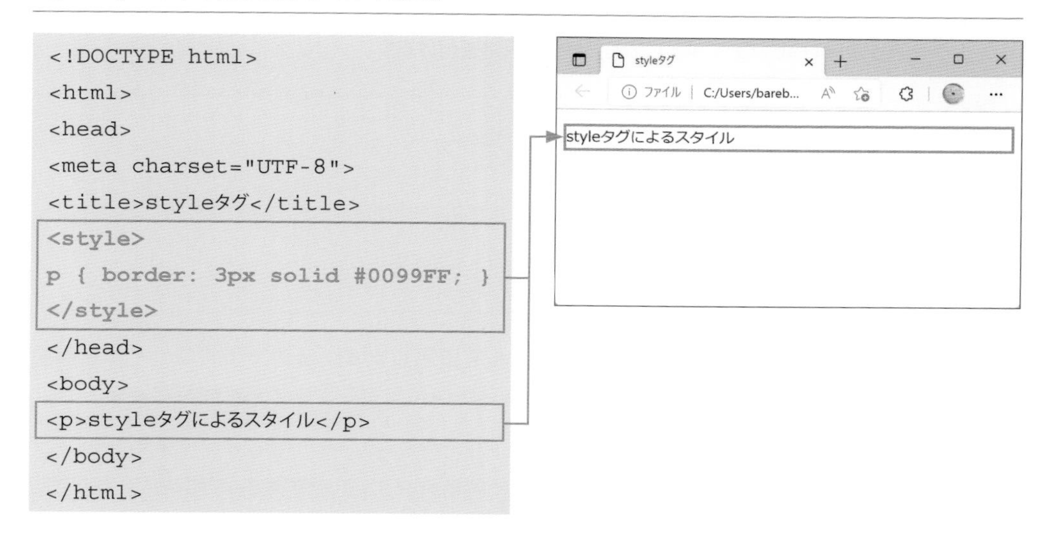

CSS専用ファイルを用意する

CSSを記述するのに最もよく使われるのが、HTMLファイルとは別にCSS専用ファイルを用意する方法です。CSS自体は専用ファイルにすべて記述しておいて、HTMLにはそのファイルと関連付ける（リンクする）ためのタグを追加します。HTMLとCSSのソースコードを分離できるため管理・修正がしやすく、さらに1枚のCSSファイルを複数のHTMLで共用できるため、サイト全体で共通するスタイルを何度も書かなくて済むという利点があります。

Fig ● CSS専用ファイルを用意すれば複数のHTMLから共用できる

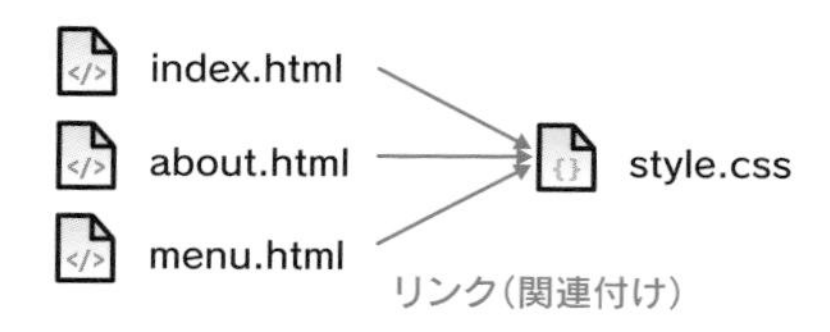

05 CSSファイルの作成とHTMLとの関連付け

次章からCSSを使ってページのデザインを整えていきます。まずはその準備としてCSSファイルを作成し、<link>タグを使ってHTMLファイルとCSSファイルを関連付けます。

ここで使うのは
- `<link>`

1 CSSファイルを作成する

KUZIRA CAFEサイトでは専用のCSSファイルを使用します。そこでまずファイルを用意しましょう。「cafe」フォルダの中の「css」フォルダにstyle.cssファイルを保存します。

実習 34 style.cssファイルを作成して保存する

① VSCodeを開き、新規ファイルを作成します。［ファイル］メニュー—［新しいテキストファイル］をクリックし、新規ファイルを作成します❶。

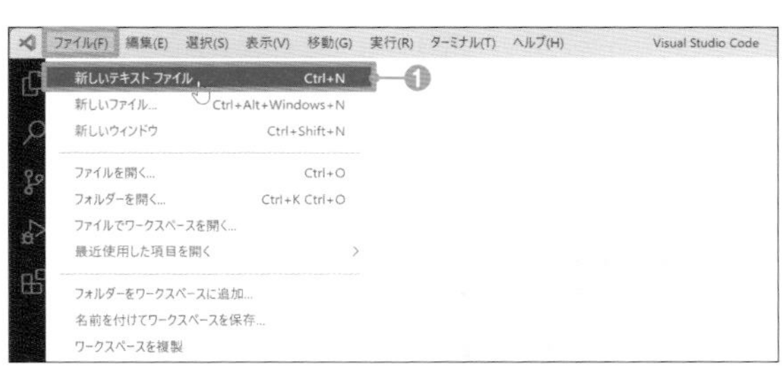

② 次に、［ファイル］メニュー—［名前を付けて保存］をクリックします❷。

ダイアログが出てきたらサイドバーの［ドキュメント］をクリックして、「cafe」フォルダの中の「css」フォルダをダブルクリックして開きます❸。
ファイル名に「style.css」という名前をつけて保存します❹。

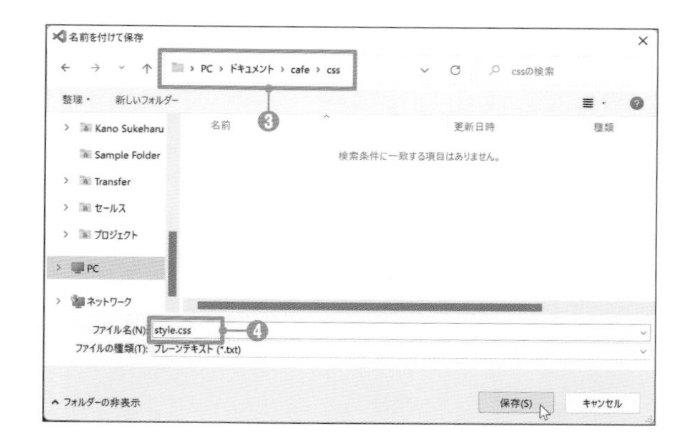

2 index.htmlにstyle.cssを関連付ける

index.htmlといま作成したstyle.cssを関連付けます。HTMLファイルとCSSファイルを関連付けるには、HTMLファイルのほうに**<link>**タグを追加します。

実習 35 <link>タグを追加する

① index.htmlを開いて編集します。</title>終了タグの後ろをクリックしてカーソルを移動してから改行し、<link>タグを追加します。このタグにはrel属性とhref属性が必要で、このうちrel属性の値は「"stylesheet"」と書き、href属性の値にはindex.htmlから見たstyle.cssの場所を相対パスで指定します❶。「相対パスの書き方ならわかる」という方は、図やソースコードを見ずにチャレンジしてみましょう。

```
C: > Users > barebone > Documents > cafe > index.html > html > head > link
1  <!DOCTYPE html>
2  <html>
3  <head>
4      <meta charset="UTF-8">
5      <title>KUZIRA CAFE</title>
6      <link rel="stylesheet" href="css/style.css">
7  </head>
8  <body id="top">
9      <!-- ヘッダー -->
10     <header>
11         <div>
12             <a href="index.html"><img src="images/logo.svg" alt="KUZI
13         </div>
14         <nav>
15             <ul>
16                 <li><a href="index.html">ホーム</a></li>
17                 <li><a href="index.html#news">お知らせ</a></li>
18                 <li><a href="index.html#shop">店舗情報</a></li>
19                 <li><a href="access.html">アクセス</a></li>
20                 <li><a href="menu.html">メニュー</a></li>
21                 <li><a href="contact.html">お問い合わせ</a></li>
22             </ul>
23         </nav>
24     </header>
25     <!-- ヘッダーここまで -->
26     <h1>たのしい、ひとときを</h1>
27     <!-- メイン -->
28     <main>
29         <img src="images/logo-whale.svg" alt="">
30         <p>一杯のコーヒーで、ゆったり泳ぐクジラのような安らぎとくつろぎを。
           は山、近くには田んぼがあってのんびりした雰囲気の小さなカフェですが、
```

Code • <link>タグを追加する

index.html

```
------------------------------ 省略 ------------------------------
3 <head>
4   <meta charset="UTF-8">
5   <title>KUZIRA CAFE</title>
6   <link rel="stylesheet" href="css/style.css">
7 </head>
------------------------------ 省略 ------------------------------
```

解説

CSSファイルと<link>タグ

CSS専用ファイルを使用する際は、対象となるHTMLファイルとCSSファイルを関連付ける必要があります。関連付けに使うのが今回取り上げた**<link>**タグで、<head>～</head>の中に追加します。ただし、古いブラウザとの互換性を考えて、<meta charset="UTF-8">よりも下に書くようにしましょう[*6]。<link>タグはHTMLファイルとほかのファイルとの関連性を示すためのもので、主にCSSファイルとの関連付けに使用します。

CSSファイルとの関連付けをする際の<link>タグの書式は以下のとおりです。rel属性の値を「"stylesheet"」にして、href属性には関連付けたいCSSファイルのパスまたはURLを書きます。<link>タグは空要素で、終了タグはありません。

＊6 第3章「<head>タグの内容(1)……<meta charset="UTF-8">」(p.47)

Fig • CSS専用ファイルを参照するときの<link>タグの書式

```
<link rel="stylesheet" href="CSSファイルのパスまたはURL">
```

Chapter

7

テキストのスタイル、背景色、ボックスモデル

完成したindex.htmlにCSSを適用して、ページのデザインを整えていきます。本章では特によく使われる、テキストのフォントサイズや色の調整、背景色の設定、ボックスモデルを取り上げます。中でもボックスモデルはCSSの最重要といえる機能で、自由自在にページをレイアウトするためには欠かせません。

01 CSSのコメント

ページのデザインを整えているうちにCSSのソースコードはとても長くなります。きちんと整理して書けるように、本格的な作業を始める前にコメントを書いておきましょう。

ここで使うのは ● /* */

1 CSSにコメントを書く

HTML同様、CSSにもコメントを残しておくことができます。CSSのソースコードはHTMLよりも長くなりがちで、適切なコメントを書いておけば後で見返すときに役立ちます。HTMLのコメント同様、CSSのコメントを書いてもページの表示は変化しません。

実習 36 style.cssにコメントを追加する

① VSCodeでstyle.cssを開いて編集します。ページのどの部分に適用されるスタイルかがわかるようなコメントを、全部で7行追加します❶。作業が終わったらファイルを保存します。

```
1  /* すべてのページに適用される設定 */
2
3  /* すべてのページに適用 - ヘッダー */
4
5  /* すべてのページに適用 - ヒーロー */
6
7  /* すべてのページに適用 - メイン */
8
9  /* すべてのページに適用 - フッター */
10
11 /* 個別のスタイル */
12 /* index.html */
```

Code ● style.cssにコメントを追加する

style.css

```
1 /* すべてのページに適用される設定 */
2
3 /* すべてのページに適用 - ヘッダー */
4
```

```
5  /* すべてのページに適用 - ヒーロー */
6
7  /* すべてのページに適用 - メイン */
8
9  /* すべてのページに適用 - フッター */
10
11 /* 個別のスタイル */
12 /* index.html */
```

解説

CSSのコメント

CSSのコメントは「/*」で始まり「*/」で終わります。1行で収めても複数行にまたがってもかまいません。コメントのテキストにはどんな文字でも使えますが、「/*」と「*/」の間に、さらに「/*」や「*/」を入れることはできません。CSSが正しく動作しなくなってしまうので注意しましょう。

Fig ● コメントの例

```
/* 1行で収めるコメントの書き方 */
/*
複数行にまたがるコメントの書き方。
後からソースコードを解読するときのヒントになる
わかりやすいコメントを残そう。
*/
```

Fig ● コメントの「/* ～ */」の中にさらに「/*」や「*/」を書いてはいけない

```
/*
コメントの中に「/*」や
「*/」を入れてはいけません。
*/
```

×

ページ全体のフォントやテキストの設定

これからCSSを使ってスタイルを調整していきます。ページ全体のフォントサイズやフォントの種類を設定した後、段落、箇条書き、テーブルのテキストの行間を調整します。

ここで使うのは ● タイプセレクタ ● font-size ● font-family ● line-height

1 ページ全体の標準的なフォントサイズを設定する

ページ全体の標準的なフォントサイズを「16px（ピクセル）」に設定します。標準的なフォントサイズを設定する際は、<html>要素に対して行います。

実習 37 <html>タグにfont-sizeプロパティを適用する

① VSCodeでstyle.cssを開いて編集を始めます。先に書いておいたコメント「/* すべてのページに適用される設定 */」の次の行にスタイルを書きます❶。
作業が終わったらファイルを保存します。

```
/* すべてのページに適用される設定 */
html {
    font-size: 16px;
}

/* すべてのページに適用 - ヘッダー */

/* すべてのページに適用 - ヒーロー */

/* すべてのページに適用 - メイン */

/* すべてのページに適用 - フッター */

/* 個別のスタイル */
/* index.html */
```

② ブラウザでindex.htmlを開きます（style.cssではありませんのでご注意を）。主要なブラウザの初期設定でフォントサイズが16pxになっているので、多くの場合表示は変わらないでしょう。それでも、これで確実にフォントサイズを設定できました。

KUZIRA CAFE

- ホーム
- お知らせ
- 店舗情報
- アクセス
- メニュー
- お問い合わせ

たのしい、ひとときを

一杯のコーヒーで、ゆったり泳ぐクジラのような安らぎとくつろぎを。正面には太平洋、裏手は山、近くには田んぼがあってのんびりした雰囲気の小さなカフェですが、日常を離れて、思い思いのひとときをお過ごしください。

Code ● <html>要素にfont-sizeプロパティを適用する

style.css

```
1 /* すべてのページに適用される設定 */
2 html {
3   font-size: 16px;
4 }
```
省略

解説

フォントサイズの設定

CSSはセレクタで選択した要素に対して、プロパティで設定した値を適用し、表示スタイルを変更します。今回の実習の場合、セレクタで選択した要素は「html」、使用したプロパティは「font-size」ですから、「<html>要素のフォントサイズ（font-size）を16px（ピクセル）にする」ということになります。

font-sizeプロパティは表示する1文字の高さを指定するプロパティで、値は「数字＋単位」にします。

Fig ● font-sizeプロパティ

```
font-size: 数字＋単位;
```

今回は単位に「px」を使用しました。「ピクセル」と読み、1pxは96分の1インチと定義されています（1インチ＝2.54cm）。指定した「16px」という値はつまり「96分の16インチ」で、1文字の高さは約4.23mmになるということです。しかし、文字は一つひとつ高さも幅も違いますし、表示するディスプレイによっても変わります。フォントサイズは正確なサイズではなく、大まかに「文字の大きさを表している」と考えてかまいません。

Fig ● 同じフォントサイズでも文字によって高さも幅も違う。フォントサイズはだいたいの大きさを表していると考えてよい

約32px　Enjoy 鯨カフェ

約16px　Enjoy 鯨カフェ

約12px　Enjoy 鯨カフェ

Note ピクセルについてもう少し詳しく

それにしても1pxが96分の1インチって、なんだか中途半端な数字ですね。これには理由があります。もともと「px」という単位は、「ディスプレイの1画素（ピクセル）の大きさ」という意味でした＊1。スマートフォンが登場する前、まだ一般に普及しているコンピュータといえばパソコンしかなかったころ、Windowsでは「1インチ＝96ピクセル」、つまり「1インチ（2.54cm）の長さを画面に表示するには96個のピクセルを光らせる」と決まっていたのです。

ところがスマートフォンが登場して以降、あらゆるコンピュータ機器の画面が高精細になり、1インチを96個以上のピクセルで表現することが多くなりました。しかも機器によって1インチあたりのピクセル数が異なるようになったため、長さをピクセル数で定義することが現実的ではなくなったのです。そこで、過去に作られたものとの互換性を維持しながら単位の定義のほうを変えて、現在は「1px＝96分の1インチ」としています。

＊1 コンピュータのディスプレイは、細かい点（画素）が集まってできています。たとえば解像度が1680px×1050pxのディスプレイなら、横1680個、縦1050個の点が並んでいます。この一つひとつの点のことを「ピクセル」といいます。

2 ページ全体で使うフォントの種類を設定する

ページ全体で使用するフォントの種類を「ゴシック体（p.138）」にします。設定はフォントサイズのときと同じ<html>に対して行います。

実習 38 <html>タグにfont-familyプロパティを適用する

① 引き続きstyle.cssを編集します。先ほど書いた<html>要素に対するスタイルの{ ～ }の中に1行追加して❶、ファイルを保存します。

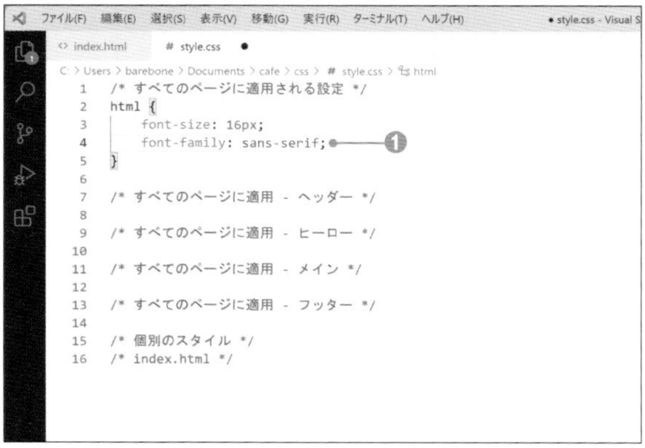

```
ファイル(F) 編集(E) 選択(S) 表示(V) 移動(G) 実行(R) ターミナル(T) ヘルプ(H)    ● style.css - Visual S
index.html   # style.css ●
C: > Users > barebone > Documents > cafe > css > # style.css > html
1  /* すべてのページに適用される設定 */
2  html {
3      font-size: 16px;
4      font-family: sans-serif;  ←❶
5  }
6
7  /* すべてのページに適用 - ヘッダー */
8
9  /* すべてのページに適用 - ヒーロー */
10
11 /* すべてのページに適用 - メイン */
12
13 /* すべてのページに適用 - フッター */
14
15 /* 個別のスタイル */
16 /* index.html */
```

② ブラウザでindex.htmlを開きます。ページ全体のテキストがゴシック体で表示されています。ただ、多くのブラウザは初期設定でゴシック体を使うことになっているため、変化を感じない場合が多いかもしれません＊2。

＊2 Safariは初期設定のフォントがセリフ（明朝）体なので表示が大きく変わるはずです。

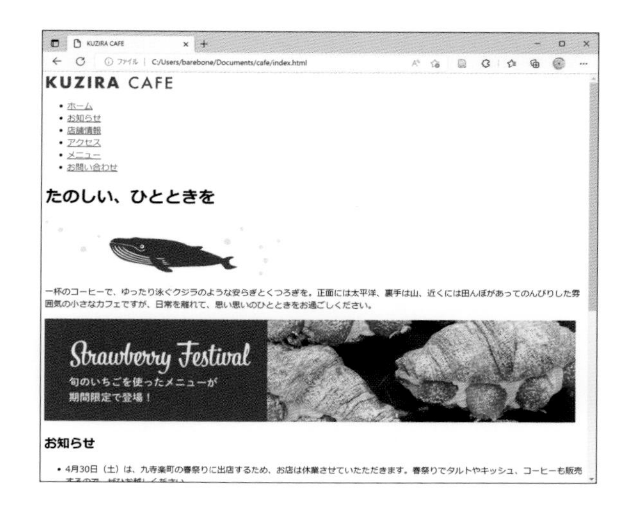

Code ● <html>要素にfont-familyプロパティを適用する

style.css

```
1 /* すべてのページに適用される設定 */
2 html {
3   font-size: 16px;
4   font-family: sans-serif;
5 }
6
省略
```

解説

フォントの種類の設定

ページ全体のフォントを設定するには、「html」セレクタを使って、<html>要素に対して**font-family**プロパティを設定します。

このfont-familyプロパティは、フォントの種類を設定するのに使います。フォントの種類を設定すると、ブラウザはコンピュータにインストールされているものの中から指定のフォントを探し出して表示します。今回はその値を「sans-serif」にしているので、テキストはゴシック体で表示されることになります。ちなみに、明朝体で表示したいときは値を「serif」にします。

ただ、コンピュータの種類や環境によってインストールされているフォントが違うため、「sans-serif」と指定したからといってどんなパソコンでも同じフォントで表示されるわけではありません。

Fig ● 「sans-serif」と指定しても、コンピュータの種類によって表示されるフォントは違う

KUZIRA CAFE

- ホーム
- お知らせ
- 店舗情報
- アクセス
- メニュー
- お問い合わせ

たのしい、ひとときを

一杯のコーヒーで、ゆったり泳ぐクジラのような安らぎとくつろぎを。
が、日常を離れて、思い思いのひとときをお過ごしください。

Windows (Edge)

KUZIRA CAFE

- ホーム
- お知らせ
- 店舗情報
- アクセス
- メニュー
- お問い合わせ

たのしい、ひとときを

一杯のコーヒーで、ゆったり泳ぐクジラのような安らぎとくつろぎを。
とときをお過ごしください。

Mac (Safari)

Note ゴシック体って何？

コンピュータにはさまざまなフォントがインストールされています。こうした数多くのフォントは、デザインの種類によって大きく「ゴシック体（サンセリフ）」「明朝体（セリフ）」「その他」の3 種類に分類できます。

このうちゴシック体とは、線の始まりと終わりのアクセントが弱く、横線と縦線の太さもあまり変わらないデザインのフォントを指します。ゴシック体というのは日本語フォントの呼び方で、欧文フォントでは「サンセリフ（sans serif）」と呼ばれています。今回、font-familyプロパティに設定した値「sans-serif」は、この欧文フォントの呼び方から来ているのです。

一方の明朝体とは、文字の線の始まりと終わりに強いアクセントがあって、横線と縦線で太さが大きく異なるデザインのフォントを指します。明朝体というのは日本語フォントの呼び方で、欧文フォントでは「セリフ（serif）」と呼ばれています。なお、もともとの字の形状が複雑な日本語では、画面に表示したときにゴシック体のほうが読みやすいことから、Webサイトではゴシック体がよく使われます。

鯨クジラ 明朝体	鯨クジラ ゴシック体
Cafe セリフ（欧文）	Cafe サンセリフ（欧文）

明朝体（セリフ）とゴシック体（サンセリフ）の違い

3 テキストの行間を調整する

長いテキストが折り返して改行すると、行と行の間にスペースが空きます。このスペースのことを「行間」といい、CSSでその大きさを調整できます。ここでは、段落の<p>、箇条書き項目の<li>、テーブルセルの<td>の行間をフォントサイズの1.7倍にします。

実習 39 <p>、<li>、<td>の各タグにline-heightプロパティを適用する

① style.cssを編集します。html { ~ }の次の行からスタイルを追加します❶。
作業が終わったらファイルを保存します。

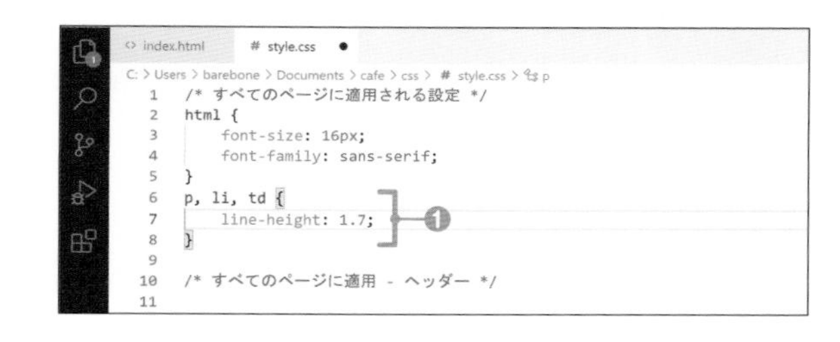

② ブラウザで見てみると、作業前と後で少しだけ行間が広くなっています。

作業前

作業後

Code ● <p>、<li>、<td>の各要素にline-heightプロパティを適用する　**style.css**

```
1 /* すべてのページに適用される設定 */
2 html {
3   font-size: 16px;
4   font-family: sans-serif;
```

```
5 }
6 p, li, td {
7   line-height: 1.7;
8 }
```
省略

解説

複数のセレクタ

カンマ(,)で区切って複数のセレクタを指定することができます。今回の実習では次の図のように書きました。このように複数のセレクタを指定すると、<p>タグ、<li>タグ、<td>タグに同じスタイルを適用できます。

Fig ● 複数のセレクタをカンマで区切って指定する

```
p, li, td {
```

解説

行間を調整するline-height プロパティ

line-heightプロパティは、テキストの1行の高さを調整するのに使います。行の高さを調整すると、次の図のようにテキストの上下にスペースができます。line-heightプロパティの値には、行の高さをフォントサイズの何倍にするかを、単位なしで指定します。今回の実習ではline-heightプロパティの値を1.7にしたので、1行の高さは「フォントサイズの1.7倍」になります。

Fig ● line-heightプロパティで設定する行間の高さ

line-height
ゆったり泳ぐクジラのような
安らぎとくつろぎを

個別のテキストのスタイル変更

前節の実習でページ全体のフォントサイズや種類を設定しましたが、今回は対象を絞って<main>タグに含まれる<h2>見出しのテキスト色やフォントサイズを変更します。

ここで使うのは ●子孫セレクタ ●color ●font-size

1 <h2>見出しのテキスト色を変更する

ページ全体のフォントの設定ができたので、次は<h2>見出しのスタイルを調整してみましょう。まずはこの見出しのテキスト色をロゴと同じ紺色に変更します。テキスト色の指定には**color**プロパティを使用します。このプロパティの値には「色」を指定しますが、「#」で始まる16進数表現を用います。

実習40 <main>タグの中にある<h2>タグにcolorプロパティを適用する

① style.cssを編集します。コメント文「/* すべてのページに適用 - メイン */」を探して、その下にCSSを書きます❶。なお、画面上では「#」の前に■が表示されていますが、これはVSCodeが自動的に表示する色見本なので、テキストだけ入力すれば大丈夫です。作業が終わったらファイルを保存します。

```
1  /* すべてのページに適用される設定 */
2  html {
3      font-size: 16px;
4      font-family: sans-serif;
5  }
6  p, li, td {
7      line-height: 1.7;
8  }
9
10 /* すべてのページに適用 - ヘッダー */
11
12 /* すべてのページに適用 - ヒーロー */
13
14 /* すべてのページに適用 - メイン */
15 main h2 {
16     color: #253958;
17 }
18
19 /* すべてのページに適用 - フッター */
20
21 /* 個別のスタイル */
22 /* index.html */
```

② ブラウザでindex.htmlを開きます。「お知らせ」と「店舗情報」見出しのテキスト色が紺色になっています❷。

なお、黒と紺色の変化がわかりづらいかもしれません。確かに色が変わっていることを確認したい場合は、色の指定を「#0000FF」(青) としてみてください。

Code • <main>タグの中にある<h2>タグにcolorプロパティを適用する

style.css

```
省略
14 /* すべてのページに適用 - メイン */
15 main h2 {
16   color: #253958;
17 }
省略
```

解説

子孫セレクタ

今回の実習では、<h2>タグを選択するために「main h2」というセレクタを書きました。これは「<main>タグに含まれる子孫要素の<h2>タグ」を選択します。このセレクタを**子孫セレクタ**といい、親要素(ここでは<main>)に含まれる子孫要素(<h2>)を選択したいときに使います。

Fig • 子孫セレクタ。複数のセレクタを半角スペースで区切って並べる

```
セレクタ1 セレクタ2 セレクタ3... {
```

<main>～</main>に含まれる子孫要素が選択されるところがポイントで、直接の子要素だけでなく、子要素の子要素なども選択されます。いまスタイルの適用作業をしているindex.htmlのソースコードを見てみましょう。<h2>タグは<main>タグの子要素の子要素になって

いますね。子孫セレクタを使うと、こうしたタグが選択できます。とてもよく使うセレクタのひとつです。

Fig ● <h2>タグは<main>タグの孫要素。子孫セレクタは孫要素でも選択する

```
<main>
   ...
  →<div id="news">子要素
     └→<h2>お知らせ</h2> 子要素の子要素
        ...
   </div>

  →<div id="shop">子要素
     └→<h2>店舗情報</h2> 子要素の子要素
        ...
   </div>
</main>
```

解説

テキスト色を指定するcolorプロパティ

テキスト色を指定するには**color**プロパティを使用します。値には色を指定するのですが、シャープ(#)で始まる6ケタの「16進数表現」がよく使われます。「16進数表現ってどういうもの?」という方は次のコラムもお読みください。

Column

CSSの色指定

コンピュータがディスプレイモニタに表示するすべての色は、赤(R)、緑(G)、青(B)の3色の光の強さで表現されています。この、RGB3色の光の強さですべての色を表現する方法は「加色混合」と呼ばれています。

各色の光の強さは0 ～ 255の数値を使った256段階で表され、255が一番強く、0はまったく光を発しなくなります。光の強さが3色とも255の場合ディスプレイには白が映し出され、逆にすべて0の場合は黒が表示されます。コンピュータは、この3色の光とその強さを組み合わせて、約1670万色を表現しています。

Fig ● 加色混合のイメージ

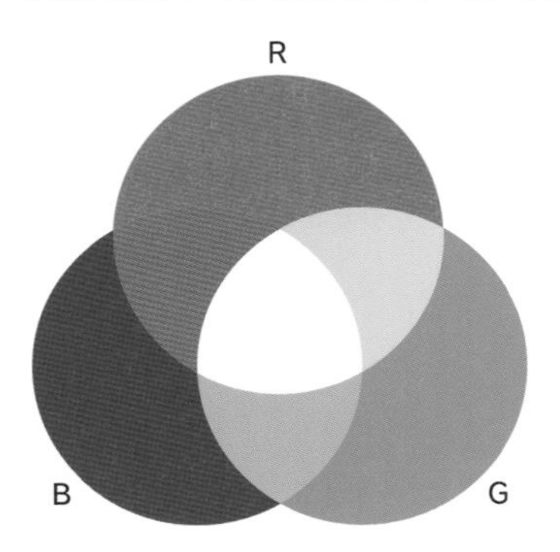

CSSで色を表現する場合はこの加色混合の光の強さを、16進数で表した表記を使うのが一般的です。

0～255の数値を16進数に変換すると「00 ～ FF」という2ケタの数になります。CSSで使える値にするには、先頭にシャープ(#)を付けて、RGB各色の値を2ケタずつ、計6ケタの数値で表現します。

Fig ● 16進数によるCSSの色指定

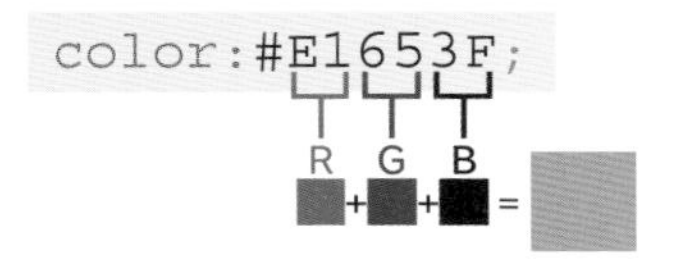

色の16進数の値を調べるには、Adobe Photoshopなどの画像編集アプリを使うのが一般的です。Webサービスもたくさん公開されているので、「色　16進数」などで検索して探してみるとよいでしょう。

2 <h2>見出しのフォントサイズを変更する

<h2>タグにはブラウザの初期設定でフォントサイズが指定されているのですが、「KUZIRA CAFE」Webサイトのデザインとしては少し大きいので調整します。前節でも出てきたfont-sizeプロパティを使いますが、値の設定には違う方法を用いて、「<html>タグに設定したフォントサイズの1.3倍」とします。

実習 41 <h2>タグにfont-sizeプロパティを適用する

① 引き続きstyle.cssを編集します。セレクタ「main h2」に続く{ ~ }内に1行追加します❶。
作業が終わったらファイルを保存します。

② ブラウザで表示を確認します。「お知らせ」と「店舗情報」見出しのフォントサイズが少し小さくなっています❷。

Code ● <h2>タグにfont-sizeプロパティを適用する　　style.css

```
------------------------- 省略 -------------------------
14 /* すべてのページに適用 - メイン */
15 main h2 {
16   color: #253958;
17   font-size: 1.3rem;
18 }
------------------------- 省略 -------------------------
```

単位「rem」

font-sizeプロパティの値の指定に使った単位「**rem**」は、1remが<html>に設定したフォントサイズになります。ですから、今回の実習のように「1.3rem」と書いたら、<html>タグに設定したフォントサイズ（16px）の1.3倍の大きさになります。もちろん小さな値を指定することもでき、たとえば「0.8rem」と指定したら、<html>のフォントサイズの0.8倍になります。ページ全体のフォントに対して「もっと大きくしたい」とか「ちょっと小さくしたい」と思ったときに、調整がしやすくて便利な単位です。

Fig ● 単位remを使うと、<html>タグに設定したフォントサイズの倍率で指定できる

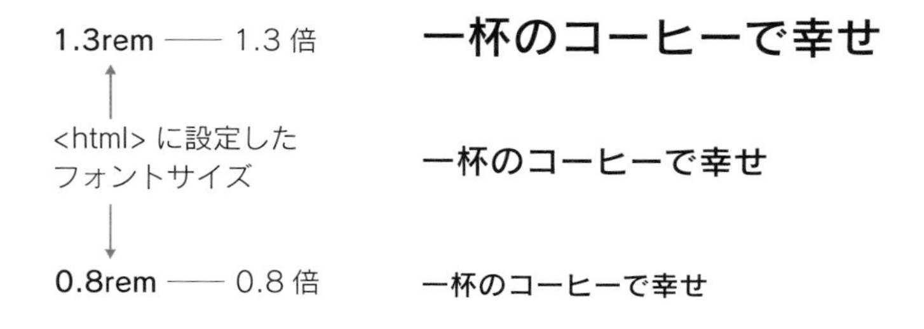

リンクテキストのスタイル

リンクテキストのスタイルを変更します。リンクには、通常の状態、リンク先のページを訪問済みの状態、マウスポインタがテキストに乗っている状態（ホバー状態）、マウスボタンを押した状態、という４つのスタイルを指定できます。それぞれの状態にスタイルを設定するために、擬似クラスというセレクタを使用します。

ここで使うのは ● `:link` ● `:visited` ● `:hover` ● `:active` ● `text-decoration`

1 リンクのスタイルを調整する

リンクの状態を個別に選択するために、**擬似クラス**と呼ばれる**:link**、**:visited**、**:hover**、**:active**の４つのセレクタを使用します。今回の実習ではリンクテキストの４つの状態にスタイルを設定して、どの状態のときもテキスト色はオレンジ色に、ホバーやクリックをしたときだけ下線を表示するようにします。

実習 42 ページ全体のリンクテキストのスタイルを設定する

① style.cssを編集します。セレクタが「p, li, td { ～ }」のスタイルの次の行から、リンクスタイル用のCSSを書きます❶。
作業が終わったらファイルを保存します。

ファイル(F) 編集(E) 選択(S) 表示(V) 移動(G) 実行(R) ターミナル(T) ヘルプ(H) style.css - Visual Studio Code
index.html # style.css ×
C: > Users > barebone > Documents > cafe > css > # style.css > a:active

```
1  /* すべてのページに適用される設定 */
2  html {
3      font-size: 16px;
4      font-family: sans-serif;
5  }
6  p, li, td {
7      line-height: 1.7;
8  }
9  a:link {
10     color: #F07D34;
11     text-decoration: none;
12 }
13 a:visited {
14     color: #F07D34;
15     text-decoration: none;
16 }
17 a:hover {
18     color: #F07D34;
19     text-decoration: underline;
20 }
21 a:active {
22     color: #F07D34;
23     text-decoration: underline;
24 }
25
26 /* すべてのページに適用 - ヘッダー */
```

❶（9～24行目）

② ブラウザでindex.htmlを開きます。ナビゲーションやお知らせ、店舗情報にあるリンクのテキストにホバーしたりクリックしたりすると、表示の状態が変わります。

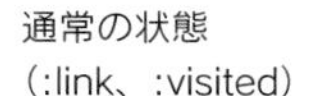
通常の状態
(:link、:visited)

ホバーまたはクリックしたとき
(:hover、:active)

Code ● ページ全体のリンクテキストのスタイルを設定する　style.css

```
省略
 6 p, li, td {
 7   line-height: 1.7;
 8 }
 9 a:link {
10   color: #F07D34;
11   text-decoration: none;
12 }
13 a:visited {
14   color: #F07D34;
15   text-decoration: none;
16 }
17 a:hover {
18   color: #F07D34;
19   text-decoration: underline;
20 }
21 a:active {
22   color: #F07D34;
23   text-decoration: underline;
24 }
省略
```

解説

<a> タグと擬似クラス

今回は「a」タイプセレクタと「:link」などの擬似クラスを組み合わせたスタイルを作成しました。擬似クラスとは、要素がある特定の状態にあるときだけ、その要素――ここでは<a>タグ――を選択してスタイルを適用する特殊なセレクタです。記述したセレクタには「a」と

「:link」などの間に半角スペースを入れていないので、「<a>タグで、かつ:link状態の要素」が選択されることになります。もし、aと:linkの間に半角スペースを入れると子孫セレクタになってしまい、「<a>タグの子孫要素で:link状態の要素」を選択することになってしまうので気をつけましょう。<a>～</a>の中にさらに<a>タグを入れることはできないので、結果的にどこにもスタイルが適用されなくなります。

さて、今回使用した4つの擬似クラス、:link、:visited、:hover、:activeは、それぞれ以下の表にある状態のときにだけ、要素を選択します。必ず:link → :visited → :hover → :activeの順に記述しないと、思ったとおりにスタイルが適用されないので注意が必要です。

Table ● 4つの疑似クラスとスタイルが適用される状態

擬似クラス	要素を選択する特定の状態
:link	href属性が設定されている（通常の<a> タグ）
:visited	リンク先が訪問済み
:hover	マウスポインタがリンクに乗っている
:active	マウスボタンが押されている

なお、スマートフォンやタブレットなどの「タッチ端末」では物理的に「:hover」状態が発生しないため、パソコンとスマートフォンでは擬似クラスの動作が微妙に異なります。擬似クラスを使うときは、スマートフォンでの動作もよく確認したほうがよいでしょう。

解説

text-decorationプロパティ

text-decorationは、テキストに引く線を設定するプロパティで、値には決められたキーワードを指定します。指定できる値にはいくつかの種類がありますが、主に使われているのは実習でも使用したnoneとunderlineです。値をnoneにすると線は引かれず、underlineだと下線が引かれます。

05 テキストと画像の行揃え

サイトのロゴや一部のテキストなど全部で４カ所を左右中央揃えにします。HTMLのclass属性とCSSのclassセレクタを組み合わせて要素を選択し、スタイルを適用する方法をマスターしましょう。

ここで使うのは　● **class属性**　● **classセレクタ**　● **text-align**

1 ヘッダーのロゴを中央揃えにする

ヘッダーの一番上に表示されているカフェのロゴ画像をページの中央揃えにします。ロゴ画像の<img>タグは親要素の<div>～</div>に囲まれていて、中央揃えにするには親要素のほうを選択してCSSを適用する必要があります。今回の実習ではHTMLの<div>タグにclass属性を追加し、CSSではclassセレクタを利用して選択します。

実習43 <div>タグにクラスを追加してスタイルを適用する

① index.htmlを編集します。<header>開始タグの次の行にある<div>タグにclass属性を追加します。この属性の値、つまりクラス名は「"logo"」にします❶。タグにclass属性を追加するときは、タグ名と属性の間に半角スペースを入れて区切ることを忘れないようにしましょう。
作業が終わったらファイルを保存します。

```
ファイル(F) 編集(E) 選択(S) 表示(V) 移動(G) 実行(R) ターミナル(T) ヘルプ(H)    ● index.html - Visual
<> index.html ●   # style.css
C: > Users > barebone > Documents > cafe > <> index.html > html > body#top > header > div.logo
1   <!DOCTYPE html>
2   <html>
3   <head>
4       <meta charset="UTF-8">
5       <title>KUZIRA CAFE</title>
6       <link rel="stylesheet" href="css/style.css">
7   </head>
8   <body id="top">
9       <!-- ヘッダー -->
10      <header>
11          <div class="logo">   ❶
12              <a href="index.html"><img src="images/logo.svg" alt="KUZI
13          </div>
14          <nav>
15              <ul>
16                  <li><a href="index.html">ホーム</a></li>
17                  <li><a href="index.html#news">お知らせ</a></li>
```

② 次にstyle.cssを編集します。コメント「/* すべてのページに適用 - ヘッダー */」を探して、その次の行にCSSを追加します❷。
作業が終わったらファイルを保存します。

```
ファイル(F) 編集(E) 選択(S) 表示(V) 移動(G) 実行(R) ターミナル(T) ヘルプ(H)    ● style.css - Visual S
<> index.html   # style.css ●
C: > Users > barebone > Documents > cafe > css > # style.css > .logo
25
26  /* すべてのページに適用 - ヘッダー */
27  .logo {
28      text-align: center;      ❷
29  }
30
31  /* すべてのページに適用 - ヒーロー */
```

③ ブラウザでindex.htmlを開きます。ロゴ画像がページの左右中央に表示されます❸。

Code ● <div>タグにクラスを追加してスタイルを適用する　index.html

```
省略
10   <header>
11     <div class="logo">
12       <a href="index.html"><img src="images/logo.svg" alt="KUZIRA CAFE"></a>
13     </div>
省略
```

Code ● <div>タグにクラスを追加してスタイルを適用する　style.css

```
省略
26 /* すべてのページに適用 - ヘッダー */
27 .logo {
28   text-align: center;
29 }
省略
```

解説

HTMLのclass属性とCSSのclassセレクタ

HTMLの**class**属性は、その要素に「クラス名」をつけるものです。CSSでスタイルを適用したいときに、classセレクタと組み合わせて使います。

class属性はどんなタグにも付けることができて、クラス名には自分で考えた好きな名前をつけることができます。ただし、クラス名自体に半角スペースは使えません。かなや漢字も使えますが、一般的には半角英字の小文字、半角数字、およびアンダースコア(_)、ハイフン(-)のみを使用します。

class属性が付いたタグをCSSで選択するには「classセレクタ」を使います。数あるセレクタの中でも最もよく使う重要なセレクタで、ドット(.)に続けて選択したいタグのクラス名を書きます。

Fig ● classセレクタ

```
.クラス名 {
```

HTMLのclass属性とCSSのclassセレクタの関係を見てみましょう。あるタグに「logo」というクラス名がついていて、その要素にスタイルを適用したいとします。その場合、CSSのセレクタには「.logo」と書きます。

Fig ● class属性とclassセレクタの基本形

```
<div class="logo"><img src="logo.svg"></div>  ←  .logo { スタイル }
```

同じクラス名を複数のタグにつけることができます。その場合、同じクラス名がついているタグには同じスタイルが適用されることになります。

Fig ● 複数のタグに同じクラス名がついている例。この図の<h2>と<p>には同じスタイルが適用される

```
<h2 class="event">イベントのお知らせ</h2>  ←  .event { スタイル }
<p class="event">久しぶりのライブイベント開催！</p>  ←
```

1つのタグに複数のクラス名をつけることもできます。そうすると、1つのタグに複数のスタイルを適用できるようになります。複数のクラス名をつける場合は、一つひとつのクラス名を半角スペースで区切ります。

Fig ● 1つのタグに複数のクラス名がついていると、複数のスタイルを適用できる

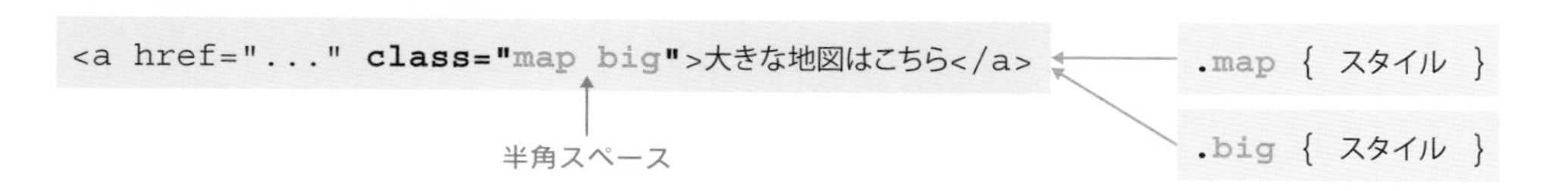
<a href="..." class="map big">大きな地図はこちら</a>
.map { スタイル }
.big { スタイル }
半角スペース

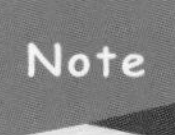

id属性とclass属性を同時に付けてもOK

あるタグにid属性とclass属性の両方を付けても問題ありません。また、id属性に付ける値（ID名）は1つのHTMLドキュメント内で同じものは一度しか付けられないことになっていますが（第5章「id属性」p.102）、id属性の値とclass属性の値が同じであっても大丈夫です。

```
<h2 id="news" class="news">お知らせ</h2>
```

ID名とクラス名が同じであっても大丈夫なので、上のようなHTMLでも問題ない

text-alignプロパティ

text-alignプロパティを使うと、テキストや画像の左右行揃えを設定することができます。設定できる主な値と効果は次の表のとおりです。

Table ● text-alignプロパティに適用できる主な値

値	説明
text-align: left;	左揃えにする
text-align: center;	中央揃えにする
text-align: right;	右揃えにする

2 <h1>見出し、クジラの絵などを中央揃えにする

ロゴ画像を中央揃えにしたときと同じような作業を繰り返して、次の4カ所を中央揃えにします。

- **Webサイトのキャッチコピー（<h1>タグ）**
- **クジラの絵**
- **フッター上部の「ページトップへ戻る」ボタン（<div>タグ）**
- **フッターのコピーライト（<p>タグ）**

index.htmlを編集してこれらの要素を含むタグにclass属性を挿入してから、style.cssに必要なCSSを追加します。それぞれのタグにつけたクラス名を頭に入れながら作業を進めましょう。

実習 44 必要なタグにクラスを追加してスタイルを適用する

① キャッチコピーが書かれた<h1>開始タグを探してclass属性を追加します。クラス名は「"hero"」にします❶。

```
24      </header>
25      <!-- ヘッダーここまで -->
26      <h1 class="hero">たのしい、ひとときを</h1>
27      <!-- メイン -->
28      <main>
29          <img src="images/logo-whale.svg" alt="">
30          <p>一杯のコーヒーで、ゆったり泳ぐクジラのような安らぎとくつろぎを。正面には太平洋、裏手は山、近くには田んぼがあってのんびりした雰囲気の小さなカフェですが、日常を離れて、思い出のひとときをお過ごしください。</p>
31          <img src="images/banner.jpg" alt="旬のいちごを使ったメニューが期間限定で登場！">
```

② <footer>～<footer>の中にある「ページトップへ戻る」ボタンを囲む<div>タグ、コピーライトが書かれた<p>タグにclass属性を追加します。クラス名はそれぞれ「"gotop"」「"copyright"」にします❷。

```
65                  </tr>
66              </table>
67          </div>
68      </main>
69      <!-- メインここまで -->
70      <!-- フッター -->
71      <footer>
72          <div class="gotop">
73              <a href="#top"><img src="images/gotop.svg" alt="ページトップへ戻る"></a>
74          </div>
75          <p class="copyright">&copy; KUZIRA CAFE</p>
76      </footer>
77      <!-- フッターここまで -->
78  </body>
79  </html>
```

③ クジラの絵も中央揃えにします。しかしこの絵を表示している<img>タグには親要素がなく、そのままでは中央揃えにできません。そこで<img>タグを<div>タグで囲んでclass属性も追加し、クラス名を「"logo-whale"」にします❸。ここまで作業が終わったらindex.htmlを保存します。

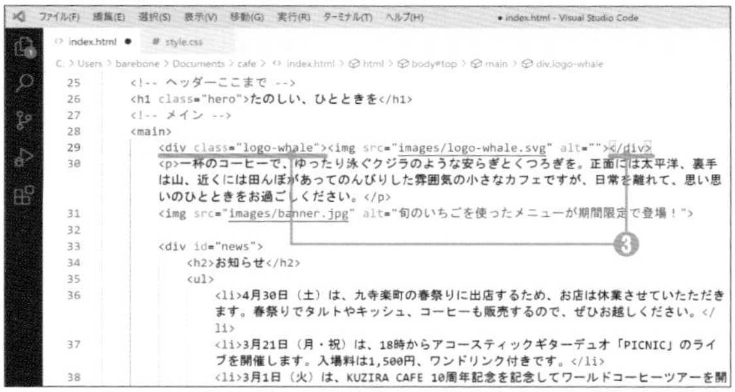

```
25      <!-- ヘッダーここまで -->
26      <h1 class="hero">たのしい、ひとときを</h1>
27      <!-- メイン -->
28      <main>
29          <div class="logo-whale"><img src="images/logo-whale.svg" alt=""></div>
30          <p>一杯のコーヒーで、ゆったり泳ぐクジラのような安らぎとくつろぎを。正面には太平洋、裏手は山、近くには田んぼがあってのんびりした雰囲気の小さなカフェですが、日常を離れて、思い出のひとときをお過ごしください。</p>
31          <img src="images/banner.jpg" alt="旬のいちごを使ったメニューが期間限定で登場！">
32
33          <div id="news">
34              <h2>お知らせ</h2>
35              <ul>
36                  <li>4月30日（土）は、九寺楽町の春祭りに出店するため、お店は休業させていただきます。春祭りでタルトやキッシュ、コーヒーも販売するので、ぜひお越しください。</li>
37                  <li>3月21日（月・祝）は、18時からアコースティックギターデュオ「PICNIC」のライブを開催します。入場料は1,500円、ワンドリンク付きです。</li>
38                  <li>3月1日（火）は、KUZIRA CAFE 10周年記念を記念してワールドコーヒーツアーを開
```

④ style.cssを編集します。まず、コメント「/* すべてのページに適用 - ヒーロー */」の次の行に「<h1 class="hero">」用のスタイルを書きます❹。

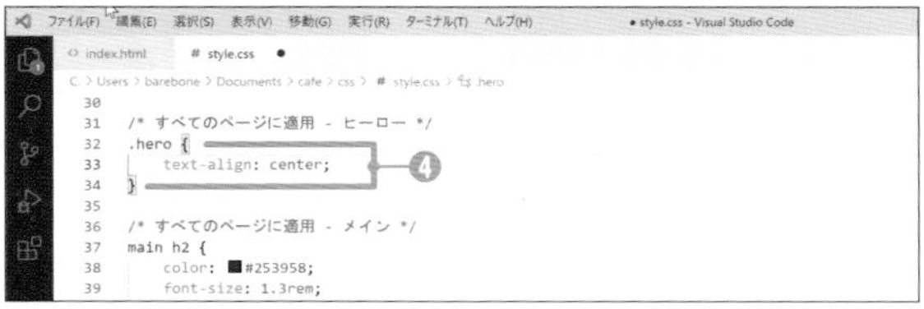

```
30
31  /* すべてのページに適用 - ヒーロー */
32  .hero {
33      text-align: center;
34  }
35
36  /* すべてのページに適用 - メイン */
37  main h2 {
38      color: #253958;
39      font-size: 1.3rem;
```

⑤ コメント「/* すべてのページに適用 - フッター */」の次の行に「<div class="gotop">」「<p class="copyright">」用のスタイルを書きます❺。

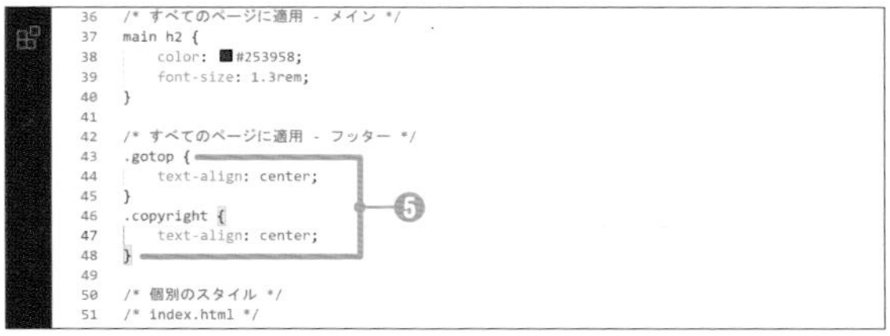

```
36  /* すべてのページに適用 - メイン */
37  main h2 {
38      color: #253958;
39      font-size: 1.3rem;
40  }
41
42  /* すべてのページに適用 - フッター */
43  .gotop {
44      text-align: center;
45  }
46  .copyright {
47      text-align: center;
48  }
49
50  /* 個別のスタイル */
51  /* index.html */
```

⑥ コメント「/* index.html */」の次の行に「<div class="logo-whale">」用のスタイルを書きます❻。作業が終わったらstyle.cssを保存します。

```
42  /* すべてのページに適用 - フッター */
43  .gotop {
44      text-align: center;
45  }
46  .copyright {
47      text-align: center;
48  }
49
50  /* 個別のスタイル */
51  /* index.html */
52  .logo-whale {
53      text-align: center;
54  }
```

❻

⑦ index.htmlをブラウザで開きます。いまスタイルを適用した４カ所のテキストや画像が中央揃えになっています❼。

Code ● 必要なタグにクラスを追加してスタイルを適用する index.html

```
---------------------------------- 省略 ----------------------------------
25    <!-- ヘッダーここまで -->
26    <h1 class="hero">たのしい、ひとときを</h1>
27    <!-- メイン -->
28    <main>
29      <div class="logo-whale"><img src="images/logo-whale.svg"
  alt=""></div>
30      <p>一杯のコーヒーで、ゆったり泳ぐクジラのような...</p>
---------------------------------- 省略 ----------------------------------
68    </main>
69    <!-- メインここまで -->
70    <!-- フッター -->
71    <footer>
72      <div class="gotop">
73        <a href="#top"><img src="images/gotop.svg" alt="ページトップへ戻る
  "></a>
74      </div>
```

```
75      <p class="copyright">&copy; KUZIRA CAFE</p>
76    </footer>
```
省略

Code ● 必要なタグにクラスを追加してスタイルを適用する

style.css

省略

```
31 /* すべてのページに適用 - ヒーロー */
32 .hero {
33   text-align: center;
34 }
```
省略

```
42 /* すべてのページに適用 - フッター */
43 .gotop {
44   text-align: center;
45 }
46 .copyright {
47   text-align: center;
48 }
49
50 /* 個別のスタイル */
51 /* index.html */
52 .logo-whale {
53   text-align: center;
54 }
```

Column

クラス名のつけ方

オリジナルのWebサイトを作ることになったら、タグに独自のクラス名をつける必要に迫られます。クラス名は自由につけてよいことになっていますが、いざ自分でつけるとなると悩むことも多いので、ここで少しだけ、基本的な考え方のヒントを紹介しておきます。

クラス名には、その要素に含まれるコンテンツの内容を説明するものを、できるだけわかりやすい簡単な英単語でつけるようにします。たとえば、<p> ～ </p>に含まれるコンテンツの内容が「お知らせ」なら、クラス名は“news”にします。自己紹介や店舗案内のテキストにクラス名をつけるのであれば、“introduction”や“profile”などがよいかもしれません。

もし地図の画像を表示したくて、<img>タグにclass属性を追加するなら、そのクラス名は“map”にすればよいでしょう。<img>タグではなく、その親要素にクラス名をつける場合でも、表示される画像を説明するようなものにしておけば十分です。

06 背景色の設定

フッターの、コピーライトが書かれた要素に紺色の背景色を設定します。背景色の設定はよく使うテクニックで、次節で紹介するボックスモデルとの関係も深い重要な機能のひとつです。

ここで使うのは　● **background-color**　● **color**

1 背景色の設定

フッターにある、コピーライトのテキストを囲む<p class="copyright">タグに背景色を設定します。背景色はロゴやクジラの絵などと同じ紺色にするので、黒で表示しているテキストがほとんど見えなくなります。そこでテキスト色も変更して白くします。

実習 45 フッターの<p>タグに背景色を指定する

① style.cssを編集します。前節で書いたスタイル「.copyright」の{ ~ }内にCSSプロパティを2つ追加します❶。
作業が終わったらファイルを保存します。

```
ファイル(F) 編集(E) 選択(S) 表示(V) 移動(G) 実行(R) ターミナル(T) ヘルプ(H)    style.css - Visual Studio
index.html   # style.css ×
C: > Users > barebone > Documents > cafe > css > # style.css > .copyright
26  /* すべてのページに適用 - ヘッダー */
27  .logo {
28      text-align: center;
29  }
30
31  /* すべてのページに適用 - ヒーロー */
32  .hero {
33      text-align: center;
34  }
35
36  /* すべてのページに適用 - メイン */
37  main h2 {
38      color: #253958;
39      font-size: 1.3rem;
40  }
41
42  /* すべてのページに適用 - フッター */
43  .gotop {
44      text-align: center;
45  }
46  .copyright {
47      background-color: #253958;   ❶
48      color: #FFFFFF;
49      text-align: center;
50  }
51
52  /* 個別のスタイル */
53  /* index.html */
54  .logo-whale {
55      text-align: center;
56  }
```

② ブラウザでindex.htmlを開きます。ページの一番下、フッターの部分に背景色が付きました❷。

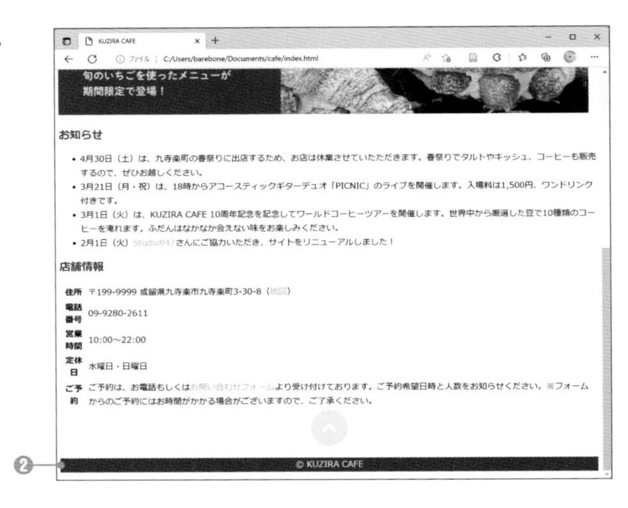

Code • フッターの<p>タグに背景色を指定する　**style.css**

```
------------------------------ 省 略 ------------------------------
42 /* すべてのページに適用 - フッター */
43 .gotop {
44   text-align: center;
45 }
46 .copyright {
47   background-color: #253958;
48   color: #FFFFFF;
49   text-align: center;
50 }
------------------------------ 省 略 ------------------------------
```

解説

背景色を指定するbackground-color プロパティ

background-color プロパティは、ボックス[*3]の背景色を設定します。今回の実習では<p class="copyright"> 〜 </p>にスタイルを適用したので、フッターのコピーライトのテキストがある段落に背景色が付くことになります。値に指定する背景色には、colorプロパティなどで使うものと同じ、シャープ(#)で始まる16進数表現を使います(「Column：CSSの色指定」p.143)。

＊3 第6章「CSSはタグが作るボックスの表示を操作するもの」(p.114)

ボックスモデル①
マージンとパディング

今回と次回の実習で「ボックスモデル」をマスターします。一つひとつのタグが作るボックスの表示を操作して、周囲のスペースを調整したり枠線を引いたりするもので、CSSの中でも最も重要で、きちんと理解しておきたい機能です。今回はボックスモデルの機能を使ってフッターのデザインを調整します。

ここで使うのは ●全称セレクタ ●box-sizing ●margin-top ●margin-bottom ●padding-top ●padding-bottom

1 ボックスモデルを変更する

今回の作業では、フッターの背景色で塗りつぶされている領域を増やすほか、上下に空いているスペースの大きさも調整します。ただ、その作業に入る前に、すべてのタグのボックスモデルを「border-box」に変更します。パソコンのブラウザでもスマートフォンのブラウザでも画面サイズに合わせて最適な表示をする「レスポンシブデザイン」に対応するための作業ですが、ボックスの幅や高さなどのサイズの計測方法が変わるため、マージンやパディングなど、ボックスモデル関連の機能を使う前に設定する必要があります。なお、ボックスモデル全般についての説明は作業が一段落してからにします。

実習46 すべてのタグのボックスモデルを「border-box」にする

① style.cssを編集します。セレクタが「html」になっているスタイルがあります。このスタイルの次の行に、全称セレクタ（*）を使ったスタイルを追加します。このスタイルを追加しても表示は変化しないので、ブラウザで確認せず次の作業に進んでかまいません。

```
 1  /* すべてのページに適用される設定 */
 2  html {
 3      font-size: 16px;
 4      font-family: sans-serif;
 5  }
 6  * {
 7      box-sizing: border-box;      ← ①
 8  }
 9  p, li, td {
10      line-height: 1.7;
11  }
12  a:link {
13      color: #F07D34;
14      text-decoration: none;
15  }
16  a:visited {
```

Code ● すべてのタグのボックスモデルを「border-box」にする　style.css

```
1 /* すべてのページに適用される設定 */
2 html {
---------------------------------- 省略 ----------------------------------
5 }
6 * {
7   box-sizing: border-box;
8 }
---------------------------------- 省略 ----------------------------------
```

2 フッターの塗りつぶしを上下に広げる

コピーライトのテキストが書かれている<p>タグに背景色が付いていますが、いまのところ1行分の高さしかなく、細長くなっています。この背景色の領域を上下に広げて、もっとフッターらしい見た目にしましょう。<p class="copyright">タグの上下に75pxの大きさのパディングを設けます。

実習47 コピーライトのテキストの上下にパディングを設定する

① style.cssの、セレクタが「.copyright」のスタイルの{ ～ }内に、CSSプロパティを2つ追加します❶。
作業が終わったらファイルを保存します。

```
36     text-align: center;
37 }
38
39 /* すべてのページに適用 - メイン */
40 main h2 {
41     color: #253958;
42     font-size: 1.3rem;
43 }
44
45 /* すべてのページに適用 - フッター */
46 .gotop {
47     text-align: center;
48 }
49 .copyright {
50     padding-top: 75px;
51     padding-bottom: 75px;
52     background-color: #253958;
53     color: #FFFFFF;
54     text-align: center;
55 }
56
57 /* 個別のスタイル */
58 /* index.html */
59 .logo-whale {
60     text-align: center;
61 }
```

② ブラウザでindex.htmlを開きます。コピーライトのテキストの上下が広がり、塗りつぶされた面積が増えています❷。

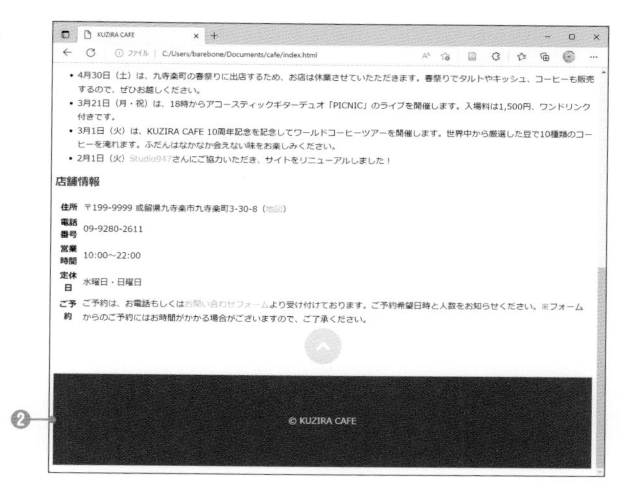

Code ● コピーライトのテキストの上下にパディングを設定する

style.css

```
省略
49 .copyright {
50   padding-top: 75px;
51   padding-bottom: 75px;
52   background-color: #253958;
53   color: #FFFFFF;
54   text-align: center;
55 }
省略
```

解説

CSSのボックスモデル

HTMLの要素（タグ＋コンテンツ）が作るボックスには、その要素のコンテンツを表示するための「コンテンツ領域」の周囲に、パディング、ボーダー、マージンという3層の領域が定義されています。このボックスの構造のことを**ボックスモデル**といい、CSSを使って大きさを調整することができます。次ページの図は「box-sizing: border-box;」が適用された要素のボックスモデルを表しています。

Fig • 「box-sizing: border-box;」が設定されている場合のCSSボックスモデル

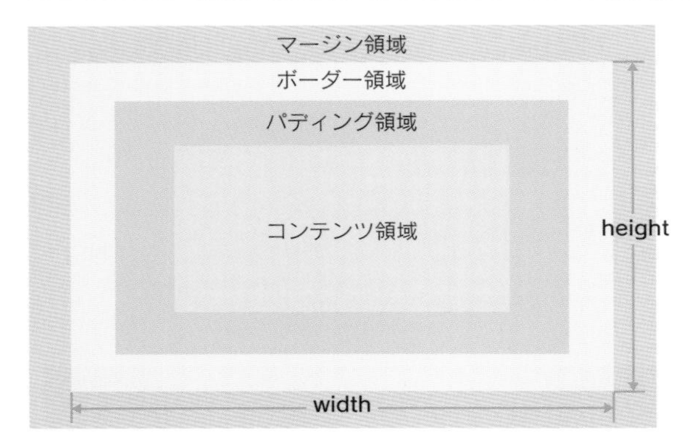

領域サイズを調整する各種CSSプロパティ

マージン領域の調整	パディング領域の調整
margin	padding
margin-top	padding-top
margin-right	padding-right
margin-bottom	padding-bottom
margin-left	padding-left

ボーダー領域の調整	ボックスのサイズ調整
border	width
border-top	max-width
border-right	height
border-bottom	max-height
border-left	など

それでは、このボックスモデルの構造をさらに詳しく見てみましょう。

コンテンツ領域は、テキストや画像など、要素のコンテンツを表示するために確保される領域です。

次に、1つ飛ばして先にボーダー領域を見てみます。**ボーダー領域**は、ボックスの周囲にボーダー（枠線）を引く部分です。ボックスを四角く囲んだり、一辺だけ線を引いたりするのに使います。

そして**パディング領域**は、ボーダー領域に引いた枠線とコンテンツ領域に含まれるテキストや画像との間にスペースを作ります。また、ボックスに背景を設定するとコンテンツ領域だけでなく、このパディング領域とボーダー領域も塗りつぶされるため、塗りつぶされる面積を広くするのにも使われます。

一番外側の**マージン領域**は、上下左右に隣接する別の要素のボックス、または親要素のボックスとの間にスペースを設けるのに使われます[*4]。

なお、マージン領域を除くボックスの幅や高さはコンテンツが収まるように自動調整されますが、widthプロパティやmax-widthプロパティなどを使って大きさを指定することもできます[*5]。

＊4 第7章「ボックスモデル②　ボーダー」(p.169)
＊5 第7章「メインコンテンツを中央揃えに」(p.172)

ブロックボックスとインラインボックス

HTMLのタグは、その種類によって大きく次の2つに分類できます。

- **親要素の幅いっぱいに広がるボックスを作るタグ**
- **コンテンツが収まる最小限の大きさのボックスを作るタグ**

この2種類のボックスは、親要素の幅いっぱいになるものを**ブロックボックス**、最小限の大きさになるものを**インラインボックス**と呼んで区別しています。

このうちブロックボックスは、<p>タグ、<ul>タグ、<li>タグ、<h1>～<h6>タグ、<div>タグなどが作ります。どのタグがブロックボックスになるのかいちいち覚えるのは大変ですが、イメージとしては、コンテンツの塊や段落を作るタグは、ブロックボックスを作ります。

もう一方のインラインボックスを作るタグには、テキストや画像を囲んだ<a>タグ、<img>タグをはじめ、まだ扱っていませんがテキストを部分的に修飾するタグ[*6]など、テキストの一部を囲むことができるものが該当します。

＊6 代表的なものにテキストを部分的に強調する<strong>タグがあります。第9章「<strong>タグと、テキストを修飾するタグ」(p.230)

Fig ● ブロックボックス（赤の囲み）とインラインボックス（青の囲み）

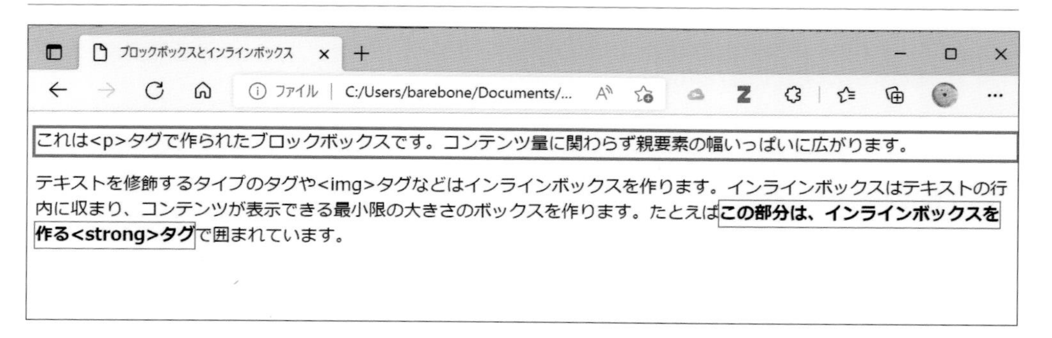

ブロックボックスには上下左右のマージン、ボーダー、パディング、幅や高さといった、ボックスモデルに関係するすべてのサイズをCSSで調整できます。しかしインラインボックスは幅と高さを設定できないほか、上下マージンも調整できません（左右マージンは調整可能）。

解説

ボックスモデルを変更するbox-sizingプロパティ

今回の作業「ボックスモデルを変更する」で書いたCSSでは、セレクタ「*」に対して「box-sizing: border-box;」を適用しました。これは、すべての要素に対して「widthプロパティ、heightプロパティで指定する値を、ボーダー領域まで含む幅と高さに変更する」という意味のスタイルです。

実は、本来のボックスモデル——つまり、box-sizingプロパティを適用しない、初期値のままのボックスモデル——では、widthプロパティやheightプロパティで指定した値はコンテンツ領域の幅や高さだけが対象になります。

ところが、この本来のボックスモデルのままCSSを書いていると、Webサイトの表示をパソコンにもスマートフォンにも対応させる「レスポンシブデザイン」にしたときに、ボックスのサイズをうまく調整できなくなる不都合が生じます。本書では第11章で本格的にモバイル端末に対応させる作業をしますが、後からボックスモデルを変更するとボックスのサイズが大幅に変わる可能性があります。そのため、初めてパディングやマージンを使った今回の実習で、ボックスモデルだけ事前に変更しました。

Fig ● 初期値のボックスモデル(左)と「box-sizing: border-box;」のボックスモデル(右)

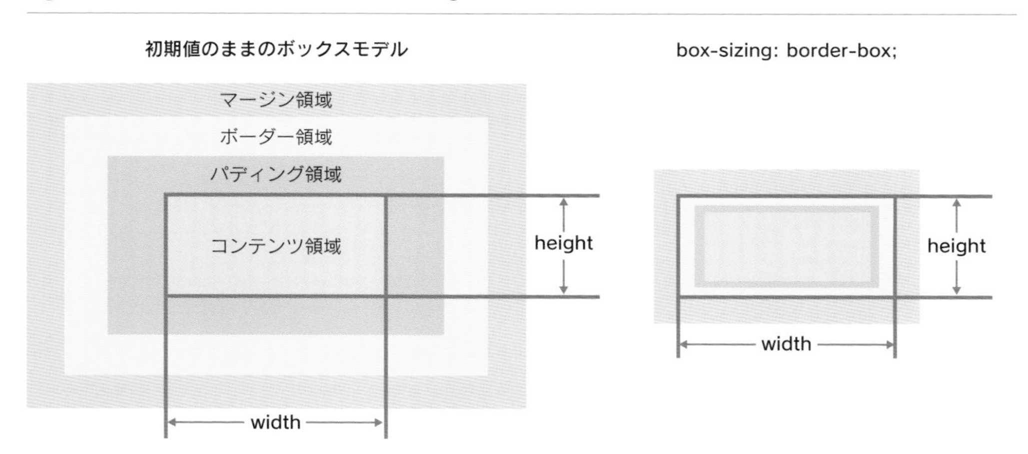

widthプロパティ(幅)やheightプロパティ(高さ)で設定できる場所が異なるため、ボックスモデルが違うとボックス全体の大きさが変わってしまうので注意が必要

3 背景色を塗った領域の上下マージンを調整する

フッターの背景色に塗りつぶされる領域は広がりましたが、上下左右に白い余白が残っています。この余白が残るのは<body>タグや<p>タグにはじめからマージンが付いているからです。そこで、まずフッターの<p class="copyright">タグの上下マージンを調整します。下マージンを0、上マージンは「ページトップへ戻る」ボタンとの間にスペースを空けるために20pxにします。

実習48 <p class="copyright">タグと<body>タグのマージンを調整する

① 引き続きstyle.cssを編集します。まず<p class="copyright">タグの上下マージンを調整します。セレクタが「.copyright」のスタイルの{ ～ }内に、CSSプロパティをさらに2つ追加します❶。
作業が終わったらファイルを保存します。

```
ファイル(F) 編集(E) 選択(S) 表示(V) 移動(G) 実行(R) ターミナル(T) ヘルプ(H)   ● style.css - Visual Stud
index.html   # style.css ●
C: > Users > barebone > Documents > cafe > css > # style.css > .copyright
36        text-align: center;
37    }
38
39    /* すべてのページに適用 - メイン */
40    main h2 {
41        color: #253958;
42        font-size: 1.3rem;
43    }
44
45    /* すべてのページに適用 - フッター */
46    .gotop {
47        text-align: center;
48    }
49    .copyright {
50        margin-top: 20px;      ❶
51        margin-bottom: 0;
52        padding-top: 75px;
53        padding-bottom: 75px;
54        background-color: #253958;
55        color: #FFFFFF;
56        text-align: center;
57    }
58
59    /* 個別のスタイル */
60    /* index.html */
61    .logo-whale {
```

② ブラウザで表示を確認すると、フッター下の余白が減り、「ページトップへ戻る」ボタンとフッターとの間の余白は少し増えています❷。

❷

Code ● <p class="copyright">タグと<body>タグのマージンを調整する　style.css

```
省略
49 .copyright {
50   margin-top: 20px;
51   margin-bottom: 0;
52   padding-top: 75px;
53   padding-bottom: 75px;
54   background-color: #253958;
55   color: #FFFFFF;
56   text-align: center;
57 }
省略
```

4 ページ全体の四隅のスペースをなくす

次に<body>タグの上下左右マージンを0にして、ページの周囲の余白を消してしまいましょう。この実習では**ショートハンド**と呼ばれる省略形のCSSプロパティを使います。いくつもプロパティを書かずに済み、慣れると楽な記述法です。

実習 49 <body>タグの4辺のマージンを「0」にする

① style.cssの上のほうにある、セレクタが「*」になっているスタイルの次の行にCSSを追加します❶。
作業が終わったらファイルを保存します。

```
1  /* すべてのページに適用される設定 */
2  html {
3      font-size: 16px;
4      font-family: sans-serif;
5  }
6  * {
7      box-sizing: border-box;
8  }
9  body {
10     margin: 0 0 0 0;
11 }
12 p, li, td {
13     line-height: 1.7;
14 }
15 a:link {
16     color: #F07D34;
17     text-decoration: none;
18 }
19 a:visited {
20     color: #F07D34;
21     text-decoration: none;
22 }
23 a:hover {
24     color: #F07D34;
25     text-decoration: underline;
26 }
27 a:active {
28     color: #F07D34;
29     text-decoration: underline;
30 }
31
```

② ブラウザでindex.htmlを開きます。ページの四隅の余白がなくなり、フッターの背景色は端まで塗りつぶされるようになりました。

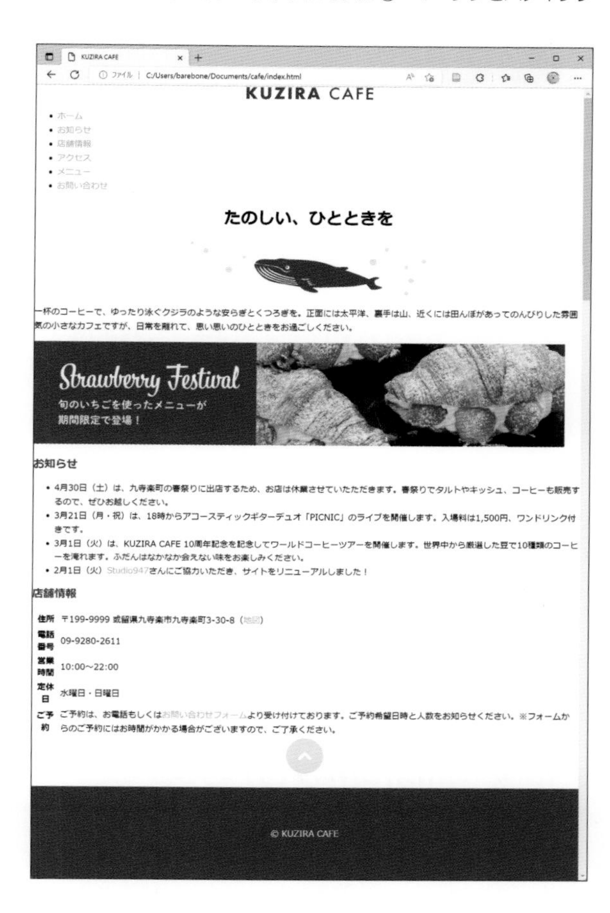

Code ● <body>タグの4辺のマージンを「0」にする

style.css

```
                              省略
 6 * {
 7   box-sizing: border-box;
 8 }
 9 body {
10   margin: 0 0 0 0;
11 }
12 p, li, td {
13   line-height: 1.7;
14 }
                              省略
```

デフォルトCSS

多くのタグには、CSSを書かなくても適用されるデフォルト（初期値）のスタイルが設定されています。たとえば<body>タグの場合、デフォルトではブラウザウィンドウの周囲に8pxのマージンが設定されています。テキストや画像がウィンドウの端にくっつかないようにするためなのですが、しっかりデザインを調整する場合、このマージンはかえって不都合です。そのため、たいていのWebサイトでは、今回の実習のように<body>タグの四隅のマージンをすべて「0」にしています。

<body>タグのほか、<h1>、<h2>などの見出しタグにはフォントサイズや上下のマージンにデフォルトのスタイルが設定されていますし、段落の<p>タグにも段落ごとにスペースが空くように上下にマージンが設定されています。

解説

4辺のマージンの大きさを1行で設定できるmarginプロパティ

ボックスのマージンやパディングを指定するとき、margin-topやmargin-rightなど似たようなプロパティをいくつも書くのは面倒ですね。この記述の手間を軽減し、4辺のマージンを1行で設定できるプロパティがあります。それが、今回の実習で使用した**margin**プロパティです。

marginプロパティの値は、「上マージン」「右マージン」「下マージン」「左マージン」の順に、上から時計回りに半角スペースで区切って指定します。もし設定する値が「0」のときは単位を省略できます（この実習ではpxを省略）。こうした複数の値を一括で指定できるプロパティのことを**ショートハンドプロパティ**といい、これを使えばCSSを書く量をだいぶ減らせます。

なお、パディングにも4辺のパディングを1行で設定できる**padding**プロパティが用意されています。書式はmarginプロパティと同じです。

Fig ● marginプロパティの書式。値の設定方法はpaddingプロパティも同じ

```
margin: 上マージン 右マージン 下マージン 左マージン;
```

ボックスモデル②
ボーダー

前節ではマージン、パディングを使って主にフッター部分のデザインを調整してきました。ボックスモデルのプロパティにはもうひとつ、ボーダーがあります。ボーダーを使って<h2>タグで作った「お知らせ」「店舗情報」の見出しに下線を引いてみましょう。

ここで使うのは　●margin　●border-bottom　●padding

1　2つの<h2>見出しを整形する

2つの<h2>見出し、「お知らせ」と「店舗情報」に下線を引きます。それと同時に、前後のコンテンツ、見出しテキスト、下線の間に適度なスペースを作るために、次の図のようにマージンやパディングも追加します。

Fig ● <h2>に設定するマージン、ボーダー、パディング

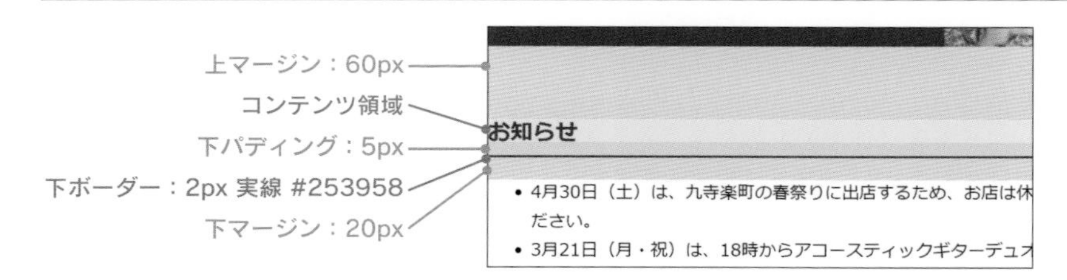

実習50　<h2>タグにマージン、ボーダー、パディングを設定する

① style.cssを編集します。セレクタが「main h2」になっているスタイルの{ ～ }内にプロパティを追加します❶。
作業が終わったらファイルを保存します。

```
index.html   # style.css ×
C: > Users > barebone > Documents > cafe > css > # style.css > main h2
37  /* すべてのページに適用 - ヒーロー */
38  .hero {
39      text-align: center;
40  }
41
42  /* すべてのページに適用 - メイン */
43  main h2 {
44      margin: 60px 0 20px 0;
45      border-bottom: 2px solid #253958;   ❶
46      padding: 0 0 5px 0;
47      color: #253958;
48      font-size: 1.3rem;
49  }
50
```

② ブラウザでindex.htmlを開きます。2つの見出しに下線が引かれ、前後のコンテンツとの間に余白ができました❷。

Code • <h2>タグにマージン、ボーダー、パディングを設定する

style.css

```
省略
42 /* すべてのページに適用 - メイン */
43 main h2 {
44   margin: 60px 0 20px 0;
45   border-bottom: 2px solid #253958;
46   padding: 0 0 5px 0;
47   color: #253958;
48   font-size: 1.3rem;
49 }
省略
```

解説

ボーダー関連のプロパティ

セレクタで選択した要素のボックスにボーダー（枠線）を付けるには、border関連のプロパティを使います。ボックスのボーダーは4辺に一括で付けることも、上下左右別々に付けることも可能です。今回は<h2>のボックスに下線だけを付けました。4辺に一括でボーダーを付ける**border**プロパティを例に、書式を確認しましょう。

Fig • borderプロパティの書式

```
border: 線の太さ 線の形状 線の色;
```

borderプロパティには「線の太さ」「線の形状」「線の色」を、半角スペースで区切って指定します。半角スペースで区切ってさえいれば、順番は書式のとおりでなくてもかまいません。

それぞれの値の設定方法も確認しておきましょう。「線の太さ」は、枠線の太さを「数値+単位」で指定します。単位にはpxを使うことがほとんどです。

「線の形状」には、ボーダーを実線にするのか、点線にするのかなどを設定します。もし実線にしたいときは値を「solid」に、点線にしたいときは「dotted」、少し長い点線なら「dashed」、まったく線を引かない場合には「none」にします。実習で記述したCSSの「solid」の部分を書き換えて、いろいろ試してみるとよいでしょう。なお、線を引かない「none」を指定した場合は、線の太さや線の色を省略できます*7。

「線の色」には、background-colorプロパティやcolorプロパティの値と同じく、「#」で始まる6ケタの16進数の値を指定します。

書式で紹介したborderプロパティはボックスの4辺に一括でボーダーを付けますが、次の表で紹介している各種プロパティを使えば、ボックスの上下左右別々にボーダーを付けることもできます。どのプロパティを使う場合も、値の指定方法はborderプロパティと同じです。

＊7 第10章「送信ボタンのスタイル」(p.270)

Table ● 5つのボーダー関連のプロパティ

プロパティ	書式例	適用される辺
border	border: 3px solid #00000;	
border-top	border-top: 3px solid #00000;	
border-right	border-right: 3px solid #00000;	
border-bottom	border-bottom: 3px solid #00000;	
border-left	border-left: 3px solid #00000;	

09 メインコンテンツを中央揃えに

現在のページは、ブラウザウィンドウのサイズに合わせて幅いっぱいに広がっています。あまり横に長くなると読みづらいので、メインコンテンツの部分の幅を決めて、ある程度以上は広がらないようにしてみましょう。またこのメインコンテンツの部分が常にブラウザウィンドウの左右中央に配置されるようにします。

ここで使うのは　● タイプセレクタ　● **margin**　● **max-width**

1　メインコンテンツに最大幅を設定して中央に配置する

ページのメインコンテンツが含まれる<main>タグにスタイルを設定します。ブラウザウィンドウがどんなに広くてもメインコンテンツは1000px以上には広がらないようにしつつ、ブラウザウィンドウが狭いときはその幅に合わせて伸縮するようにします。

実習 51　<main>～</main>の最大幅を設定して、ウィンドウの左右中央に配置する

① style.cssを編集して<main>タグに適用されるスタイルを追加し、最大幅を1000pxにします。コメント「/* すべてのページに適用 - メイン */」の次の行にスタイルを追加します❶。
作業が終わったらファイルを保存します。

```
41
42  /* すべてのページに適用 - メイン */
43  main {
44      max-width: 1000px;
45  }
46  main h2 {
47      margin: 60px 0 20px 0;
48      border-bottom: 2px solid #253958;
49      padding: 0 0 5px 0;
50      color: #253958;
51      font-size: 1.3rem;
52  }
53
54  /* すべてのページに適用 - フッター */
55  .gotop {
56      text-align: center;
57  }
58  .copyright {
59      margin-top: 20px;
60      margin-bottom: 0;
61      padding-top: 75px;
62      padding-bottom: 75px;
63      background-color: #253958;
64      color: #ffffff;
65      text-align: center;
66  }
67
68  /* 個別のスタイル */
69  /* index.html */
```

② 作業はもう少し続けますが、ここでいったん表示を確認しましょう。ブラウザでindex.htmlを開くと、<main> ～ </main>に含まれるコンテンツの幅が固定され、左に寄っているように見えます。

③ style.cssに戻ります。メインコンテンツをウィンドウの中央に配置するため、marginプロパティを追加します❷。
作業が終わったらファイルを保存します。

```
41
42  /* すべてのページに適用 - メイン */
43  main {
44      margin: 0 auto 0 auto;
45      max-width: 1000px;
46  }
47  main h2 {
48      margin: 60px 0 20px 0;
49      border-bottom: 2px solid #253958;
50      padding: 0 0 5px 0;
51      color: #253958;
52      font-size: 1.3rem;
53  }
54
```

④ もう一度ブラウザで確認します。メインコンテンツがウィンドウの左右中央に配置されるようになりました。

たのしい、ひとときを

Strawberry Festival
旬のいちごを使ったメニューが
期間限定で登場！

お知らせ

⑤ ここまででメインコンテンツの幅を固定して左右中央揃えにする作業はひとまず完了ですが、上下にもマージンを付けて見た目に余裕を持たせます。style.cssを編集し、先ほど追加したmarginプロパティのうち上マージン、下マージンの値を変更します❸。

```
41
42  /* すべてのページに適用 - メイン */
43  main {
44      margin: 90px auto 90px auto;
45      max-width: 1000px;
46  }
47  main h2 {
48      margin: 60px 0 20px 0;
49      border-bottom: 2px solid #253958;
50      padding: 0 0 5px 0;
51      color: #253958;
52      font-size: 1.3rem;
53  }
54
55  /* すべてのページに適用 - フッター */
56  .gotop {
57      text-align: center;
58  }
```

⑥ ブラウザで見てみると、メインコンテンツの上下に大きな余白ができるようになっています。

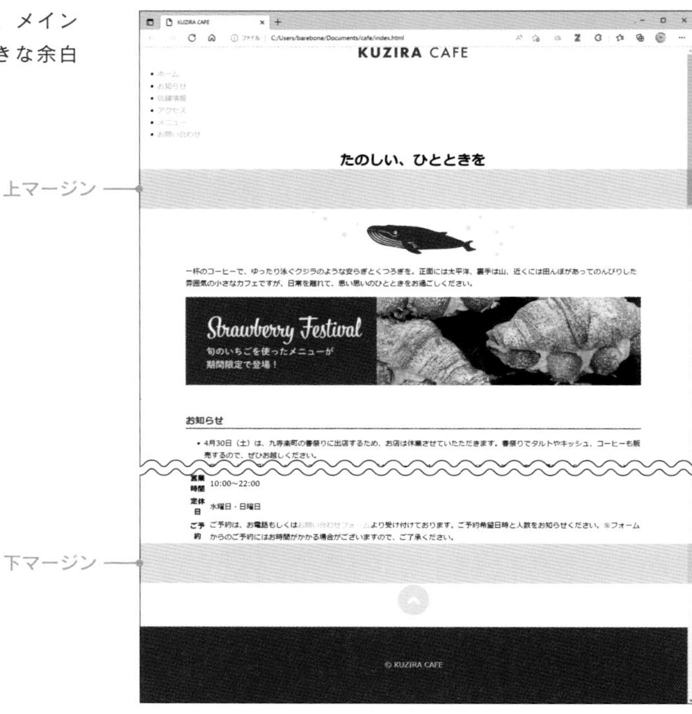

Code • <main> ~ </main>の最大幅を設定して、ウィンドウの左右中央に配置する　style.css

```
------------------------------ 省略 ------------------------------
42 /* すべてのページに適用 - メイン */
43 main {
44   margin: 90px auto 90px auto;
45   max-width: 1000px;
46 }
47 main h2 {
------------------------------ 省略 ------------------------------
```

解説

最大幅を設定して、ウィンドウ中央に配置する

今回の実習では、<main>タグに伸縮の最大幅を設定し、さらにウィンドウの左右中央に配置されるようなスタイルを適用しました。<main>タグはブロックボックスで表示されるので、親要素（<body>タグ）の幅に合わせて伸縮します。<body>タグもブロックボックスなので、

ブラウザのウィンドウサイズに合わせて伸縮します。結果的に、<main>タグはブラウザのウィンドウサイズに合わせて伸縮するのです＊8。

しかし、ページの幅が横に広くなりすぎると見づらいので、伸縮する最大幅を設定しました。ボックスの最大幅を設定できるのが、**max-width**プロパティです。値は「数値＋単位」で指定し、今回の実習では「1000px」としました。max-widthプロパティを使うことにより、ブラウザウィンドウの幅が1000pxより大きくても、<main>タグの幅は1000pxにとどまります。しかしブラウザウィンドウの幅が1000px以下だと、ブラウザウィンドウに合わせて<main>タグの幅も縮小するようになります。

また、<main>タグの右マージン、左マージンの値は「auto」にしました。左右の値をautoにしておくとマージンの大きさが均等になるため、ウィンドウ幅が1000pxより大きいときは、ページが常に中央に配置されるようになります。

＊8 index.htmlで<body>タグの直接の子要素には、<main>タグのほかに<header>、<h1>、<footer>があります。このどれもがブロックボックスで表示されるタグなので、ウィンドウサイズに合わせて伸縮します。

Fig ● 要素に最大幅を設定して左右のマージンをautoにすると、親要素に対して中央揃えになる

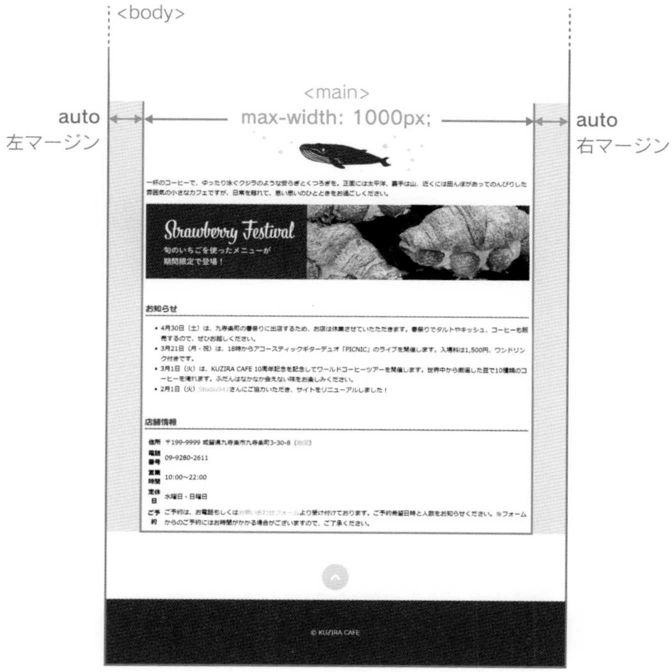

10 画像の伸縮

画像は自動的には伸縮してくれないので、適切なCSSを書いておかないと親要素のボックスからはみ出してしまいます。すべての<img>タグに適用されるスタイルを追加して、画像が親要素のサイズに合わせて伸縮するようにしましょう。

ここで使うのは ● タイプセレクタ ● max-width

1 画像を伸縮してぴったり収める

すべての<img>タグに適用されるスタイルを追加して、親要素のサイズに合わせて画像が伸縮するようにします。

実習52 すべての<img>を親要素の幅に合わせて伸縮するようにする

① style.cssを編集します。「/* すべてのページに適用される設定 */」のセクションの一番下、セレクタが「a:active」になっているスタイルの次の行に、すべての<img>タグに適用されるスタイルを追加します❶。
作業が終わったらファイルを保存します。

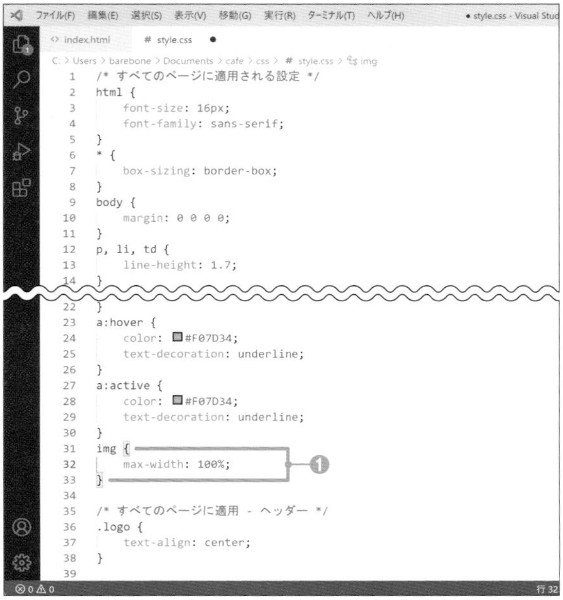

```
1  /* すべてのページに適用される設定 */
2  html {
3      font-size: 16px;
4      font-family: sans-serif;
5  }
6  * {
7      box-sizing: border-box;
8  }
9  body {
10     margin: 0 0 0 0;
11 }
12 p, li, td {
13     line-height: 1.7;
14 }
～～～
22 }
23 a:hover {
24     color: #F07D34;
25     text-decoration: underline;
26 }
27 a:active {
28     color: #F07D34;
29     text-decoration: underline;
30 }
31 img {
32     max-width: 100%;       ❶
33 }
34
35 /* すべてのページに適用 - ヘッダー */
36 .logo {
37     text-align: center;
38 }
39
```

② ブラウザでindex.htmlを開きます。ブラウザウィンドウを狭めるとバナー画像も縮小して、親要素<main>タグの幅に収まるようになります。

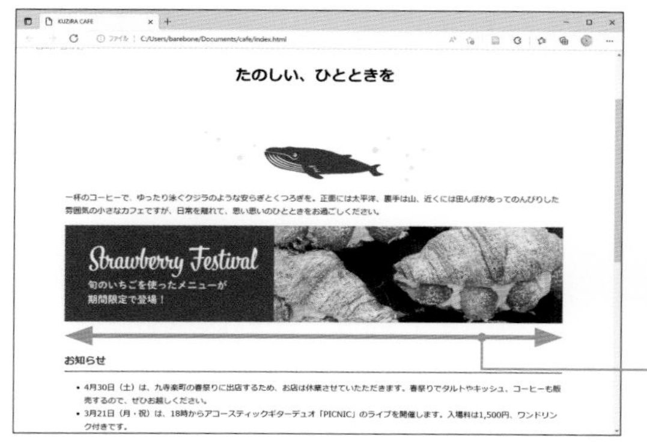

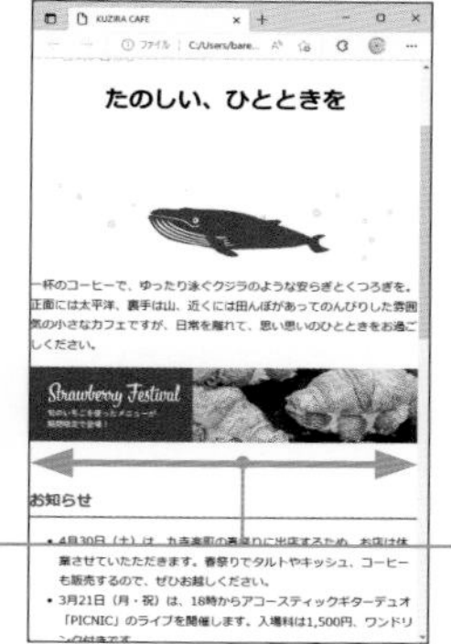

ウィンドウを狭めると画像が伸縮する

Code ● すべての<img>を親要素の幅に合わせて伸縮するようにする

style.css

```
省略
27 a:active {
28   color: #F07D34;
29   text-decoration: underline;
30 }
31 img {
32   max-width: 100%;
33 }
省略
```

解説

ボックスのサイズに合わせて伸縮する画像のスタイル

今回の実習で書いたCSSにより、すべての<img>タグに「max-width: 100%;」が適用されます。このスタイルが適用された<img>タグの画像は、その画像の親要素のボックスの幅（ここでは<main>～</main>）に合わせて伸縮するようになります。ただし、画像のもともとのサイズより拡大することはありません。

現在のWebデザインでは、スマートフォン、タブレット、パソコンと画面サイズが異なるさまざまな端末で見られるように、ページを伸縮できるように作ることがほとんどです。画像もそれに合わせて伸縮しないといけないので、今回のCSSは、今のWebサイト制作ではほぼお決まりのように書くスタイルになっています。

「どこか書き間違えた？」と思ったら

「どうしてちゃんと表示されないの？」HTMLやCSSを書いていると、どうしても打ち間違えることがあります。どこかで間違えてしまうと、場合によってはページが表示されなくなったり、思ったとおりにCSSが適用されず、レイアウトが崩れたりすることもあります。そんなときは「バリデーションサービス」を使ってみましょう。バリデーションサービスとは、ソースコードが正しく書かれているか、主に書き間違いや文法上の誤りを検証してくれるサービスです。

HTMLのバリデーションサービスは次のURLで公開されています。日本語化されていませんが、操作はそれほど難しくはありません。

The W3C Markup Validation Service

URL https://validator.w3.org/

Fig ● HTMLバリデーションサービス

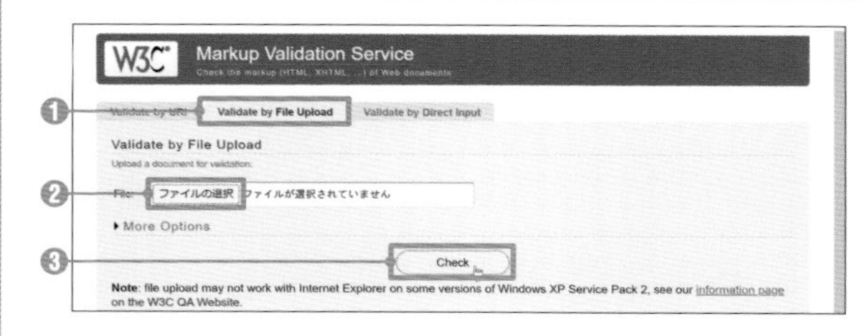

HTMLファイルを検証するには、[Validate by File Upload] タブをクリックして❶、ファイルを選択するボタンをクリックします❷。ファイル選択ダイアログが開くので、検証したいHTMLファイルを選んでから[Check]をクリックします❸。

CSSのバリデーションサービスもW3Cが提供しています。使い方はHTMLバリデーションサービスとほとんど同じです。[アップロード] タブをクリックし、ファイルを選んで [検証] をクリックします。こちらは日本語化されているのでよりわかりやすいでしょう。

W3C CSS 検証サービス

URL https://jigsaw.w3.org/css-validator/

Fig ● CSSバリデーションサービス

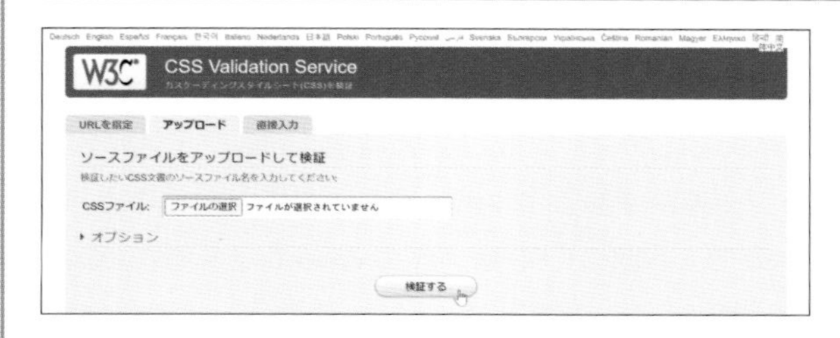

Chapter

8

スタイルの上書き、フレックスボックス、テーブルの整形

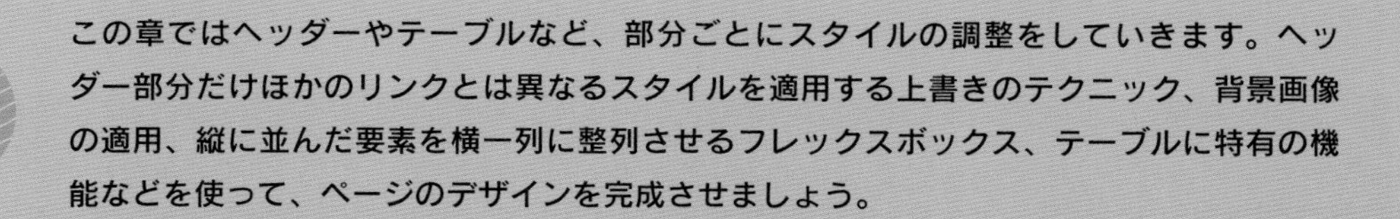

この章ではヘッダーやテーブルなど、部分ごとにスタイルの調整をしていきます。ヘッダー部分だけほかのリンクとは異なるスタイルを適用する上書きのテクニック、背景画像の適用、縦に並んだ要素を横一列に整列させるフレックスボックス、テーブルに特有の機能などを使って、ページのデザインを完成させましょう。

01 スタイルの上書き

CSSでは一度設定したスタイルを別のスタイルで上書きすることができます。実習中のサイトではすべての<a>タグのリンクテキスト色などをすでに設定していますが、ここでCSSの上書きルールを利用して、ナビゲーションの各リンクにだけ別のスタイルを割り当てましょう。

ここで使うのは ● class属性 ● classセレクタ ● 子孫セレクタ ● color ● text-decoration

1 スタイルを上書きする

<a>タグに適用したスタイルを部分的に上書きして、ナビゲーションの部分だけ変更します。テキスト色を紺色にして、マウスポインタがホバーしたりクリックしたりしても下線が表示されないようにします。まずHTMLを編集してナビゲーションの<nav>タグにclass属性を追加してから、style.cssにスタイルを追加しましょう。

実習 53 ナビゲーションのリンク色、下線の設定を変更する

① index.htmlを編集します。新しいスタイルを適用するために、<nav>タグにclass属性を追加し、クラス名を「"nav"」にします❶。タグ名とクラス名が同じですが、それでかまいません。
作業が終わったらファイルを保存します。

```
1  <!DOCTYPE html>
2  <html>
3  <head>
4      <meta charset="UTF-8">
5      <title>KUZIRA CAFE</title>
6      <link rel="stylesheet" href="css/style.css">
7  </head>
8  <body id="top">
9      <!-- ヘッダー -->
10     <header>
11         <div class="logo">
12             <a href="index.html"><img src="images/logo.svg" alt="KUZI
13         </div>
14         <nav class="nav">
15             <ul>
16                 <li><a href="index.html">ホーム</a></li>
17                 <li><a href="index.html#news">お知らせ</a></li>
18                 <li><a href="index.html#shop">店舗情報</a></li>
19                 <li><a href="access.html">アクセス</a></li>
20                 <li><a href="menu.html">メニュー</a></li>
21                 <li><a href="contact.html">お問い合わせ</a></li>
22             </ul>
23         </nav>
24     </header>
25     <!-- ヘッダーここまで -->
26     <h1 class="hero">たのしい、ひとときを</h1>
```

2 次にstyle.cssを編集します。コメント「/* すべてのページに適用 - ヘッダー */」の下にセレクタが「.logo」になっているスタイルがあります。このスタイルの次の行に、ナビゲーションのリンクに適用されるCSSを追加します❷。作業が終わったらファイルを保存します。

```
34
35  /* すべてのページに適用 - ヘッダー */
36  .logo {
37      text-align: center;
38  }
39  .nav a:link {
40      color: #253958;
41  }
42  .nav a:visited {
43      color: #253958;
44  }
45  .nav a:hover {
46      text-decoration: none;
47  }
48  .nav a:active {
49      text-decoration: none;
50  }
51
52  /* すべてのページに適用 - ヒーロー */
```

3 ブラウザでindex.htmlを開きます。ナビゲーションの5つのリンクのテキスト色が変わっています。また、マウスポインタをホバーしてもクリックしても、下線が表示されなくなっています。

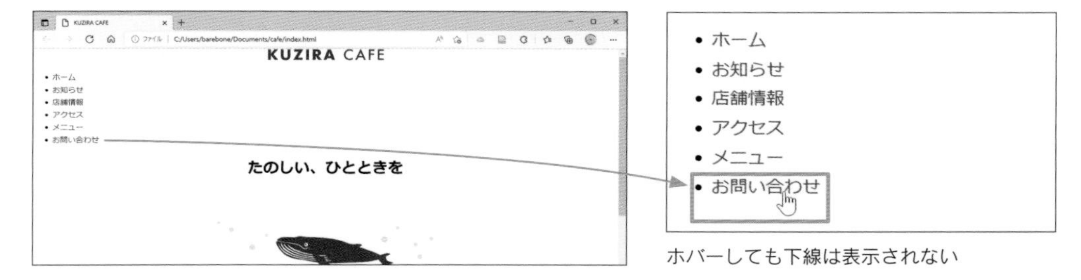

ホバーしても下線は表示されない

Code ● ナビゲーションのリンク色、下線の設定を変更する　　index.html

```
省略
 9   <!-- ヘッダー -->
10   <header>
11     <div class="logo">
12       <a href="index.html"><img src="images/logo.svg" alt="KUZIRA
CAFE"></a>
13     </div>
14     <nav class="nav">
省略
```

Code ● ナビゲーションのリンク色、下線の設定を変更する　　style.css

```
省略
35 /* すべてのページに適用 - ヘッダー */
36 .logo {
37   text-align: center;
38 }
39 .nav a:link {
40   color: #253958;
41 }
42 .nav a:visited {
```

```
43   color: #253958;
44 }
45 .nav a:hover {
46   text-decoration: none;
47 }
48 .nav a:active {
49   text-decoration: none;
50 }
```
省略

解説

スタイルの上書き

CSSは、同じ要素に適用されるスタイルが複数あるときに、優先順位の高いものが低いものを上書きするようになっています。優先順位はセレクタの書き方によって決まり、選択される要素が絞られれば絞られるほど高くなります。

今回の実習を例に考えてみましょう。まず、今回の実習よりも前に、<a>タグにはすでにスタイルを適用しています。そのスタイルのセレクタは「a:link」や「a:hover」などで、これは「すべての<a>タグ」を選択しています。

一方、今回の実習で追加したセレクタは「.nav a:link」などとなっています。これは「<nav class="nav">の子孫要素の<a>タグ」を選択しています。これら2つのセレクタはどちらも<a>タグを選択していることには違いありませんが、今回記述したセレクタのほうが選択する要素をより絞り込んでいるため優先順位が高くなり、スタイルを上書きできるのです。

Fig ● 選択できる要素が絞り込まれたセレクタのスタイルが、そうでないセレクタのスタイルを上書きできる

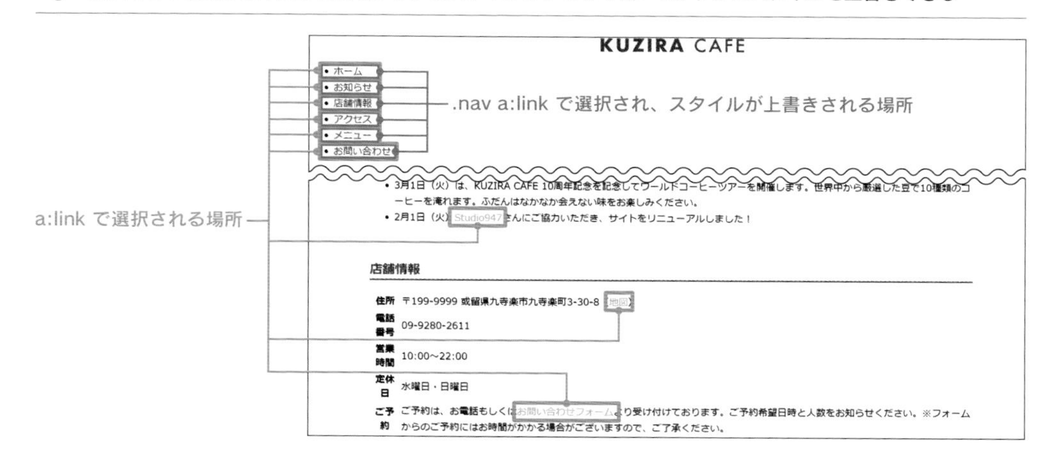

繰り返す背景画像

ページに表示されるほぼすべての要素、言い換えれば<body> ~ </body>の中に書けるタグのほとんどに背景画像を設定することができます。ここではヘッダー上部にストライプの細い塗りを表示するために、背景画像に関係する２つの最も基本的な機能である、使用する画像の指定と繰り返しの設定をしてみましょう。

ここで使うのは ● background-image ● background-repeat ● padding-top

1 ヘッダーに背景画像を適用する

ヘッダー（<header> ～ </header>）に背景画像を設定して、ページの一番上に横に伸びるストライプ（縞模様）の塗りを作りましょう。背景画像には「images」フォルダにある「stripe.png」を使用しますが、この画像は42px × 10pxと非常に小さいため、横方向に繰り返し表示する設定にします。

Fig ● 背景画像に使用するstripe.png

実習 54 繰り返す背景画像を<header>タグに設定する

① index.htmlを編集します。CSSからタグを選択するために、<header>タグにclass属性を追加します❶。クラス名は「"header"」です。
作業が終わったらファイルを保存します。

```
1  <!DOCTYPE html>
2  <html>
3  <head>
4      <meta charset="UTF-8">
5      <title>KUZIRA CAFE</title>
6      <link rel="stylesheet" href="css/style.css">
7  </head>
8  <body id="top">
9      <!-- ヘッダー -->
10     <header class="header">
11         <div class="logo">
12             <a href="index.html"><img src="images/logo.svg" alt="KUZI
13         </div>
14         <nav class="nav">
```

② 次にstyle.cssを編集します。コメント「/* すべてのページに適用 - ヘッダー */」の次の行に、<header class="header">に適用されるCSSを追加します❷。
作業が終わったらファイルを保存します。

③ ブラウザでindex.htmlを開きます。ページの最上部にストライプの背景画像が表示されています❸。

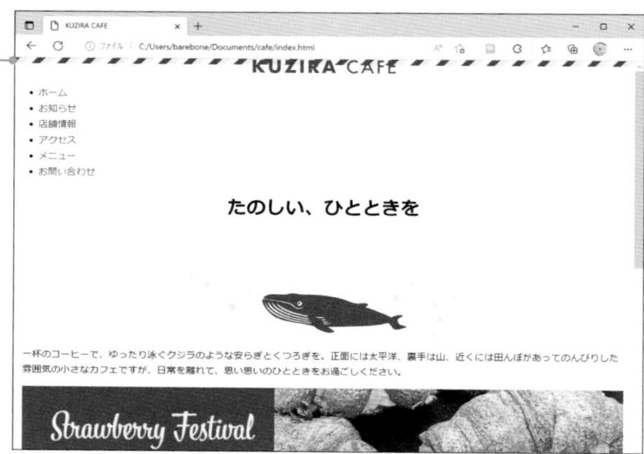

④ いまの状態では背景のストライプとロゴが重なってしまっているため、<header class="header">のパディングを調整してロゴの位置を下にずらします。style.cssを編集して、「.header」の{ ～ }内に、スタイルを1行追加します❹。
作業が終わったらファイルを保存します。

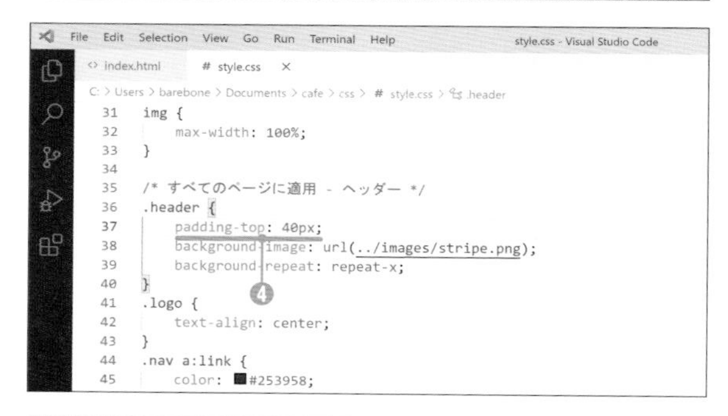

⑤ もう一度ブラウザで表示を確認します。ロゴの位置が下がってストライプと重ならなくなりました❺。

Code ● 繰り返す背景画像を<header>タグに設定する

index.html

```
------------------------------ 省略 ------------------------------
 9    <!-- ヘッダー -->
10    <header class="header">
------------------------------ 省略 ------------------------------
```

Code ● 繰り返す背景画像を<header>タグに設定する

style.css

```
------------------------------ 省略 ------------------------------
35 /* すべてのページに適用 - ヘッダー */
36 .header {
37   padding-top: 40px;
38   background-image: url(../images/stripe.png);
39   background-repeat: repeat-x;
40 }
------------------------------ 省略 ------------------------------
```

解説

背景画像を指定するbackground-imageプロパティ

ボックスの背景に画像を表示したいときは、**background-image**プロパティで使用する画像を指定します。値にはまずurl()と書き、カッコ内には画像のURLやパスを「"」で囲まずに指定します。

Fig ● background-imageプロパティの書式

```
background-image: url(画像のパス);
```

相対パスで指定するときは、CSSファイル(style.css)を起点としたパスを記述します。HTMLファイル(index.html)を起点としたパスでないことに注意が必要です。今回使用したstripe.pngであれば、style.cssを起点として「1階層上(../)」の「imagesフォルダ(images/)」の「stripe.png」、と指定することになります。

背景画像は、ボーダー領域の内側を、ボックスの左上から縦にも横にも繰り返し表示されます。ただし、繰り返しの設定は次に解説するbackground-repeatプロパティで変更することができます。

解説

背景画像の繰り返し方法を設定する background-repeatプロパティ

背景画像の繰り返しの設定は、**background-repeat**プロパティで変更できます。次の表のとおり、このプロパティに設定できる主な値は4つあります。実習で作成したCSSの値を変えて試してみるとよいでしょう。

Table ● background-repeatプロパティに設定できる主な値

background-repeatの値	効果	表示結果の例
background-repeat: repeat;	縦横に繰り返す	
background-repeat: repeat-x;	横方向に繰り返す	
background-repeat: repeat-y;	縦方向に繰り返す	
background-repeat: no-repeat;	繰り返さない	

最後に、実習の背景画像の表示を確認しておきましょう。背景画像はボーダー領域の内側にボックスの左上から表示されます。background-repeatプロパティを使って横方向にだけ繰り返す設定にしたので、塗りつぶされるのは<header class="header">のボックスの上のほうだけです。また40pxの上パディングを設定したことで、ストライプの背景画像とロゴが重ならないようになっています。

Fig ● <header class="header">のボックスと上パディング

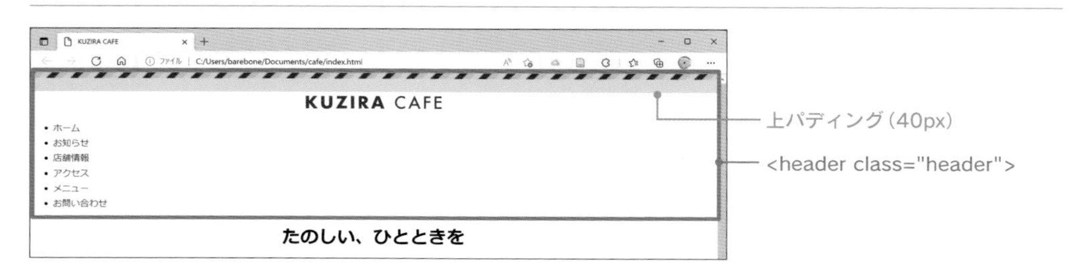

デフォルトCSSの調整 ～リストの「・」をなくす

本節と次節で、ヘッダーのナビゲーションのデザインを整えます。ナビゲーションに使用している<ul>タグ、<li>タグにはデフォルトCSSが適用されていて、マージンやパディング、それからリスト先頭に表示されるマーク（・）が設定されています。これらのCSSを調整してナビゲーション作成の準備を整えましょう。

ここで使うのは
- classセレクタ
- 子孫セレクタ
- margin
- padding
- list-style-type

1 リスト項目の「・」をなくす

ヘッダーのナビゲーション作成で必要な作業は大きく分けて2つあります。番号なしリストのデフォルトCSS[*1]を編集して調整することと、ナビゲーション項目を横に並べることです。今回の作業では<ul>タグのデフォルトCSSを調整して、ナビゲーションのリスト項目の先頭に表示される「・」を消します。また、マージン、パディングも調整します。パディングの設定のときに、値を省略する書き方も試してみましょう。

＊1 第7章「デフォルトCSS」(p.168)

Fig ● <ul>タグの「・」を消して、デフォルトCSSで適用されているマージンやパディングも調整する

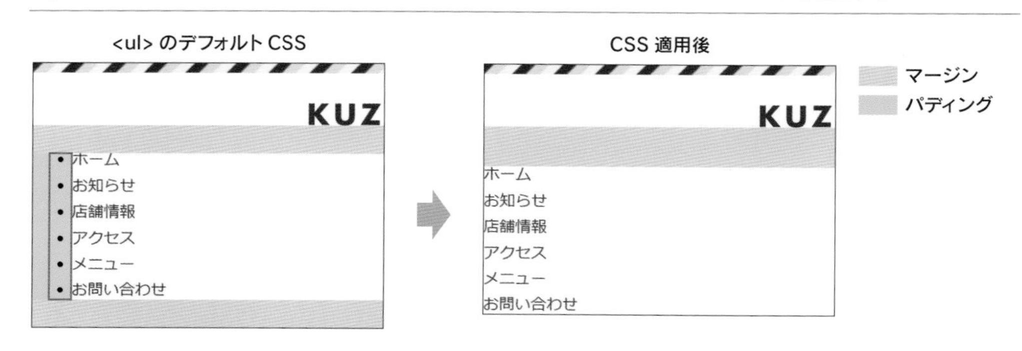

実習 55 <ul>タグのスタイルを編集して「・」をなくし、マージン、パディングも調整する

1 CSSの編集作業を始める前にindex.htmlのソースコードを確認しておきましょう。ナビゲーションの部分は<nav class="nav"> ～ </nav>で囲まれていて、中に番号なしリストの<ul>、<li>が含まれています。<ul>、<li>にはクラス名は付いていません❶。このHTMLから考えて、クラス名と子孫セレクタを利用して要素を選択します。

```
 8  <body id="top">
 9      <!-- ヘッダー -->
10      <header class="header">
11          <div class="logo">
12              <a href="index.html"><img src="images/logo.svg" alt="KUZIRA CAFE"></a>
13          </div>
14          <nav class="nav">
15              <ul>
16                  <li><a href="index.html">ホーム</a></li>
17                  <li><a href="index.html#news">お知らせ</a></li>
18                  <li><a href="index.html#shop">店舗情報</a></li>
19                  <li><a href="access.html">アクセス</a></li>
20                  <li><a href="menu.html">メニュー</a></li>
21                  <li><a href="contact.html">お問い合わせ</a></li>
22              </ul>
23          </nav>
24      </header>
25      <!-- ヘッダーここまで -->
26      <h1 class="hero">たのしい、ひとときを</h1>
27      <!-- メイン -->
28      <main>
29          <div class="logo-whale"><img src="images/logo-whale.svg" alt=""></div>
```

2 style.cssを編集します。コメント「/* すべてのページに適用 - ヘッダー */」の下で、セレクタが「.logo」になっているCSSの次の行に、新たなCSSを追加します❷。
作業が終わったらファイルを保存します。

```
34
35  /* すべてのページに適用 - ヘッダー */
36  .header {
37      padding-top: 40px;
38      background-image: url(../images/stripe.png);
39      background-repeat: repeat-x;
40  }
41  .logo {
42      text-align: center;
43  }
44  .nav ul {
45      margin: 30px 0 0 0;
46      padding: 0;
47      list-style-type: none;
48  }
49  .nav a:link {
50      color: #253958;
51  }
52  .nav a:visited {
53      color: #253958;
```

3 ブラウザでindex.htmlを開きます。ナビゲーションの項目から「・」が消え、ページの左端にぴったりくっついています❸。ロゴとナビゲーションの間のスペースも広がっています❹。

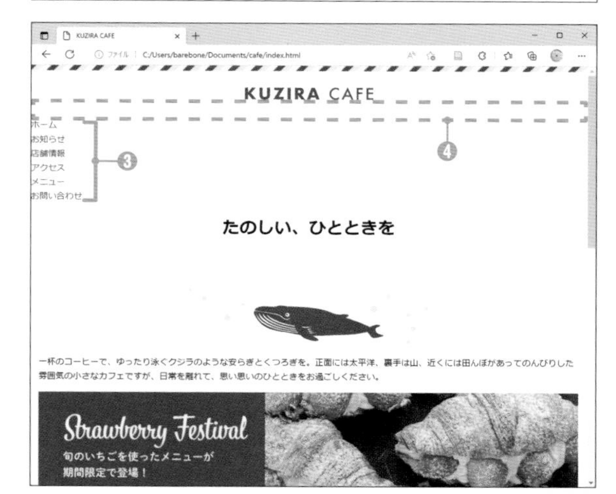

Code ● <ul>タグのスタイルを編集して「・」をなくし、マージン、パディングも調整する　style.css

```
省略
41 .logo {
42   text-align: center;
43 }
44 .nav ul {
45   margin: 30px 0 0 0;
46   padding: 0;
47   list-style-type: none;
48 }
省略
```

解説

箇条書きの「・」を変更するlist-style-typeプロパティ

list-style-typeプロパティを使うと、リスト項目の先頭に付くマーク（・）を別のものに変えることができます。値を「none」にすれば何も表示されなくなります。好きな文字をマークにすることもできて、そのときは文字をダブルクォート（"）で囲んで指定します。

Fig ● 好きな文字を箇条書きのマークにする例（「extra」フォルダの中の「list-style-type.html」）

```
list-style-type: "→";
```

上記スタイルを適用するとマークが「→」に変わる

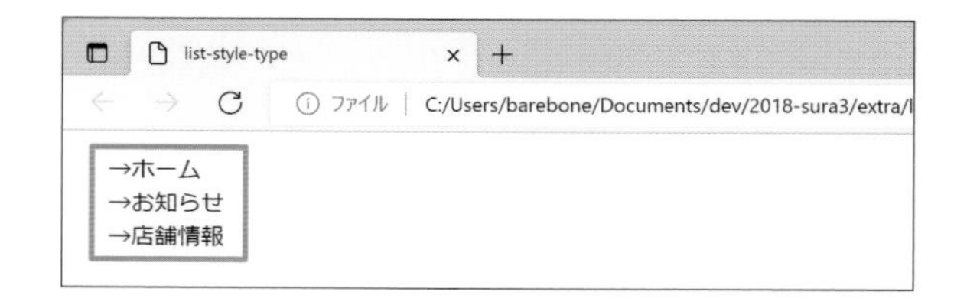

解説

marginプロパティ、paddingプロパティの値は省略できる

4辺のマージンを一括で設定できるmarginプロパティには値を4つ指定することになっていますが＊2、その4つの値を一部省略することもできます。

marginプロパティに値を1つだけ指定すると、4辺のマージンがその値に設定されます。

値を2つ設定すると、1番目の値は上下マージンに、2番目は左右マージンに設定されます。値を3つ設定すると、1番目の値は上マージン、2番目が左右マージン、3番目が下マージンに設定されます。このうち特に、値を1つにするケース（4辺のマージンを同じにする）と、2つにするケース（上下、左右のマージンを同じにする）は非常によく使われるので覚えておきましょう。なお、paddingプロパティでも同じように値を省略できます。

＊2 第7章「4辺のマージンの大きさを1行で設定できるmarginプロパティ」(p.168)

Fig ● marginプロパティの値の省略。paddingプロパティも同様に省略できる

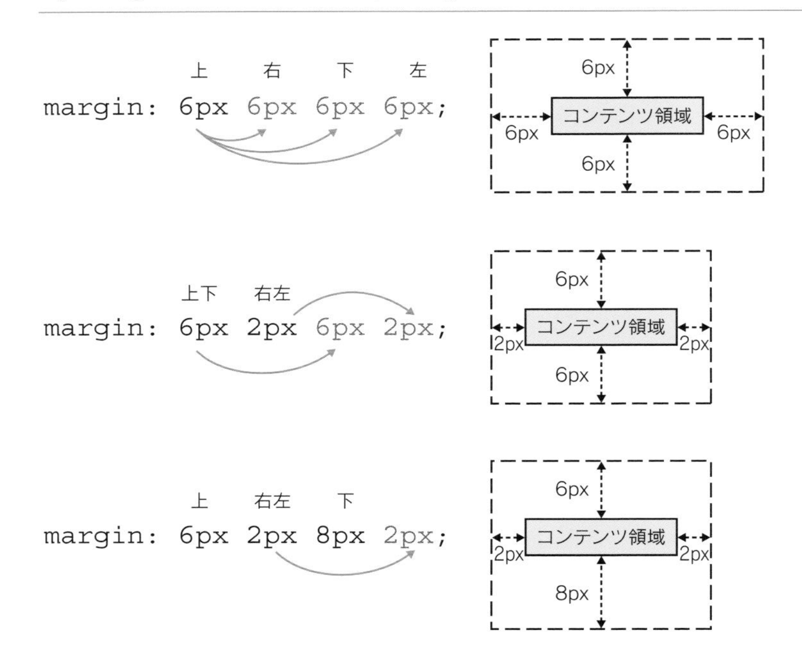

ナビゲーションを横に並べる

箇条書きで書かれているナビゲーションの項目は通常は縦に並びますが、これを横一列に配置します。CSSのフレックスボックスという機能を使います。

ここで使うのは ● **display** ● **justify-content** ● **gap**

1 ナビゲーション項目を横に並べる

今回の作業では**フレックスボックス**という機能を使います。フレックスボックスは簡単にいえば、複数の要素を横一列に並べる機能です。まずは、縦に並んでいる<li>タグのテキストを横一列に並べます。

実習 56 <li>タグのテキストを横一列に並べる

① style.cssを編集します。コメント「/* すべてのページに適用 - ヘッダー */」の下で、セレクタが「.nav ul」になっているCSSの{ ～ }内にスタイルを1行追加します❶。作例ではフレックスボックスを使っていることがわかりやすいようにわざと1行空けましたが、空けても空けなくても問題なく動作します。
作業が終わったらファイルを保存します。

```
File  Edit  Selection  View  Go  Run  Terminal  Help      ● style.css - Visual Studio Code
index.html   # style.css ●
C: > Users > barebone > Documents > cafe > css > # style.css > .nav ul
34
35  /* すべてのページに適用 - ヘッダー */
36  .header {
37      padding-top: 40px;
38      background-image: url(../images/stripe.png);
39      background-repeat: repeat-x;
40  }
41  .logo {
42      text-align: center;
43  }
44  .nav ul {
45      margin: 30px 0 0 0;
46      padding: 0;
47      list-style-type: none;
48
49      display: flex;   ❶
50  }
51  .nav a:link {
52      color: #253958;
53  }
54  .nav a:visited {
55      color: #253958;
56  }
57  .nav a:hover {
58      text-decoration: none;
59  }
60  .nav a:active {
61      text-decoration: none;
62  }
63
64  /* すべてのページに適用 - ヒーロー */
```

② index.htmlをブラウザで見てみると、リスト項目のテキストが横一列に並んでいます❷。

Code ● <li>タグのテキストを横一列に並べる　style.css

```
省略
44 .nav ul {
45   margin: 30px 0 0 0;
46   padding: 0;
47   list-style-type: none;
48 
49   display: flex;
50 }
省略
```

解説

フレックスボックス

フレックスボックスとは、兄弟要素で作られる複数のボックスの並べ方や配置を操作できるCSSの機能です。非常に多機能でいろいろな用途に使えるのですが、最も基本的な使い方はボックスを横一列に並べることです。今回実習したHTMLとCSSのソースコードを確認しましょう。

Fig ● HTMLとCSSの関係

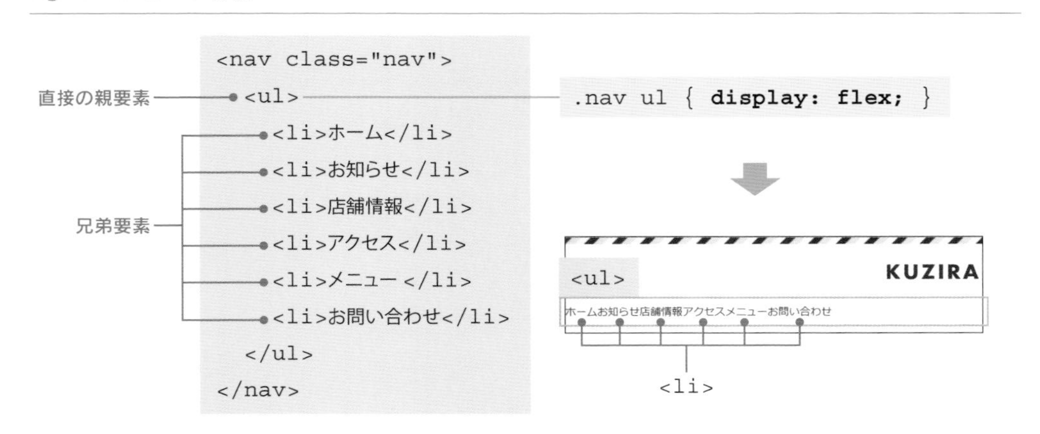

フレックスボックスを使うときは、横一列に並べたい兄弟要素に共通する、直接の親要素のスタイルに次のCSSを追加します。

Fig ● フレックスボックスを使用する

```
display: flex;
```

これだけで、兄弟要素は横一列に並びます。フレックスボックスを使うときのポイントは、横に並べたい要素が兄弟要素であること、それらの兄弟要素が共通の親要素を持っていて、その親要素に「display: flex;」を適用すること、この2点だけです。今回の実習では<ul>タグと<li>タグで作られたHTMLにフレックスボックスを適用し、<li>タグのボックスを横一列に並べましたが、2点のポイントさえ守っていればタグの種類は何でもかまいません。

2 ナビゲーション項目をページの中央に配置する

フレックスボックスを使って<li>タグのテキストを横に並べましたが、ページの左端に寄ってしまっています。これではかっこ悪いので、ページの中央に配置しましょう。フレックスボックスで横一列に並んだ要素の行揃えを変更するには、**justfiy-content**プロパティを使います。

実習 57 フレックスボックスの項目を中央揃えにする

① style.cssを編集します。先ほど書いた「display: flex;」の次の行にCSSを追加します❶。
作業が終わったらファイルを保存します。

```
41  .logo {
42      text-align: center;
43  }
44  .nav ul {
45      margin: 30px 0 0 0;
46      padding: 0;
47      list-style-type: none;
48
49      display: flex;
50      justify-content: center;
51  }
52  .nav a:link {
53      color: #253958;
54  }
```

❶

② ブラウザでindex.htmlを見てみます。ナビゲーションがページの左右中央に配置されるようになりました❷。

Code ● フレックスボックスの項目を中央揃えにする

style.css

```
----------------------------- 省略 -----------------------------
44 .nav ul {
45   margin: 30px 0 0 0;
46   padding: 0;
47   list-style-type: none;
48
49   display: flex;
50   justify-content: center;
51 }
----------------------------- 省略 -----------------------------
```

解説

justify-contentプロパティ

justify-contentは、フレックスボックスで並んだ要素の配置を設定するプロパティです。実習でも使用しましたが、値を「center」にすると、フレックスボックスで並んだ要素（実習では<li>）が親要素（実習では<ul>）のボックスの中央に配置されます。フレックスボックスの親要素、つまり「display: flex;」を適用したのと同じ要素のスタイルに書く必要があります。

中央以外の配置もできます。左に配置したいときはjustify-contentプロパティの値を「left」に、右に配置したいときは「right」にします。興味がある方は実習で追加したjustify-contentプロパティの値を変えて試してみるとよいでしょう。

3 項目間にスペースを空ける

<li>タグのテキストを横一列に並べて、ページの中央に配置して、と、少しずつナビゲーションらしくなってきました。しかし、項目が隙間なく並んでいるのはよくありませんね。スペースを空けて、ナビゲーションを完成させましょう。

実習 58 フレックスボックスの項目間に40pxのスペースを空ける

① style.cssを編集します。先ほど書いた「justify-content: center;」の次の行にCSSを追加します❶。
作業が終わったらファイルを保存します。

```
41  .logo {
42      text-align: center;
43  }
44  .nav ul {
45      margin: 30px 0 0 0;
46      padding: 0;
47      list-style-type: none;
48
49      display: flex;
50      justify-content: center;
51      gap: 40px;
52  }
53  .nav a:link {
54      color: #253958;
55  }
```

② ブラウザでindex.htmlを見てみます。ナビゲーションの各項目の間にスペースができています❷。

Code ● フレックスボックスの項目間に40pxのスペースを空ける　style.css

```
省略
49    display: flex;
50    justify-content: center;
51    gap: 40px;
52  }
省略
```

解説

gapプロパティ

フレックスボックスで横一列に並んだボックスは隙間なく配置されます。隙間なく並んだボックスとボックスの間にスペースを作るには、フレックスボックスの親要素のスタイルにgapプロパティを追加します。値には空けたいスペースの大きさを指定します。

Fig ● gapプロパティを設定すると、ボックスとボックスの間に指定した大きさのスペースが空く

05 繰り返さない背景画像

ページの目立つところに載せる大きな画像を「ヒーロー画像」といいます。今回の実習でヒーロー画像を載せましょう。「たのしい、ひとときを」と書かれた部分に背景画像を表示するようにします。

ここで使うのは ● class属性 ● classセレクタ ● background-image ● background-repeat ● margin ● padding

1 大きな背景画像を表示する

ヒーロー画像の表示はいくつかのステップに分けて作業します。今回は、<h1>タグを使用している「たのしい、ひとときを」と書かれた部分に背景画像を適用すること、それから、画像を大きく表示するために、フッターに背景色を塗ったときと同じような方法で*3、上下にパディングを付けてボックス自体の面積を大きくすること、この2つの作業をします。この<h1>タグにはすでにクラス名「hero」が付いていますが、効率的にCSSを適用するためにもう1つクラスを追加します。

index.htmlのヒーロー画像に使用する画像は「images」フォルダにある「home-hero.jpg」です。この画像はページの横幅いっぱいに表示できるように、とても大きなサイズになっています。

＊3 第7章「背景色の設定」(p.157)

Fig ● 背景に使用するhome-hero.jpg

実習 59 <h1>タグに背景画像を大きく表示する

① index.htmlを編集します。<h1>タグにはすでにclass属性があり「hero」というクラス名がついていますが、ここにもう1つクラス名「index」を追加します❶。クラス名とクラス名の間は半角スペースで区切ります。
作業が終わったらファイルを保存します。

```
10    <header class="header">
11        <div class="logo">
12            <a href="index.html"><img src="images/logo.svg" alt="KUZIRA CAFE"></a>
13        </div>
14        <nav class="nav">
15            <ul>
16                <li><a href="index.html">ホーム</a></li>
17                <li><a href="index.html#news">お知らせ</a></li>
18                <li><a href="index.html#shop">店舗情報</a></li>
19                <li><a href="access.html">アクセス</a></li>
20                <li><a href="menu.html">メニュー</a></li>
21                <li><a href="contact.html">お問い合わせ</a></li>
22            </ul>
23        </nav>
24    </header>
25    <!-- ヘッダーここまで -->
26    <h1 class="hero index">たのしい、ひとときを</h1>
27    <!-- メイン -->
28    <main>
29        <div class="logo-whale"><img src="images/logo-whale.svg" alt=""></div>
30        <p>一杯のコーヒーで、ゆったり泳ぐクジラのような安らぎとくつろぎを。正面には太平洋
```

② 次にstyle.cssを編集します。コメント「/* すべてのページに適用 - ヒーロー */」の下で、セレクタが「.hero」になっているスタイルの次の行にCSSを追加して❷、背景画像を指定します。
作業が終わったらファイルを保存します。

```
65
66  /* すべてのページに適用 - ヒーロー */
67  .hero {
68      text-align: center;
69  }
70  .hero.index {
71      background-image: url(../images/home-hero.jpg);
72  }
73
74  /* すべてのページに適用 - メイン */
75  main {
76      margin: 90px auto 90px auto;
77      max-width: 1000px;
78  }
79  main h2 {
80      margin: 60px 0 20px 0;
```

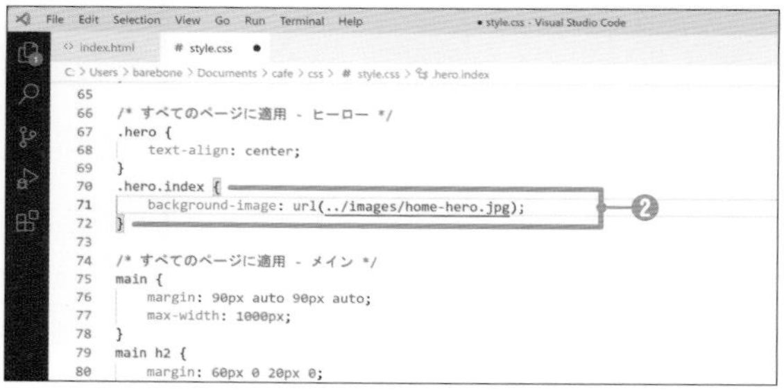

③ ブラウザでindex.htmlを開きます。<h1>タグのテキスト「たのしい、ひとときを」の背景に画像が表示されています❸。

④ 作業を続けます。style.cssに戻り、先ほど書いたCSSに、上下に287pxのパディングを設定するスタイルを追加します❹。

```
60      text-decoration: none;
61  }
62  .nav a:active {
63      text-decoration: none;
64  }
65
66  /* すべてのページに適用 - ヒーロー */
67  .hero {
68      text-align: center;
69  }
70  .hero.index {
71      padding: 287px 0;
72      background-image: url(../images/home-hero.jpg);
73  }
74
75  /* すべてのページに適用 - メイン */
```

⑤ 背景画像は初期状態では縦にも横にも繰り返すので、繰り返さないように変更します。セレクタが「.hero」のほうにスタイルを追加します❹。作業が終わったらファイルを保存します。

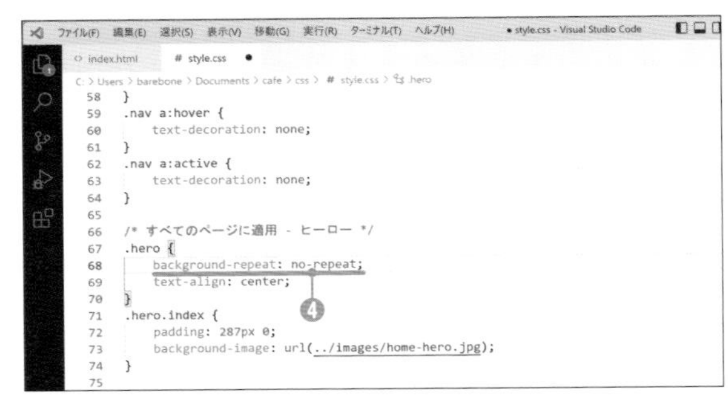

⑥ もう一度ブラウザでindex.htmlを開きます。画像が大きくて一部しか見えていないようですが、たしかに表示される面積は広がりました。またブラウザウィンドウを広げてみても、画像は繰り返しません。

Code ● <h1>タグに背景画像を大きく表示する　index.html

```
------------------------------ 省略 ------------------------------
26   <h1 class="hero index">たのしい、ひとときを</h1>
------------------------------ 省略 ------------------------------
```

Code ● <h1>タグに背景画像を大きく表示する　style.css

```
------------------------------ 省略 ------------------------------
66 /* すべてのページに適用 - ヒーロー */
67 .hero {
68   background-repeat: no-repeat;
69   text-align: center;
70 }
71 .hero.index {
72   padding: 287px 0;
73   background-image: url(../images/home-hero.jpg);
74 }
------------------------------ 省略 ------------------------------
```

上下パディングの設定はほかの書き方もできる

セレクタ「.hero.index」に追加した上下パディングの設定に、作業例ではpaddingプロパティの省略形を使用しました[*4]。このスタイルは別の書き方もできます。これまでに学習したことを思い出すために、ほかの書き方にもチャレンジしてみましょう。

＊4　第8章「marginプロパティ、paddingプロパティの値は省略できる」(p.189)

解説

2つのクラスが付いた要素を選択する方法

今回の実習では、すでに「hero」クラスが付いていた<h1>タグに、新たに「index」クラスを追加しました。

Fig ● 1つのタグに複数のクラス名を割り当てる例。クラス名は半角スペースで区切る

```
<h1 class="hero index">...</h1>
```

1つのタグに2つ以上のクラスを指定しておくと、CSSからタグを選択するときに、クラスを組み合わせた複数のセレクタが使えるようになります。たとえば今回の<h1>タグは、次のようなセレクタで選択できます。

- **.hero —— クラス名が「hero」のタグ**
- **.index —— クラス名が「index」のタグ**
- **.hero.index —— クラス名が「hero」かつ「index」でもあるタグ**

Fig ● 1つのタグに複数のクラスを指定しておくと、複数のclassセレクタで選択できるようになる

```
<h1 class="hero index">...</h1>  ←  .hero { ... }
                                 ←  .index { ... }
                                 ←  .hero.index { ... }
```

「クラス名が『hero』かつ『index』でもある」タグを選択するときは、2つの「.クラス名」を、半角スペースを空けずに記述します。

Fig ● 「hero」クラスが付いていて、かつ「index」クラスも付いているタグを選択する

```
.hero.index {
```

それではなぜ、今回CSSを書くときに、「.hero」と「.hero.index」と、2つに分けてスタイルを記述したのでしょう？　それは、index.html以外の、ほかのページにもヒーロー画像を表示する予定だからです。ヒーロー画像の表示のためにいくつかのCSSプロパティで設定をしますが、そのプロパティの中には、全ページで共通するもの（繰り返しの設定など）と、各ページに固有のもの（表示する背景画像のファイルなど）があるからです。それらのプロパティを効率よく適用するためにセレクタを使い分けています。詳しくは第9章「各ページにヒーロー画像を表示する」（p.219）で取り上げます。

Column

ちょっと休憩、いままでの作業をまとめよう

第7章、第8章と、ここまでたくさんCSSを書いてきました。ここらで少し手を休めて、いままでの作業を振り返ってみましょう。

第7章ではページ全体に関係するスタイルの調整をしました。その中身は大きく分けて3つ、1つ目はフォントの表示調整、2つ目はボックスモデルを使用したスペースの調整や背景色の設定、そして3つ目がウィンドウサイズに合わせてボックスや画像を伸縮する設定です。

第8章に入ってからはページを部分ごとに分けて、より細かい調整をしています。ここまでにヘッダーを仕上げて、いまはヒーロー画像の表示に取り組んでいます。ヘッダーでは繰り返す背景画像を表示した後、フレックスボックスを使ってナビゲーションを横一列に並べました。ヒーロー画像では、画像を大きく表示させる作業まで終了しています。

ここから第8章も後半戦に突入です。ヒーロー画像をきれいに表示する作業を進めた後、最後にテーブルのスタイルを調整します。それでindex.htmlは完成です！　Webデザインは1ページ目を作るのが大変で、2ページ目以降は共通部品が増えるのでだんだん楽になります。ヤマ場の第8章を乗り越えましょう。

背景画像の表示方法を調整

背景画像は表示の方法を細かく設定できます。今回の実習では、背景画像「home-hero.jpg」をボックスの中央に配置されるようにします。また、画像がとても大きいので、ボックスのサイズに合わせて伸縮するように設定して、ヒーロー画像の表示を整えましょう。

ここで使うのは ● background-position ● background-size

1 背景画像をボックスの中央に配置する

背景画像は、初期値ではボックスの左上と画像の左上が揃うように配置されます。実習中のindex.htmlでいえば、<h1>タグのボックス[*5]の左上から大きなサイズの画像が表示されているのですが、すべて入りきらずに一部しか見えていません。この背景画像の配置方法を変更し、ボックスの中央に、画像の中央が来るようにします。

＊5 ボックスは、コンテンツ領域、パディング領域、ボーダー領域を合わせた領域だということを思い出してください。現在作業中の<h1>には上下に大きなパディングが設定されていて、結果的に大きなボックスになっています。

実習 60 background-positionプロパティを追加する

① style.cssを編集します。「/* すべてのページに適用 - ヒーロー */」の下で、セレクタが「.hero」になっているCSSに、背景画像の配置方法を変更するスタイルを追加します。
作業が終わったらファイルを保存します。

```
ファイル(F) 編集(E) 選択(S) 表示(V) 移動(G) 実行(R) ターミナル(T) ヘルプ(H)    ● style.css - Visual Studio
index.html   # style.css ●
C: > Users > barebone > Documents > cafe > css > # style.css > .hero
58  }
59  .nav a:hover {
60      text-decoration: none;
61  }
62  .nav a:active {
63      text-decoration: none;
64  }
65
66  /* すべてのページに適用 - ヒーロー */
67  .hero {
68      background-repeat: no-repeat;
69      background-position: center;   ❶
70      text-align: center;
71  }
72  .hero.index {
73      padding: 287px 0;
74      background-image: url(../images/home-hero.jpg);
75  }
76
77  /* すべてのページに適用 - メイン */
78  main {
```

② ブラウザでindex.htmlを開きます。背景画像の中央部分が見えるようになりました。

Code ● background-positionプロパティを追加する　style.css

```
------------------------------ 省略 ------------------------------
66 /* すべてのページに適用 - ヒーロー */
67 .hero {
68   background-repeat: no-repeat;
69   background-position: center;
70   text-align: center;
71 }
------------------------------ 省略 ------------------------------
```

解説

背景画像の配置場所を調整する background-positionプロパティ

背景画像は、CSSで操作しない初期値のままだと、次の図のようにボックスの左上を基点に配置されます。ボックスに収まらない部分は表示されません。

Fig ● 背景画像配置のイメージ。初期値では背景画像はボックスの左上を基点として配置される

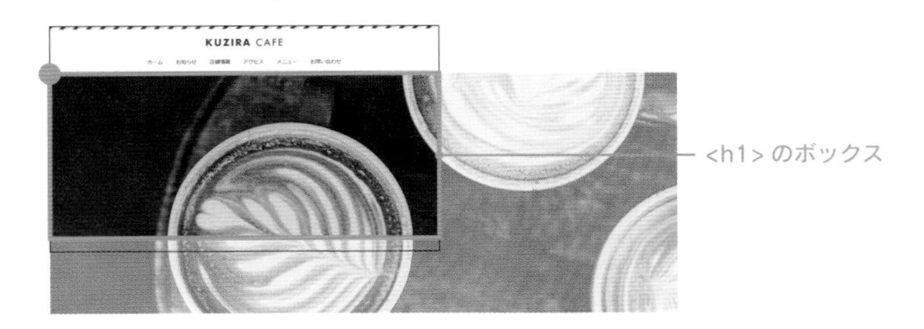

背景画像の配置の基点を左上ではない場所にしたいときは、**background-position** プロパティを使います。このプロパティに設定できる値にはいくつかのバリエーションがあるのですが、まずは「left」「right」「center」の３つを知っていれば十分です。これらの値のうち「left」を指定すると背景画像の左・上下中央が、ボックスの左・上下中央に重なるように配置されます。次の「right」は背景画像の右・上下中央が、ボックスの右・上下中央に重なるように配置されます。

そして、実習でも使った「center」は、背景画像の中心がボックスの中心に重なるように配置されます。今回のヒーロー画像のように、大きな面積に、繰り返さない背景画像を表示したいときによく使います。

Fig ● background-positionの値がleft、right、centerのときの配置

background-position: **left;**

background-position: **right;**

background-position: **center;**

2 ボックスに合わせて伸縮する背景画像

いまのところ、<h1>のボックスに対して背景画像のサイズが大きいため、全部入りきっていませんね。そこで、ボックスに合わせて背景画像を伸縮して、ちょうどよい大きさで表示できるようにします。また、使用しているのが暗めの画像なので、上に乗っかっているテキストが見づらくなっています。テキスト色を白にして、ヒーロー画像を完成させましょう。

実習 61 background-sizeプロパティを追加する

① style.cssを編集します。「/* すべてのページに適用 - ヒーロー */」の下で、セレクタが「.hero」のCSSに、ボックスに収まるように背景画像を伸縮するスタイルと、テキスト色を白にするスタイルの2つを追加します❶。
作業が終わったらファイルを保存します。

```
58  }
59  .nav a:hover {
60      text-decoration: none;
61  }
62  .nav a:active {
63      text-decoration: none;
64  }
65
66  /* すべてのページに適用 - ヒーロー */
67  .hero {
68      background-repeat: no-repeat;
69      background-position: center;
70      background-size: cover;
71      color: #FFFFFF;
72      text-align: center;
73  }
74  .hero.index {
75      padding: 287px 0;
76      background-image: url(../images/home-hero.jpg);
77  }
78
79  /* すべてのページに適用 - メイン */
80  main {
81      margin: 90px auto 90px auto;
82      max-width: 1000px;
83  }
```

❶

② ブラウザでindex.htmlを開きます。背景画像が縮小して、中心部分がしっかり見えるようになりました。また、テキスト色も白になっています。

Code ● background-sizeプロパティを追加する

style.css

```
                              省略
66 /* すべてのページに適用 - ヒーロー */
67 .hero {
68   background-repeat: no-repeat;
69   background-position: center;
70   background-size: cover;
71   color: #FFFFFF;
72   text-align: center;
73 }
                              省略
```

解説

ボックスに合わせて伸縮させる background-sizeプロパティ

背景画像が伸縮するとき、画像がゆがんでしまうのを防ぐために、もともとの縦横比は維持されます。ここでもし、表示領域のボックス（実習では<h1>）の縦横比と画像の縦横比が異なる場合、次の2つの条件のうちどちらかを諦めなければいけません。

- **画像全体を表示する（ボックス全体は塗りつぶせないかもしれない）**
- **ボックス全体を塗りつぶす（画像の一部が表示されないかもしれない）**

background-sizeは、背景画像を伸縮するとき、どちらを優先するかを決めるプロパティです。もし画像全体を表示したいなら値を「contain」に、ボックス全体を塗りつぶしたいなら「cover」にします。

Fig ● containとcoverの違い

background-size: contain;

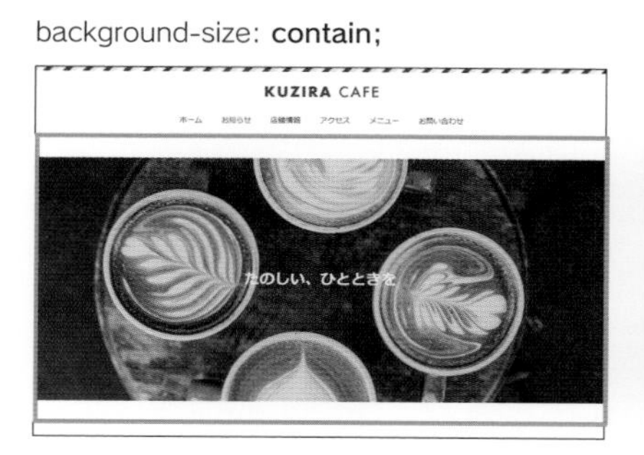

background-size: cover;

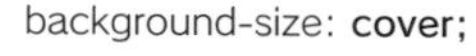

テーブルの整形

index.htmlもだいぶできてきました。残るは「店舗情報」のテーブルのデザインのみ。すっきりと見やすいテーブルにするために、罫線を引いて、狭すぎる見出しセルの幅を広げます。

ここで使うのは ●class属性 ●複数のクラス ●border ●padding ●width ●text-align ●vertical-align ●border-collapse

1 テーブルの大まかなスタイルを調整する

「店舗情報」のテーブルに罫線を引き、各セルの周囲にパディングを設けてスペースを作り、ゆとりを持たせます。

実習 62 テーブルに罫線を引く

① CSSを適用するためにHTMLタグにclass属性を追加します。index.htmlを開き、<table>開始タグにclass属性を追加し、クラス名を「"shop-info"」にします❶。
作業が終わったらファイルを保存します。

```
42
43        <div id="shop">
44            <h2>店舗情報</h2>
45            <table class="shop-info">   ❶
46                <tr>
47                    <th>住所</th>
48                    <td>〒199-9999 或留県九寺楽市九寺楽町3-30-8 (<a hre
                      </a>) </td>
49                </tr>
50                <tr>
51                    <th>電話番号</th>
52                    <td>09-9280-2611</td>
53                </tr>
54                <tr>
55                    <th>営業時間</th>
56                    <td>10:00～22:00</td>
```

② 次にstyle.cssを編集します。ソースコードの一番下に、セレクタが「.logo-whale」になっているCSSがあります。その次の行から、テーブルの罫線とパディングを設定するスタイルを追加します❷。
作業が終わったらファイルを保存します。

```
101     background-color: #253958;
102     color: #FFFFFF;
103     text-align: center;
104 }
105
106 /* 個別のスタイル */
107 /* index.html */
108 .logo-whale {
109     text-align: center;
110 }
111 .shop-info th, .shop-info td {   ❷
112     border: 1px solid #DBDBDB;
113     padding: 20px;
114 }
```

③ ブラウザでindex.htmlを開きます。テーブルに罫線が引かれましたが、二重になってしまっています❸。次の作業でこれを解消します。

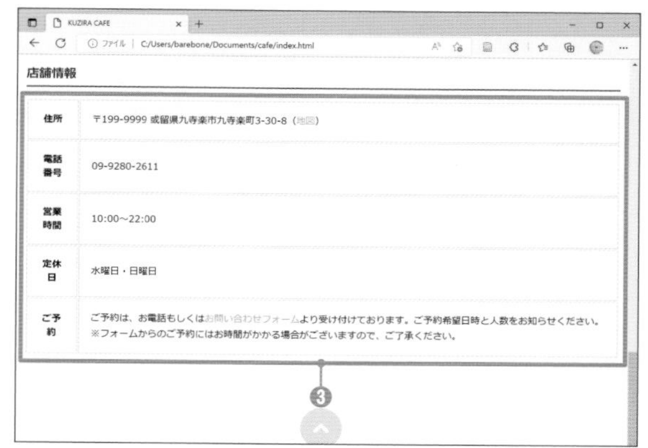

④ style.cssに戻り、<table>タグに適用されるCSSを追加します❹。作業が終わったらファイルを保存します。

```
105
106  /* 個別のスタイル */
107  /* index.html */
108  .logo-whale {
109      text-align: center;
110  }
111  .shop-info {
112      border-collapse: collapse;
113  }
114  .shop-info th, .shop-info td {
115      border: 1px solid #DBDBDB;
116      padding: 20px;
117  }
```

❹

⑤ もう一度ブラウザで確認します。今度は罫線が一本になりました❺。

Code ● テーブルに罫線を引く index.html

```
---------------- 省略 ----------------
43    <div id="shop">
44      <h2>店舗情報</h2>
45      <table class="shop-info">
---------------- 省略 ----------------
```

Code ● テーブルに罫線を引く

style.css

```
                              省略
106 /* 個別のスタイル */
107 /* index.html */
108 .logo-whale {
109   text-align: center;
110 }
111 .shop-info {
112   border-collapse: collapse;
113 }
114 .shop-info th, .shop-info td {
115   border: 1px solid #DBDBDB;
116   padding: 20px;
117 }
```

解説

テーブルの基本的なスタイル

テーブルの縦横に罫線を引くには、<th>タグと<td>タグの両方に**border**プロパティを適用します。また、そのままではセルのコンテンツと罫線との間にスペースが空かないので、<th>や<td>にはpaddingプロパティも設定したほうがよいでしょう。なお、テーブルセルにはマージンに相当する領域がないので、marginプロパティは適用されません。

Fig ● テーブルセルのボックスモデル(border-collapse:collapse;が適用されている場合)

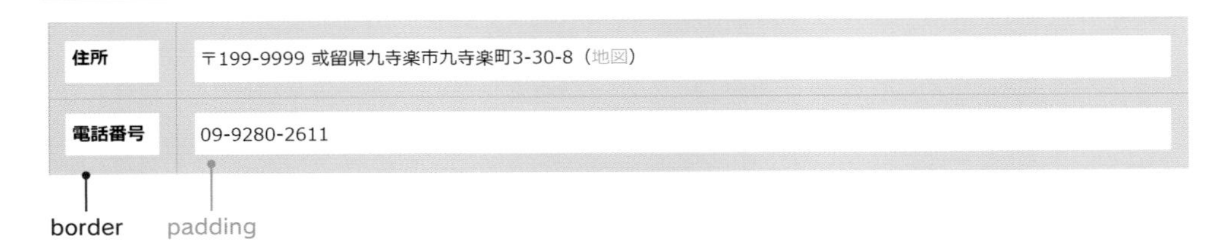

border-collapseプロパティ

実習の途中でも表示を確認しましたが、通常のテーブルではセルごとにボーダーが引かれるため罫線が二重になってしまいます。この二重の罫線を解消するには、<table>タグに適用されるスタイルにborder-collapseプロパティを追加して、その値を「collapse」にします。そうすれば隣り合うセルのボーダーが1本にまとまります。

2 見出しセルのスタイルを調整する

テーブル各セルの横幅は、<th>タグや<td>タグに含まれるコンテンツの量に応じて自動調整されます。しかし、今回のテーブルでは<td>〜</td>に含まれるテキストの量が多いため、<th>タグの幅が狭くなり、テキストが改行してしまっています。そこで、<th>タグの幅を設定して広げ、改行を防ぎましょう。また、<th>タグのテキストの行揃えも変更して、左揃え、かつ上端揃えにします。この実習でテーブルのスタイル調整は終わりです。そして、index.htmlのデザインもすべて完了します。

実習 63 見出しセルの幅と行揃えを設定する

① style.cssを編集します。ソースコードの一番下、セレクタが「.shop-info th, .shop-info td」になっているCSSの次の行から、<th>タグに適用されるCSSを追加します❶。
作業が終わったらファイルを保存します。

```
105
106 /* 個別のスタイル */
107 /* index.html */
108 .logo-whale {
109     text-align: center;
110 }
111 .shop-info {
112     border-collapse: collapse;
113 }
114 .shop-info th, .shop-info td {
115     border: 1px solid #DBDBDB;
116     padding: 20px;
117 }
118 .shop-info th {
119     width: 112px;
120     text-align: left;
121     vertical-align: top;
122 }
```

❶

② ブラウザで表示を確認します。見出しセルの幅が広がり、テキストが改行されなくなりました。またテキストが左揃え、上端揃えになっています❷。

Code • 見出しセルの幅と行揃えを設定する　style.css

```
省略
106 /* 個別のスタイル */
107 /* index.html */
省略
114 .shop-info th, .shop-info td {
115   border: 1px solid #DBDBDB;
116   padding: 20px;
117 }
118 .shop-info th {
119   width: 112px;
120   text-align: left;
121   vertical-align: top;
122 }
```

解説

テーブルセルに含まれるテキストの行揃え

<th>～</th>タグに含まれるコンテンツは、デフォルトCSSのままだと上下左右に中央揃えで表示されます。<th>や<td>の行揃えを変更したいときは、左右の行揃えには**text-align**プロパティ、上下の行揃えには**vertical-align**プロパティを使用します。このうちvertical-alignは主にテーブルセルに使用する、コンテンツの上下の行揃えを設定するプロパティです。設定できる値には次の3種類があります。

- **vertical-align:** top —— **上端揃え**
- **vertical-align:** middle —— **上下中央揃え**
- **vertical-align:** bottom —— **下端揃え**

Chapter

9

2ページ目以降のHTMLとグリッドレイアウト

完成したindex.htmlをベースにして、2ページ目以降を効率的に作成しましょう。HTMLはファイルを複製してから、1ページ目と共通する部分のソースコードを残してあとは削除し、それからページごとに独自のコンテンツを作っていきます。CSSはstyle.cssをそのまま使います。メニューページではグリッドレイアウトという比較的新しい機能を使い、たくさんの写真をきれいに並べて魅力的なデザインを完成させます。この章ではHTMLもCSSも編集します。

01 ホームページ以外のファイルを作成

Webサイトの各ページにはヘッダーやフッターなど共通する部分も多く、１ページ作ってしまえば使い回せるところがたくさんあります。完成したindex.htmlを複製して、使い回せるところをうまく残しながらほかの３ページを作成していきましょう。

1 index.htmlを複製して２ページ目以降のHTMLファイルを作成する

index.htmlを複製して「アクセス」ページ（access.html）を作成します。ヘッダー、フッター、そのほか共通して使える部分のHTMLソースは残し、そうでない部分は削除します。次に、共通部分だけを残したaccess.htmlをさらに複製して「メニュー」ページ（menu.html）を作成し、さらにメニューページから「お問い合わせ」ページ（contact.html）を作成します。こうして、３ページ分のHTMLファイルを用意します。複製するのはHTMLファイルだけです。CSSが書かれたstyle.cssは、すべてのHTMLファイルで共用します。

ここまで手順どおりに進めてきた場合は、「cafe」フォルダに、第５章「サイト内リンクと相対パス」でリンクの動作確認用に作成したファイルが残っているはずです。そこで、本格的な作業に取りかかる前に、「cafe」フォルダから不要なファイルを削除します。

実習 64 不要なファイルを削除した後、index.htmlからaccess.htmlを作る Windows

① 「cafe」フォルダを開き、Ctrl キーを押しながらaccess.html、contact.html、menu.htmlをクリックして選択して❶、Delete キーを押します。これでファイルが削除されます。

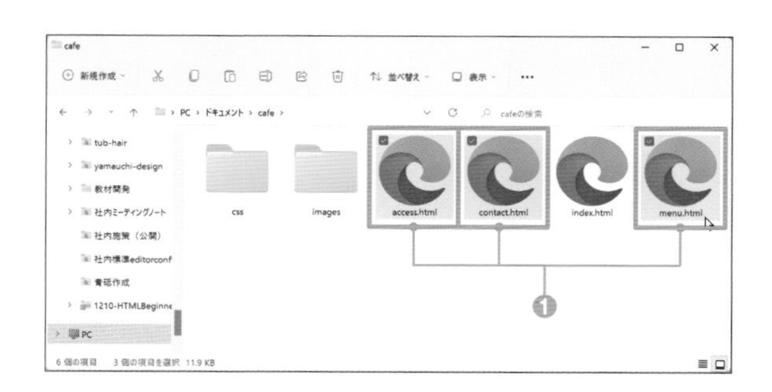

② ファイルが削除できたら作業を進めます。VSCodeでindex.htmlを開きます。続けて［ファイル］メニュー─［名前を付けて保存］をクリックします❷。

③ 「名前を付けて保存」ダイアログで「cafe」フォルダが選ばれていることを確認します❸。「ファイル名」に「access.html」と入力し❹、［保存］をクリックします❺。
ここまで終わったら次の実習「access.html を編集する」の作業に進みます。

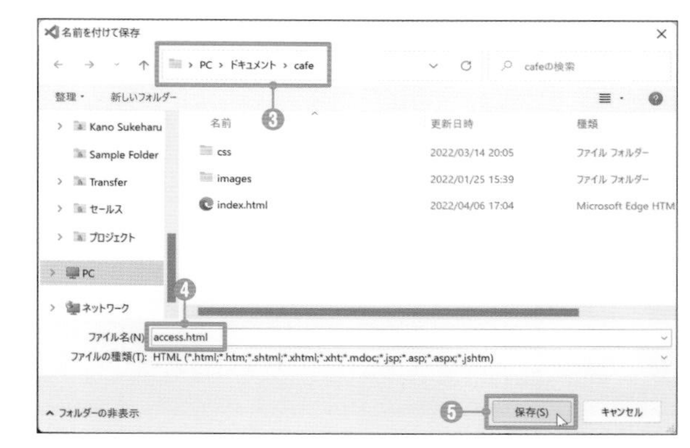

実習 64 不要なファイルを削除した後、index.htmlからaccess.htmlを作る Mac

① 「cafe」フォルダを開き、⌘（command）キーを押しながらaccess.html、contact.html、menu.htmlをクリックして選択します❶。その後⌘（command）キーを押しながら⌫（delete）キーを押すとファイルがゴミ箱に移動します。

② ファイルが削除できたら作業を進めます。VSCodeでindex.htmlを開きます。続けて［ファイル］メニュー―［名前を付けて保存］をクリックします❷。

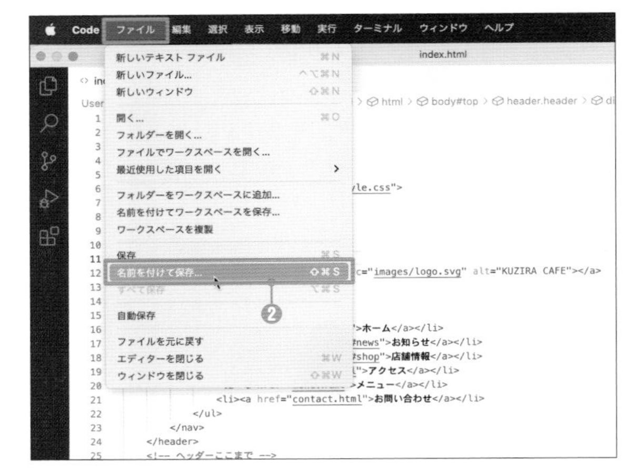

③ ダイアログで「cafe」フォルダが選ばれていることを確認します❸。「名前」に「access.html」と入力し❹、［保存］をクリックします❺。
ここまで終わったら次の実習「access.htmlを編集する」の作業に進みます。

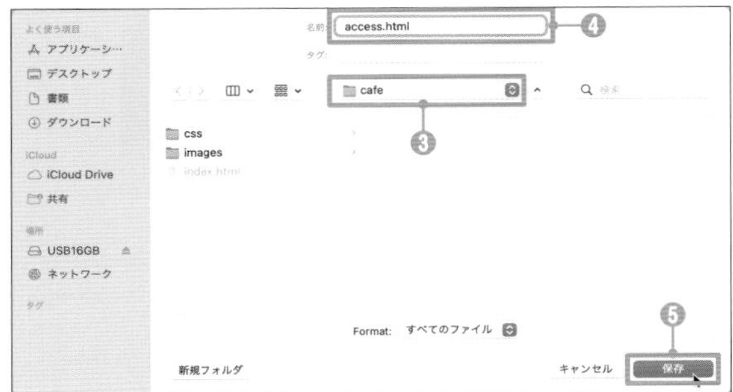

実習 65 access.htmlを編集する

① 編集中のファイルが「access.html」であることを確認します❶。<main>～</main>の中にあるタグやテキストを、ドラッグしてすべて選択します❷。

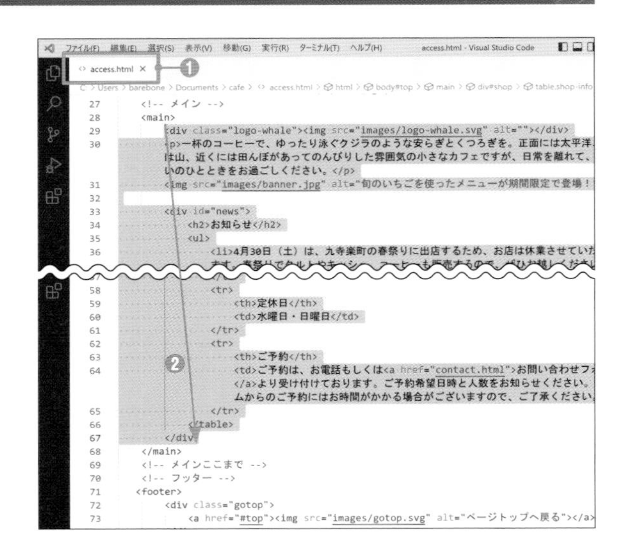

② Windowsなら Delete キー、Macなら ⌫ (delete) キーを押して選択した部分を削除します。念のため、<main>開始タグと</main>終了タグが残っていて、その間にあったものはすべて消えていることを確認します❸。

```
ファイル(F) 編集(E) 選択(S) 表示(V) 移動(G) 実行(R) ターミナル(T) ヘルプ(H)   ● access.html - Visual Studio Code
access.html ●
C: > Users > barebone > Documents > cafe > access.html > html > body#top > main
11            <div class="logo">
12                <a href="index.html"><img src="images/logo.svg" alt="KUZIRA CAFE"></a>
13            </div>
14            <nav class="nav">
15                <ul>
16                    <li><a href="index.html">ホーム</a></li>
17                    <li><a href="index.html#news">お知らせ</a></li>
18                    <li><a href="index.html#shop">店舗情報</a></li>
19                    <li><a href="access.html">アクセス</a></li>
20                    <li><a href="menu.html">メニュー</a></li>
21                    <li><a href="contact.html">お問い合わせ</a></li>
22                </ul>
23            </nav>
24        </header>
25        <!-- ヘッダーここまで -->
26        <h1 class="hero index">たのしい、ひとときを</h1>
27        <!-- メイン -->
28        <main>
29
30        </main>
31        <!-- メインここまで -->
32        <!-- フッター -->
33        <footer>
34            <div class="gotop">
35                <a href="#top"><img src="images/gotop.svg" alt="ページトップへ戻る"></a>
```
❸

③ <title>～</title>のテキストを「アクセス | KUZIRA CAFE」に変更します❹。
縦線（|）を入力するには、一般的な日本語キーボードでは Shift キー（⇧キー）を押しながら ¥ キーを押します。¥ キーはWindowsなら Back space キーの左隣、Macなら ⌫ (delete) キーの左隣にあります❺。

```
ファイル(F) 編集(E) 選択(S) 表示(V) 移動(G) 実行(R) ターミナル(T) ヘルプ(H)   ● access.html - Visual Studio Code
access.html ●
C: > Users > barebone > Documents > cafe > access.html > html > head > title
1  <!DOCTYPE html>
2  <html>
3  <head>
4      <meta charset="UTF-8">
5      <title>アクセス | KUZIRA CAFE</title>
6      <link rel="stylesheet" href="css/style.css">
7  </head>
8  <body id="top">
```
❹

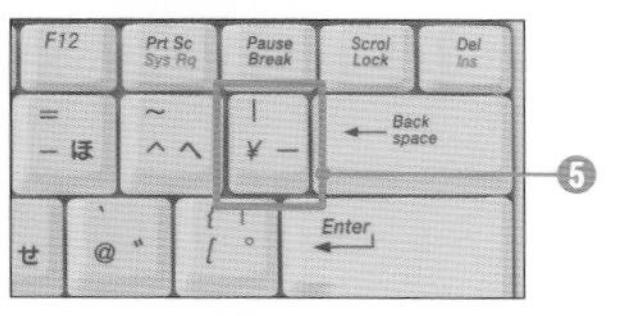

④ ヒーロー画像が表示される<h1>タグも編集します。クラス名を「"hero access"」に変更し、テキストを「アクセス」にします❻。クラス名を入力するときは半角になっているかを確かめましょう。
ここまで作業が終わったらファイルを保存します。

```
ファイル(F) 編集(E) 選択(S) 表示(V) 移動(G) 実行(R) ターミナル(T) ヘルプ(H)   ● access.html - Visual Studio Code
access.html ●
C: > Users > barebone > Documents > cafe > access.html > html > body#top > h1.hero.access
8   <body id="top">
9       <!-- ヘッダー -->
10      <header class="header">
11          <div class="logo">
12              <a href="index.html"><img src="images/logo.svg" alt="KUZIRA CAFE"></a>
13          </div>
14          <nav class="nav">
15              <ul>
16                  <li><a href="index.html">ホーム</a></li>
17                  <li><a href="index.html#news">お知らせ</a></li>
18                  <li><a href="index.html#shop">店舗情報</a></li>
19                  <li><a href="access.html">アクセス</a></li>
20                  <li><a href="menu.html">メニュー</a></li>
21                  <li><a href="contact.html">お問い合わせ</a></li>
22              </ul>
23          </nav>
24      </header>
25      <!-- ヘッダーここまで -->
26      <h1 class="hero access">アクセス</h1>
27      <!-- メイン -->
28      <main>
29
30      </main>
31      <!-- メインここまで -->
```
❻

Code ● access.htmlを編集する

access.html

```
1 <!DOCTYPE html>
2 <html>
3 <head>
4   <meta charset="UTF-8">
5   <title>アクセス | KUZIRA CAFE</title>
6   <link rel="stylesheet" href="css/style.css">
```

```
 7 </head>
 8 <body id="top">
---------------------------- 省略 ----------------------------
26     <h1 class="hero access">アクセス</h1>
27     <!-- メイン -->
28     <main>
29
30     </main>
31     <!-- メインここまで -->
---------------------------- 省略 ----------------------------
```

実習 66 access.htmlからmenu.htmlを作る

① access.htmlを［名前を付けて保存］して、「cafe」フォルダの中に「menu.html」を作ります❶。index.htmlからaccess.htmlを作ったときの操作を参考にしてください。

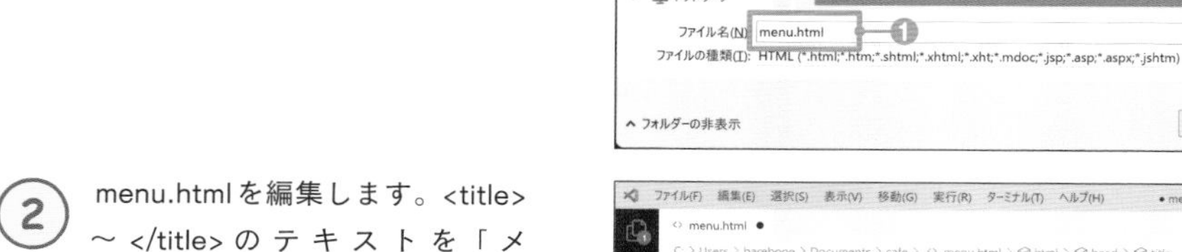

② menu.htmlを編集します。<title>～</title>のテキストを「メニュー | KUZIRA CAFE」に変更します❷。

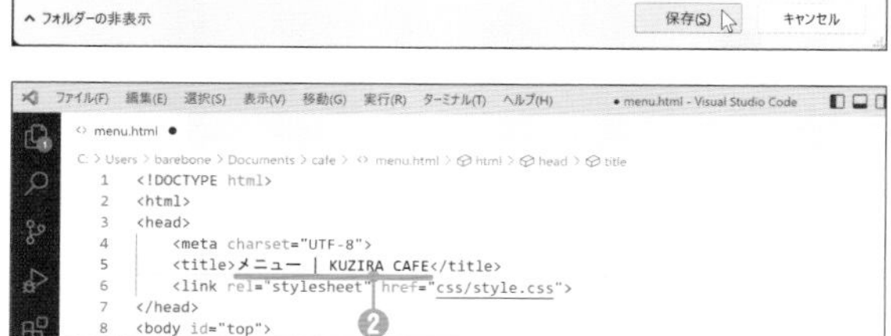

③ <h1>タグのクラス名を「"hero menu"」に、テキストを「メニュー」に変更します❸。
ここまで作業が終わったらファイルを保存します。

Code ● access.htmlからmenu.htmlを作る

menu.html

```
1  <!DOCTYPE html>
2  <html>
3  <head>
4    <meta charset="UTF-8">
5    <title>メニュー | KUZIRA CAFE</title>
6    <link rel="stylesheet" href="css/style.css">
7  </head>
8  <body id="top">
---------------------------- 省略 ----------------------------
26   <h1 class="hero menu">メニュー</h1>
27   <!-- メイン -->
---------------------------- 省略 ----------------------------
```

実習 67 menu.htmlからcontact.htmlを作る

① menu.htmlを［名前を付けて保存］して、「cafe」フォルダの中に「contact.html」を作ります❶。

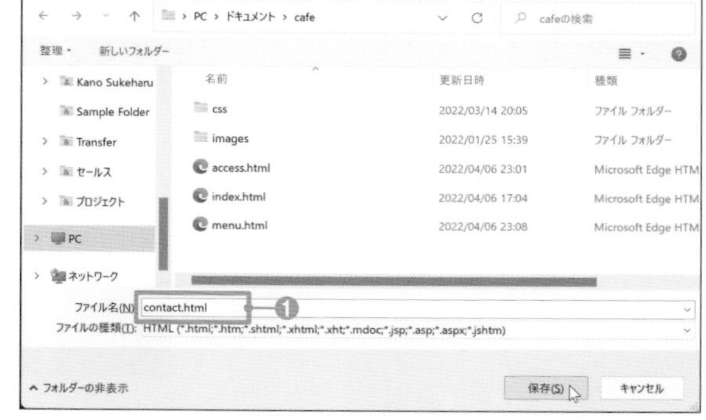

② contact.htmlを編集します。<title> ～ </title>のテキストを「お問い合わせ | KUZIRA CAFE」に変更します❷。

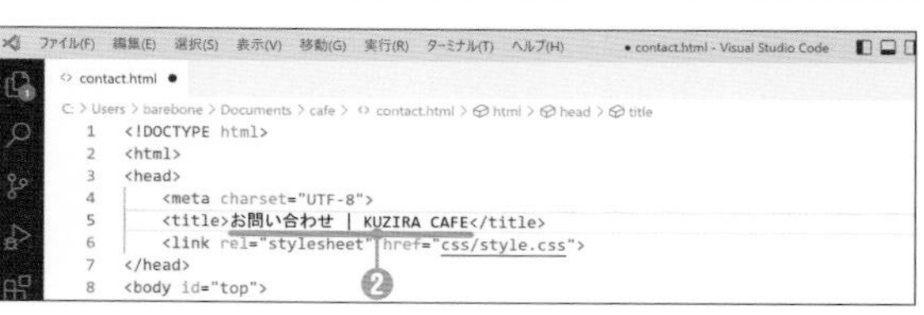

③ <h1>タグのクラス名を「"hero contact"」に、テキストを「お問い合わせ」に変更します❸。
ここまで作業が終わったらファイルを保存します。これで必要なファイルの作成は終了です。

```
21              <li><a href="contact.html">お問い合わせ</a></li>
22            </ul>
23          </nav>
24        </header>
25        <!-- ヘッダーここまで -->
26        <h1 class="hero contact">お問い合わせ</h1>
27        <!-- メイン -->
28        <main>
29
30        </main>
31        <!-- メインここまで -->
32        <!-- フッター -->
33        <footer>
34          <div class="gotop">
35            <a href="#top"><img src="images/gotop.svg" alt="ページトップへ戻る"></a>
36          </div>
37          <p class="copyright">&copy; KUZIRA CAFE</p>
38        </footer>
```

④ 作った3枚のHTMLファイルを確認しましょう。ブラウザで、access.html、menu.html、contact.htmlを開きます。ヘッダーやフッター、基本的なページのレイアウトはすでにできています。これはHTMLファイルをindex.htmlから複製して作ったからで、すでにstyle.cssも適用されているのです。

access.html

menu.html

contact.html

Code ● menu.htmlからcontact.htmlを作る

contact.html

```
1  <!DOCTYPE html>
2  <html>
3  <head>
4    <meta charset="UTF-8">
5    <title>お問い合わせ | KUZIRA CAFE</title>
6    <link rel="stylesheet" href="css/style.css">
7  </head>
8  <body id="top">
--------------------------- 省略 ---------------------------
26   <h1 class="hero contact">お問い合わせ</h1>
27   <!-- メイン -->
--------------------------- 省略 ---------------------------
```

各ページにヒーロー画像を表示する

index.htmlから複製して作った3ページに、それぞれ異なるヒーロー画像を表示しましょう。

ここで使うのは　● classセレクタ　● padding　● background-image

1 access.htmlにヒーロー画像を表示する

access.htmlにヒーロー画像を表示します。index.html同様、<h1>タグのボックスに背景画像として表示します。access.htmlを作ったときに<h1>タグのクラス名を「hero」と「access」にしているので、それを利用してCSSを適用します。背景画像に使用するのは「images」フォルダにある「access-hero.jpg」です。

Fig ● access.htmlのヒーロー画像に使用するaccess-hero.jpg

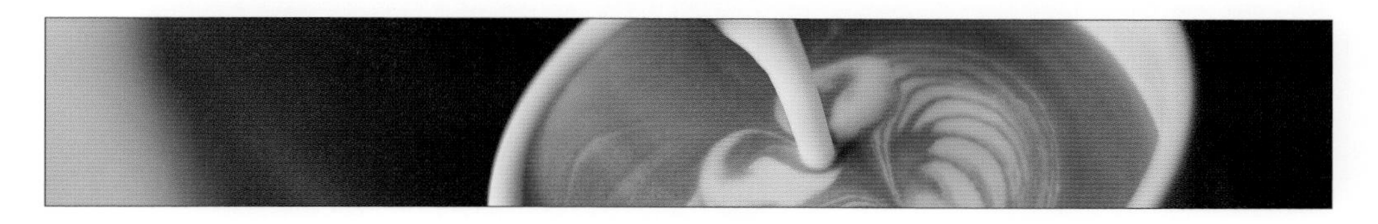

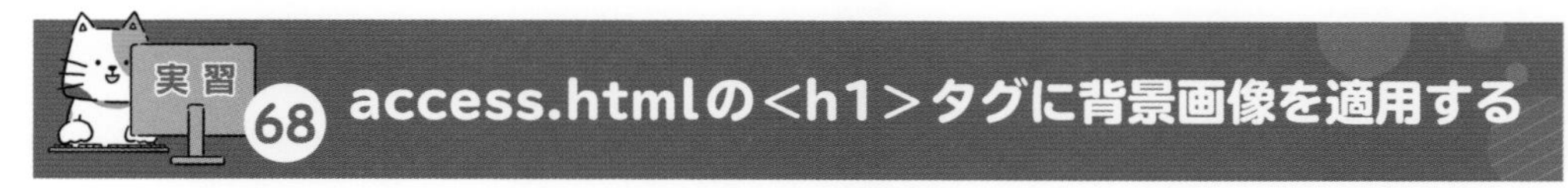

実習68 access.htmlの<h1>タグに背景画像を適用する

① style.cssを編集します。「/* すべてのページに適用 - ヒーロー */」の下で、セレクタが「.hero.index」になっているCSSの次の行に、<h1 class="hero access">に背景画像を適用するスタイルを追加します❶。
作業が終わったらファイルを保存します。

```
65
66  /* すべてのページに適用 - ヒーロー */
67  .hero {
68      background-repeat: no-repeat;
69      background-position: center;
70      background-size: cover;
71      color: #FFFFFF;
72      text-align: center;
73  }
74  .hero.index {
75      padding: 287px 0;
76      background-image: url(../images/home-hero.jpg);
77  }
78  .hero.access {
79      background-image: url(../images/access-hero.jpg);
80  }
81
```
❶

②　ブラウザでaccess.htmlを開きます。ページの上部に背景画像が表示されるようになりました❷。

Code • access.htmlの<h1>タグに背景画像を適用する　　style.css

```
---------------- 省略 ----------------
74 .hero.index {
75   padding: 287px 0;
76   background-image: url(../images/home-hero.jpg);
77 }
78 .hero.access {
79   background-image: url(../images/access-hero.jpg);
80 }
---------------- 省略 ----------------
```

実習 69 パディングを調整して ヒーロー画像のサイズを変える

①　access.htmlにヒーロー画像は表示されましたが、サイズが小さいので調整します。style.cssを編集し、セレクタが「.hero」になっているCSSにスタイルを1行追加し、上下に137pxのパディングを設けます❶。
作業が終わったらファイルを保存します。

```
65
66 /* すべてのページに適用 - ヒーロー */
67 .hero {
68     padding: 137px 0;
69     background-repeat: no-repeat;
70     background-position: center;
71     background-size: cover;
72     color: #FFFFFF;
73     text-align: center;
74 }
75 .hero.index {
76     padding: 287px 0;
77     background-image: url(../images/home-hero.jpg);
78 }
79 .hero.access {
80     background-image: url(../images/access-hero.jpg);
```

②　ブラウザでaccess.htmlを開きます。ヒーロー画像が大きく表示されるようになりました❷。

Code ● パディングを調整してヒーロー画像のサイズを変える

style.css

```
------------------------------------ 省略 ------------------------------------
66 /* すべてのページに適用 - ヒーロー */
67 .hero {
68   padding: 137px 0;
69   background-repeat: no-repeat;
70   background-position: center;
71   background-size: cover;
72   color: #FFFFFF;
73   text-align: center;
74 }
------------------------------------ 省略 ------------------------------------
```

2 ほかのページにもヒーロー画像を表示する

menu.html、contact.htmlにもヒーロー画像を表示しましょう。menu.htmlに使用する背景画像は「images」フォルダにある「menu-hero.jpg」、contact.htmlのほうは同じく「images」フォルダにある「contact-hero.jpg」です。access.htmlにヒーロー画像を表示したときと同じようなCSSを書きます。作業例を見ないでチャレンジしてみてもよいでしょう。

実習 70 menu.html、contact.htmlの<h1>タグに背景画像を適用する

① style.cssを編集して、menu.htmlのヒーロー画像を設定します。セレクタが「.hero.access」になっているCSSの次の行に、menu.htmlの<h1 class="hero menu">に適用されるCSSを追加します❶。

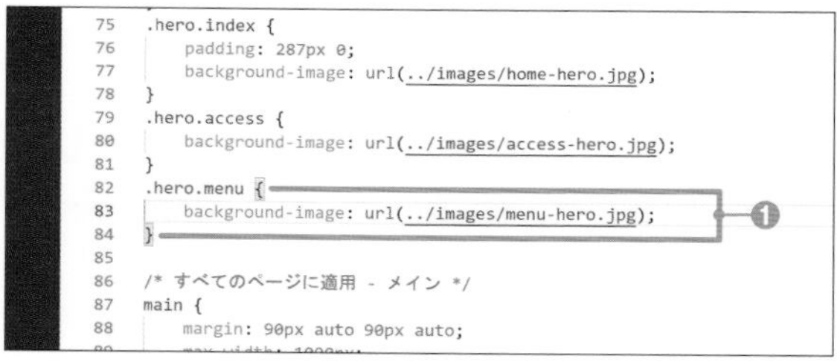

```
75 .hero.index {
76     padding: 287px 0;
77     background-image: url(../images/home-hero.jpg);
78 }
79 .hero.access {
80     background-image: url(../images/access-hero.jpg);
81 }
82 .hero.menu {
83     background-image: url(../images/menu-hero.jpg);
84 }
85
86 /* すべてのページに適用 - メイン */
87 main {
88     margin: 90px auto 90px auto;
```

② 次にcontact.htmlのヒーロー画像を設定します。セレクタが「.hero.menu」になっているCSSの次の行に、contact.htmlの<h1 class="hero contact">に適用されるCSSを追加します❷。
作業が終わったらファイルを保存します。

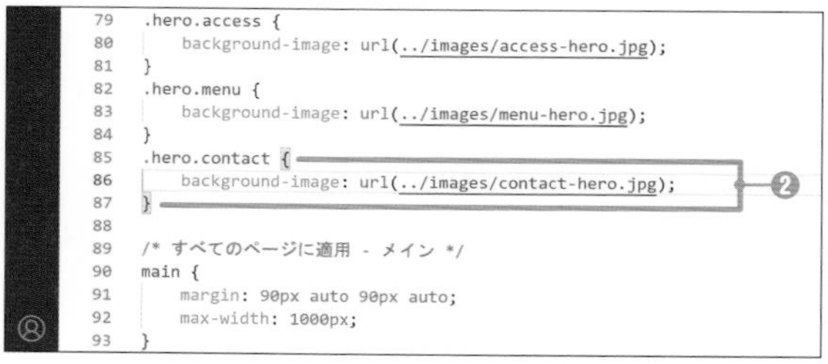

```
79 .hero.access {
80     background-image: url(../images/access-hero.jpg);
81 }
82 .hero.menu {
83     background-image: url(../images/menu-hero.jpg);
84 }
85 .hero.contact {
86     background-image: url(../images/contact-hero.jpg);
87 }
88
89 /* すべてのページに適用 - メイン */
90 main {
91     margin: 90px auto 90px auto;
92     max-width: 1000px;
93 }
```

③ ブラウザでmenu.html、contact.htmlを開きます。どちらもヒーロー画像が表示されるようになりました。サイズも調整する必要がありません。

menu.html

contact.html

Code ● menu.html、contact.htmlの<h1>タグに背景画像を適用する

style.css

```
省略
79 .hero.access {
80   background-image: url(../images/access-hero.jpg);
81 }
82 .hero.menu {
83   background-image: url(../images/menu-hero.jpg);
84 }
85 .hero.contact {
86   background-image: url(../images/contact-hero.jpg);
87 }
省略
```

解説

<h1>タグに適用されているCSSの仕組み

ヒーロー画像を表示するためにいろいろなスタイルを使用しました。また、セレクタが異なる2つのCSSのセットを使ったので、少し複雑に感じたかもしれません。なぜこのようなCSSにしたのかを考えるために、使用したCSSプロパティとその設定値をちょっと思い出してみましょう。

- ① 上下パディング(paddingプロパティ) —— index.htmlだけ上下287px、ほかは上下137px
- ② 背景画像の繰り返し(background-repeatプロパティ) —— 繰り返さない(no-repeat)
- ③ 背景画像の配置(background-positionプロパティ) —— 上下左右中央揃え(center)

- **④ 背景画像のサイズ(background-sizeプロパティ) ―― ボックス全体を塗りつぶす大きさで表示(cover)**
- **⑤ テキスト色(colorプロパティ) ―― 白(#FFFFFF)**
- **⑥ テキストの行揃え(text-alignプロパティ) ―― 中央揃え(center)**
- **⑦ 使用する背景画像(background-image) ―― 4ページとも違う画像を使用**

こうして見てみると、①と⑦を除けば、すべてのページで同じ設定値が使用できます。そうした同じ設定値でよいプロパティを、「.hero」セレクタのCSSで適用します。そうすれば、4ページの<h1 class="hero ●●">(●●はページによって違う)に適用できますね。

逆に、4ページとも違う値にする必要がある⑦のbackground-imageプロパティは、「.hero.index」などのセレクタで個別に設定しました。こうしておけば、<h1>に付いている、「hero」でないほうのクラス名(indexやaccessなど)によって、違うスタイルを適用できます。

Fig ● 2つのセレクタ「.hero」「.hero.index」と選択されるタグの関係

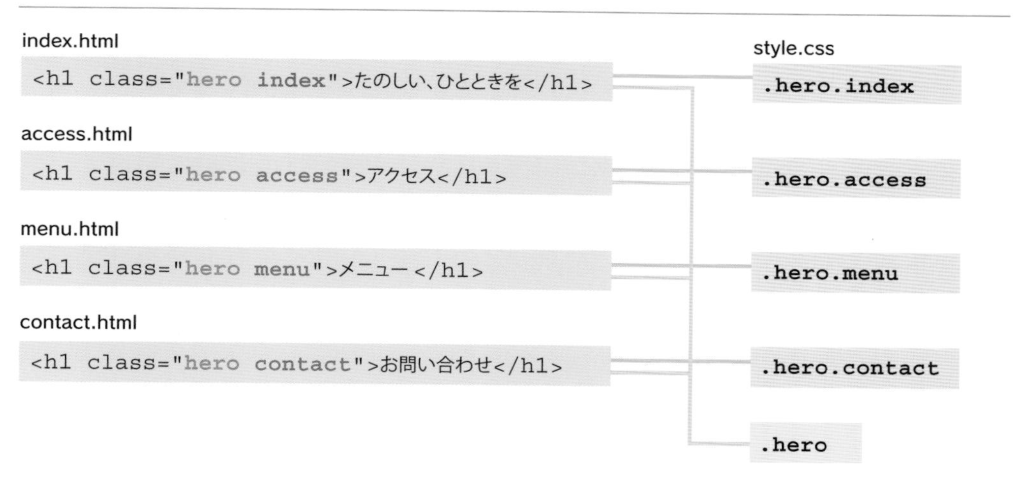

少し考えなければいけないのは①のpaddingプロパティです。上下パディングを設定しますが、index.htmlだけ上下287px、ほかは上下137pxにする必要があります。そこで、index.html向けのスタイルだけ「.hero.index」セレクタに設定し、ほかは「.hero」に設定しました。「.hero」に設定したパディングはindex.htmlの<h1>にも適用されますが、第8章「スタイルの上書き」(p.182)でも紹介した優先順位を利用して、「.hero」のパディングを「.hero.index」のパディングで上書きしているのです。

Fig ● 優先順位が高いセレクタのスタイルに設定されている値が適用される

index.html

```
<h1 class="hero index">たのしい、ひとときを</h1>
```

style.css

```
.hero.index {
    padding: 287px 0;
}
```

優先順位高

```
.hero {
    padding: 137px 0;
}
```

（`padding: 137px 0;` は取り消し線で表示）

Column

活躍の幅を広げるHTML&CSS

HTMLやCSSは長らく「ブラウザで表示される、Webサイトを作るための言語」でした。ところが近年、デスクトップアプリをHTMLやCSS、それにJavaScriptというプログラミング言語を使って作るケースが増えています。その代表格が皆さんも実習で使っているVSCode。HTMLとCSSはアプリの画面レイアウトを作るのに使われています。しかもVSCodeの場合、なんと中身のソースコードまで見ることができてしまいます。

見方を簡単に説明しましょう。[ヘルプ] メニュー― [開発者ツールの切り替え] をクリックすると本書の第11章で紹介する「開発ツール」と同じものが表示され、画面レイアウトのHTMLやCSSが確認できます。

Fig ● VSCodeアプリのソースコードを表示したところ

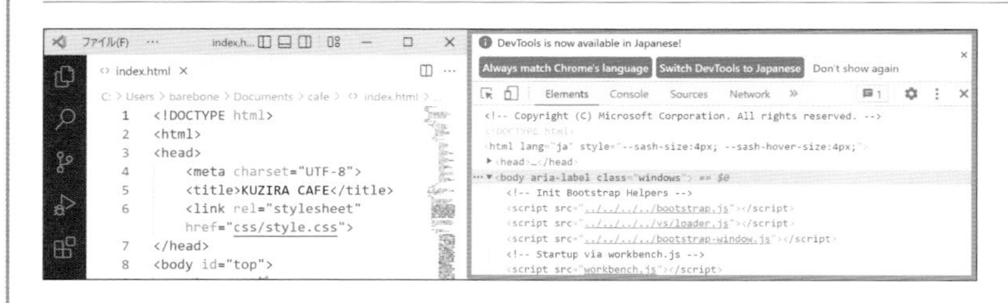

ほかにもたくさんのアプリが同じ方法で作られています。少しだけ紹介すると、メッセージアプリのSlack、Chatwork、ToDo管理アプリのTodoistなどがそうです。また、Macの「システム環境設定」アプリも一部がHTMLとCSSで作られています。

HTMLやCSSが書けるとWebサイトだけでなくアプリ開発もできるなんて考えると、夢が広がりますね。

03 アクセスページのHTMLを編集

これからアクセスページ（access.html）のメインコンテンツの部分を作成します。このページに掲載するのは地図の画像と住所、道順を説明するリストです。今回使用するリストは先頭に1、2、3…と番号が付く「番号付きリスト」を使用します。

ここで使うのは　● <img>　● <p>　●
　● <h2>　● <ol>　● <li>

1 access.htmlを編集する

アクセスページのaccess.htmlには、地図の画像と住所、それから道順のテキストを箇条書きで掲載します。地図の画像には「images」フォルダにある「map.png」を使用します。また、道順のテキストはいままでに使ってきた番号なしリストの<ul>タグに代えて、先頭に番号が表示される**<ol>**タグを使ってみましょう。このページに追加で使用するCSSはありません。HTMLを書いたらページが完成します。

実習71 地図の画像を掲載し、道順を示す番号付きリストを追加する

① VSCodeでaccess.htmlを開きます。<main>～</main>の間の空いている行のところに次のコンテンツを記述します❶。

- 画像（<img>タグ）
- 住所（<p>タグ）
- 見出し（<h2>タグ）
- 道順（<ol>タグと<li>タグ）

テキストは「サイト原稿.txt」内の「access.html」と書かれた部分からコピーできます。
作業が終わったらファイルを保存します。

```
25      <!-- ヘッダーここまで -->
26      <h1 class="hero access">アクセス</h1>
27      <!-- メイン -->
28      <main>
29          <img src="images/map.png" alt="地図">
30          <p>
31              〒199-9999 或留県九寺楽市九寺楽町3-30-8
32              TEL: 9-9280-2611
33          </p>
34          <h2>電車でお越しの方</h2>
35          <ol>
36              <li>駅東口を出ます。</li>
37              <li>国道999号線方面へ向かいます。</li>
38              <li>国道999号線を渡り直進します。</li>
39              <li>左手に見えるコンビニの向かいがKUZIRA CAFEです。</li>
40          </ol>
41      </main>
42      <!-- メインここまで -->
43      <!-- フッター -->
44      <footer>
45          <div class="gotop">
46              <a href="#top"><img src="images/gotop.svg" alt="ページトップへ戻る"></a>
47          </div>
48          <p class="copyright">&copy; KUZIRA CAFE</p>
49      </footer>
50      <!-- フッターここまで -->
51  </body>
52  </html>
```

② ブラウザでaccess.htmlを開きます。箇条書きの先頭には番号が表示されていますし❷、ほかの部分もだいたい表示されているようです。しかし、住所と電話番号のところは、HTMLで改行していても表示上は改行されず、1行になっています❸。ここだけ修正しましょう。

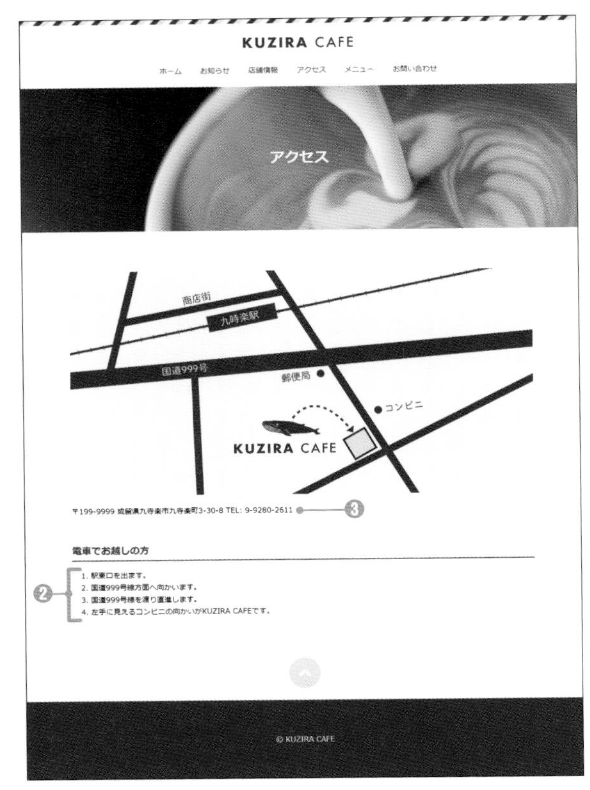

③ 住所のテキストの中で、改行すべき箇所に
タグを追加します❹。
作業が終わったらファイルを保存します。

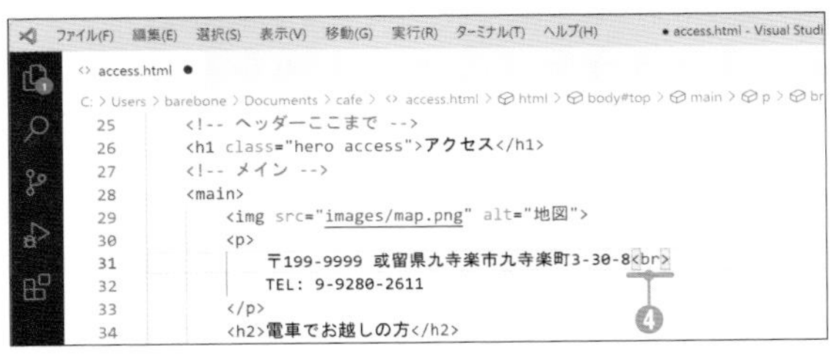

④ もう一度ブラウザで見てみます。今度は改行されるようになりました❺。

Code ● 地図の画像を掲載し、道順を示す番号付きリストを追加する　**access.html**

```
省略
27  <!-- メイン -->
28  <main>
```

```
29        <img src="images/map.png" alt="地図">
30        <p>
31          〒199-9999 或留県九寺楽市九寺楽町3-30-8<br>
32          TEL: 9-9280-2611
33        </p>
34        <h2>電車でお越しの方</h2>
35        <ol>
36          <li>駅東口を出ます。</li>
37          <li>国道999号線方面へ向かいます。</li>
38          <li>国道999号線を渡り直進します。</li>
39          <li>左手に見えるコンビニの向かいがKUZIRA CAFEです。</li>
40        </ol>
41    </main>
42    <!-- メインここまで -->
---------------------------------------- 省略 ----------------------------------------
```

解説

番号付きリストの<ol> タグ

<ol>タグは、<ul>タグと同じく箇条書きを表しますが、子要素の<li>タグで作られるリスト項目の先頭に1から順番に番号が付くようになります。<ul>タグほど使用頻度は高くありませんが、道順や操作の手順説明などに使われます。

タグ

HTMLドキュメントに書かれたテキストは、ソースコードの中で改行していたとしても、ブラウザで表示するときには改行されません。テキストを改行したいときは、改行したいところに**
**タグを挿入します。この
タグは空要素[*1]で、終了タグはありません。

今回の
タグのような、テキストの途中に挿入できるタグについては次節の「メニューページのHTMLを編集」でもう少し詳しく取り上げます。

＊1 第2章「空要素」(p.27)

04 メニューページのHTMLを編集

メニューページには９点のメニュー品目を掲載します。それぞれのメニュー品目には１点の写真とメニュー名、値段を載せます。HTMLはそれほど複雑ではありませんが、９品目あるため長くなります。効率的にHTMLを書く方法を紹介します。

ここで使うのは　● <div>　● <img>　● <p>　● <strong>

1 メニュー品目を追加する

全部で9点のメニュー品目を載せます。それぞれに写真、メニュー名、値段と3つの決まった情報があり、パターン化されているので、まずは1つ分だけHTMLを作成してそれから必要な数だけコピーしましょう。1つ目のメニューの写真には「images」フォルダにある「item1.jpg」を使用します。必要なテキストは「サイト原稿.txt」からコピーできます。

なお、CSSを適用するために、初めに全体を囲んでグループ化する親要素を作成します。CSS自体は次節で追加します。

実習 72 メニュー品目を1つ作成する

① VSCodeでmenu.htmlを開きます。まず、メニュー全体をグループ化する親要素を作成しましょう。<main> ～ </main>の間の空いている行のところに<div>タグを挿入し、開始タグと終了タグの間は改行して1行空けます。挿入した<div>タグにはclass属性を追加して、クラス名は「"items"」にします❶。

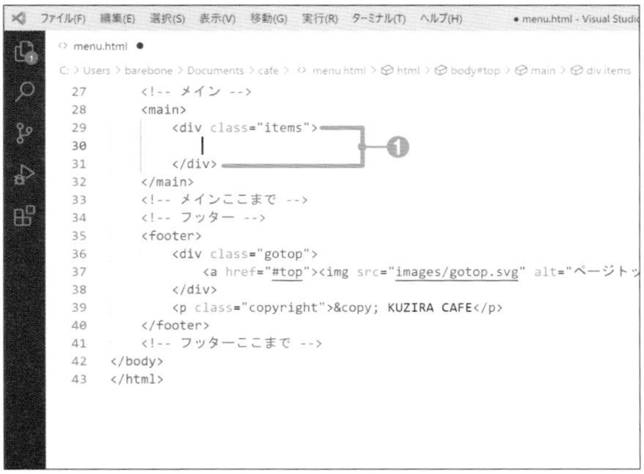

```
27      <!-- メイン -->
28      <main>
29          <div class="items">
30              |
31          </div>
32      </main>
33      <!-- メインここまで -->
34      <!-- フッター -->
35      <footer>
36          <div class="gotop">
37              <a href="#top"><img src="images/gotop.svg" alt="ページトッ
38          </div>
39          <p class="copyright">&copy; KUZIRA CAFE</p>
40      </footer>
41      <!-- フッターここまで -->
42  </body>
43  </html>
```

② いま作成した<div> ～ </div>の間に、メニュー1品目分のHTMLを作成します。まず1品目分の写真やテキストを囲んでグループ化するための<div>タグを追加します。クラス名は「"item"」にします❷。今回も、開始タグと終了タグの間は改行して1行空けておきます。

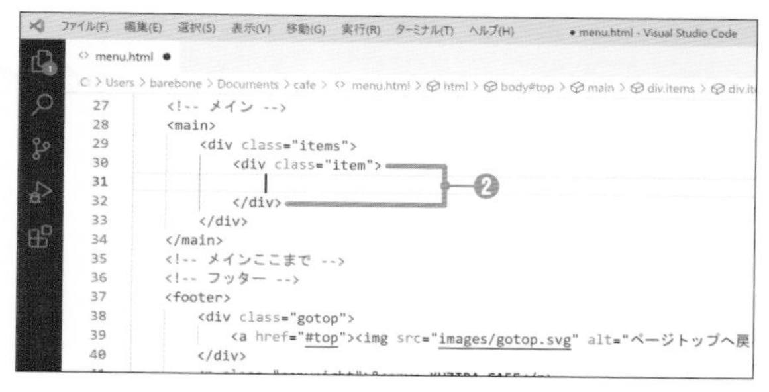

③ 作成した<div class="item"> ～ </div>の中に、写真の<img>タグ、テキストの<p>タグを挿入します❸。画像のパスは「images/item1.jpg」に、alt属性の値はメニュー名と同じにします。また、メニュー名と価格の間で改行するために、メニュー名の後ろには
タグを追加しておきましょう❹。

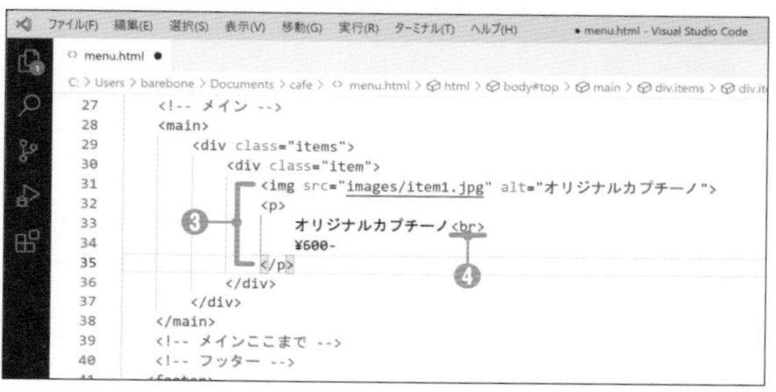

④ 価格を太字で表示します。テキスト「¥600-」を、<strong>タグで囲みます❺。
作業が終わったらファイルを保存します。

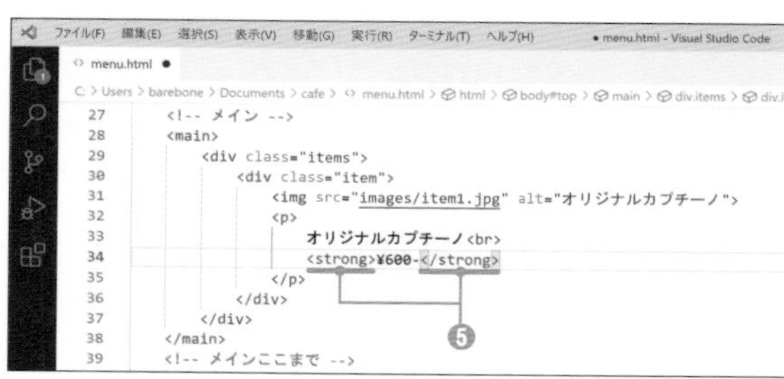

⑤ ブラウザでmenu.htmlを開きます。メニュー1品目分の写真とテキストが表示されます❻。価格だけ太字になっています❼。

Code • メニュー品目を1つ作成する

menu.html

```
                        省 略
27    <!-- メイン -->
28    <main>
29      <div class="items">
30        <div class="item">
31          <img src="images/item1.jpg" alt="オリジナルカプチーノ">
32          <p>
33            オリジナルカプチーノ<br>
34            <strong>¥600-</strong>
35          </p>
36        </div>
37      </div>
38    </main>
                        省 略
```

解説

<strong>タグと、テキストを修飾するタグ

今回使用した**<strong>**タグは、囲んだテキストが重要であることを示すタグです。<strong>～</strong>で囲まれたテキストは太字で表示されるので、より強く主張したい、目立たせたい部分で使用します。この<strong>や、前節でも出てきた
のように、テキストを部分的に修飾するタグはページに表示されるとき**インラインボックス**を作ります。つまり、コンテンツが収まる最小限の大きさのボックスを作り、前後にテキストや別のタグのボックスが来てもかまいません。

こうした、テキストを部分的に修飾するタグはほかにも次の表のようなものがあります。

Table • テキストを修飾するための代表的なタグ

タグ	意味	例	表示結果
 	強制改行	今日は雨。 昨日も雨だった。	今日は雨。 昨日も雨だった。
<strong>	重要	<strong>火気厳禁</strong>	**火気厳禁**
<b>	太字	テキストを<b>太く</b>表示する。	テキストを**太く**表示する。
<cite>	作品名	「<cite>異邦人</cite>」に感動した。	「*異邦人*」に感動した。
<em>	強調	犬より<em>猫</em>が好き。	犬より*猫*が好き。
<i>	斜体	テキストを<i>斜体で</i>表示する。	テキストを*斜体*で表示する。

タグ	意味	例	表示結果
<mark>	マーカー	ここ<mark>大事なポイント</mark>です。	ここ大事なポイントです。
<small>	注意書き、注釈	¥12,960-<small>（税込、朝食付き）</small>	¥12,960-（税込、朝食付き）
<span>	意味なし	とくに<span>意味も装飾も</span>ない。	とくに意味も装飾もない。
<sub>	下付き文字	H₂O	H_2O
<sup>	上付き文字	y = x²	$y = x^2$

表で紹介した各種タグのうち、斜体で表示されるはずの**<cite>**タグ、**<em>**タグ、**<i>**タグは、ブラウザによっては日本語の文字が斜体にならないものがあります。表示がブラウザによって異なること、そもそも日本語を斜体にしてもあまり美しくないことを考慮して、これらのタグを使うときはよく検討しましょう。

2 メニュー品目を増やす

1つ作ったメニュー品目のHTMLをコピーして、残りの8品目を作成します。画像のパス（ファイル名）とメニュー品目、価格を書き換えればできあがり。HTMLはできるだけパターン化したほうが作業も楽になりますし、CSSの適用もしやすくなります。

実習 73 ソースコードを複製して必要なところを書き換える

① 引き続きmenu.htmlを編集します。先ほど作った1品目分のHTML、<div class="item">から</div>までをドラッグして選択し、コピーします❶。

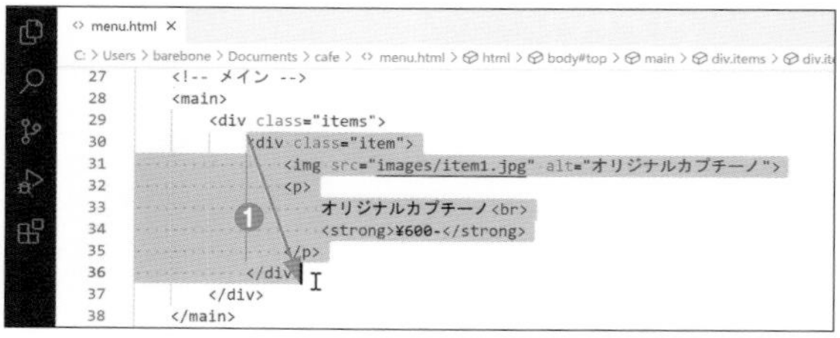

```
menu.html
C: > Users > barebone > Documents > cafe > menu.html > html > body#top > main > div.items > div.it
27      <!-- メイン -->
28      <main>
29          <div class="items">
30              <div class="item">
31                  <img src="images/item1.jpg" alt="オリジナルカプチーノ">
32                  <p>
33                      オリジナルカプチーノ<br>
34                      <strong>¥600-</strong>
35                  </p>
36              </div>
37          </div>
38      </main>
```

② </div>終了タグの後ろをクリックしてカーソルを移動してから改行し、ペーストします❷。

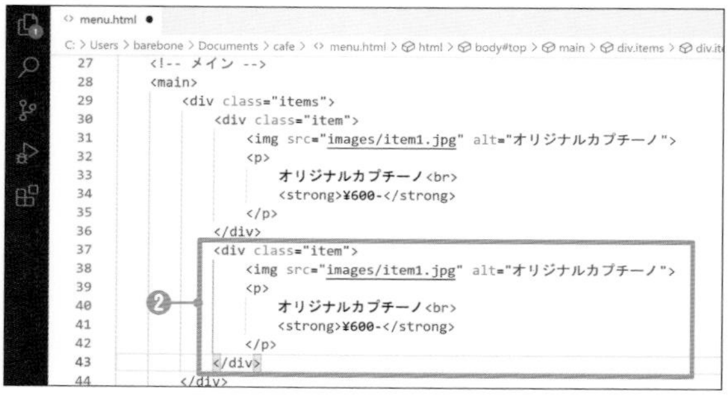

```
menu.html
C: > Users > barebone > Documents > cafe > menu.html > html > body#top > main > div.items > div.it
27      <!-- メイン -->
28      <main>
29          <div class="items">
30              <div class="item">
31                  <img src="images/item1.jpg" alt="オリジナルカプチーノ">
32                  <p>
33                      オリジナルカプチーノ<br>
34                      <strong>¥600-</strong>
35                  </p>
36              </div>
37              <div class="item">
38                  <img src="images/item1.jpg" alt="オリジナルカプチーノ">
39                  <p>
40                      オリジナルカプチーノ<br>
41                      <strong>¥600-</strong>
42                  </p>
43              </div>
44          </div>
```

③ 同じ操作をあと7回繰り返して、全部で9つのメニュー品目のHTMLを作成します❸。

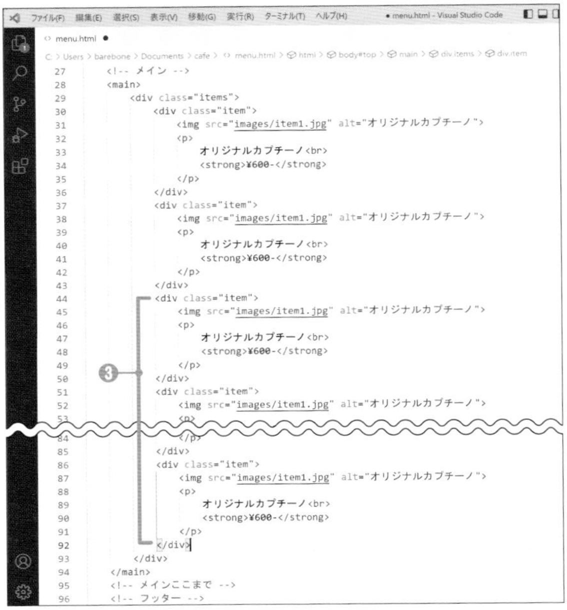

```
ファイル(F) 編集(E) 選択(S) 表示(V) 移動(G) 実行(R) ターミナル(T) ヘルプ(H)   ● menu.html - Visual Studio Code
menu.html ●
C: > Users > barebone > Documents > cafe > menu.html > html > body#top > main > div.items > div.item
27      <!-- メイン -->
28      <main>
29          <div class="items">
30              <div class="item">
31                  <img src="images/item1.jpg" alt="オリジナルカプチーノ">
32                  <p>
33                      オリジナルカプチーノ<br>
34                      <strong>¥600-</strong>
35                  </p>
36              </div>
37              <div class="item">
38                  <img src="images/item1.jpg" alt="オリジナルカプチーノ">
39                  <p>
40                      オリジナルカプチーノ<br>
41                      <strong>¥600-</strong>
42                  </p>
43              </div>
44              <div class="item">
45                  <img src="images/item1.jpg" alt="オリジナルカプチーノ">
46                  <p>
47                      オリジナルカプチーノ<br>
48                      <strong>¥600-</strong>
49                  </p>
50              </div>
51              <div class="item">
52                  <img src="images/item1.jpg" alt="オリジナルカプチーノ">
53                  <p>
~~~~~~~~~~~~~~~~~~~~~~~~~~~~~~~~~~~~~~~~~~~~~~~~~~~~~~~~~~~~
84                  </p>
85              </div>
86              <div class="item">
87                  <img src="images/item1.jpg" alt="オリジナルカプチーノ">
88                  <p>
89                      オリジナルカプチーノ<br>
90                      <strong>¥600-</strong>
91                  </p>
92              </div>
93          </div>
94      </main>
95      <!-- メインここまで -->
96      <!-- フッター -->
```

❸（44〜92行目）

④ それぞれのメニュー品目の画像のパス、テキスト、価格を以下の表のように書き換えます❹。テキストや価格は「サイト原稿.txt」からもコピーできます。作業が終わったらファイルを保存します。

画像のパス	メニュー名	価格
images/item1.jpg	オリジナルカプチーノ	¥600-
images/item2.jpg	スペシャルNZブレンド	¥400-
images/item3.jpg	クリーミーアイスブレンド	¥400-
images/item4.jpg	ふわふわペアドーナツ	¥450-
images/item5.jpg	無農薬栽培ブルーベリーのレアチーズ	¥650-
images/item6.jpg	季節のクロワッサンフルーツサンド	¥600-
images/item7.jpg	果樹園の採れたてパンケーキ	¥1,210-
images/item8.jpg	自家製マロンクリームのシュー	¥600-
images/item9.jpg	ムース・ノッチオーラ	¥600-

※ <img>タグのalt属性には「メニュー名」と同じものを入力します。

```
32                  <p>
33                      オリジナルカプチーノ<br>
34                      <strong>¥600-</strong>
35                  </p>
36              </div>
37              <div class="item">
38                  <img src="images/item2.jpg" alt="スペシャルNZブレンド">
39                  <p>
40                      スペシャルNZブレンド<br>
41                      <strong>¥400-</strong>
42                  </p>
43              </div>
44              <div class="item">
45                  <img src="images/item3.jpg" alt="クリーミーアイスブレンド">
46                  <p>
47                      クリーミーアイスブレンド<br>
48                      <strong>¥400-</strong>
49                  </p>
50              </div>
51              <div class="item">
52                  <img src="images/item4.jpg" alt="ふわふわペアドーナツ">
53                  <p>
54                      ふわふわペアドーナツ<br>
55                      <strong>¥450-</strong>
56                  </p>
57              </div>
58              <div class="item">
59                  <img src="images/item5.jpg" alt="無農薬栽培ブルーベリーのレアチーズ">
60                  <p>
61                      無農薬栽培ブルーベリーのレアチーズ<br>
62                      <strong>¥650-</strong>
63                  </p>
64              </div>
65              <div class="item">
66                  <img src="images/item6.jpg" alt="季節のクロワッサンフルーツサンド">
67                  <p>
68                      季節のクロワッサンフルーツサンド<br>
69                      <strong>¥600-</strong>
70                  </p>
71              </div>
72              <div class="item">
73                  <img src="images/item7.jpg" alt="果樹園の採れたてパンケーキ">
74                  <p>
75                      果樹園の採れたてパンケーキ<br>
76                      <strong>¥1,210-</strong>
77                  </p>
78              </div>
79              <div class="item">
80                  <img src="images/item8.jpg" alt="自家製マロンクリームのシュー">
81                  <p>
82                      自家製マロンクリームのシュー<br>
83                      <strong>¥600-</strong>
84                  </p>
85              </div>
86              <div class="item">
87                  <img src="images/item9.jpg" alt="ムース・ノッチオーラ">
88                  <p>
89                      ムース・ノッチオーラ<br>
90                      <strong>¥600-</strong>
91                  </p>
92              </div>
93          </div>
```

❹（37〜92行目）

⑤ ブラウザでmenu.htmlを開きます。縦に長いページになりましたが、メニュー品目が9つ並んでいます❺。

Code ● ソースコードを複製して必要なところを書き換える

menu.html

```
---------------------------------------- 省略 ----------------------------------------
36         </div>
37         <div class="item">
38           <img src="images/item2.jpg" alt="スペシャルNZブレンド">
39           <p>
40             スペシャルNZブレンド<br>
41             <strong>¥400-</strong>
42           </p>
43         </div>
44         <div class="item">
45           <img src="images/item3.jpg" alt="クリーミーアイスブレンド">
```

```
46            <p>
47              クリーミーアイスブレンド<br>
48              <strong>¥400-</strong>
49            </p>
50          </div>
51          <div class="item">
52            <img src="images/item4.jpg" alt="とろけるペアのドーナツ">
53            <p>
54              ふわふわペアドーナツ<br>
55              <strong>¥450-</strong>
56            </p>
57          </div>
58          <div class="item">
59            <img src="images/item5.jpg" alt="季節のレアチーズ">
60            <p>
61              無農薬栽培ブルーベリーのレアチーズ<br>
62              <strong>¥650-</strong>
63            </p>
64          </div>
65          <div class="item">
66            <img src="images/item6.jpg" alt="季節のクロワッサンフルーツサンド">
67            <p>
68              季節のクロワッサンフルーツサンド<br>
69              <strong>¥600-</strong>
70            </p>
71          </div>
72          <div class="item">
73            <img src="images/item7.jpg" alt="果樹園の採れたてパンケーキ">
74            <p>
75              果樹園の採れたてパンケーキ<br>
76              <strong>¥1,210-</strong>
77            </p>
78          </div>
79          <div class="item">
80            <img src="images/item8.jpg" alt="自家製マロンクリームのシュー">
81            <p>
82              自家製マロンクリームのシュー<br>
83              <strong>¥600-</strong>
84            </p>
85          </div>
86          <div class="item">
87            <img src="images/item9.jpg" alt="ムース・ノッチオーラ">
88            <p>
89              ムース・ノッチオーラ<br>
90              <strong>¥600-</strong>
91            </p>
92          </div>
93        </div>
------------------------------ 省略 ------------------------------
```

メニューページのスタイルを設定

menu.htmlに載せた写真とテキストをきれいに並べて、ページを完成させましょう。使用するのはCSSのグリッドレイアウトと呼ばれる機能で、ボックスを3列に並べるレイアウトを作成します。

ここで使うのは　● classセレクタ　● display　● grid-template-columns　● gap

1　メニューを3列に並べる

9つあるメニューの項目、HTMLのソースコードでいえば<div class="item"> ～ </div>のボックスを、3列ずつ横に並べて配置します。**グリッドレイアウト**は列数を決めてコンテンツを横に並べる機能で、いくつかのプロパティを組み合わせて使用します。

実習74　<div class="items">にグリッドレイアウトのCSSを適用する

① style.cssを編集します。最後の行に、9つのメニュー項目の親要素（<div class="items"> ～ </div>）に適用されるCSSを追加します❶。
作業が終わったらファイルを保存します。

```
110     padding-bottom: 75px;
111     background-color: #253958;
112     color: #FFFFFF;
113     text-align: center;
114 }
115
116 /* 個別のスタイル */
117 /* index.html */
118 .logo-whale {
119     text-align: center;
120 }
121 .shop-info {
122     border-collapse: collapse;
123 }
124 .shop-info th, .shop-info td {
125     border: 1px solid #DBDBDB;
126     padding: 20px;
127 }
128 .shop-info th {
129     width: 112px;
130     text-align: left;
131     vertical-align: top;
132 }
133
134 /* menu.html */
135 .items {
136     display: grid;
137     grid-template-columns: 1fr 1fr 1fr;
138 }
```
❶

② ブラウザでmenu.htmlを開きます。メニューが3列に並ぶようになりました❷。

Code • <div class="items">にグリッドレイアウトのCSSを適用する

style.css

```
                              省略
116  /* 個別のスタイル */
117  /* index.html */
                              省略
134  /* menu.html */
135  .items {
136    display: grid;
137    grid-template-columns: 1fr 1fr 1fr;
138  }
```

解説

グリッドレイアウト

グリッドレイアウトは、CSSを適用した要素のボックスをグリッド（マス目）に分割して、そこに子要素のボックスを配置していくレイアウト機能です。今回の実習で書いたスタイルでは、<div class="items">のボックスに同じ幅のグリッドが3列並ぶようになっています。

Fig ● <div class="items">のボックスが3つのグリッドに分割され、グリッドに沿って子要素が配置される

```
<div class="items">
display: grid;
grid-template-columns: 1fr 1fr 1fr;
```

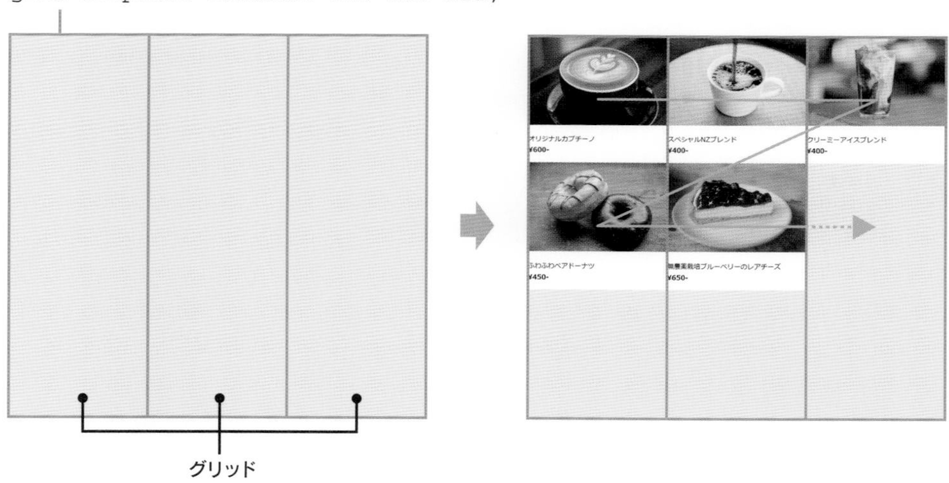

基本的なグリッドレイアウトの使い方

基本的なグリッドレイアウトの使い方は難しくありません。並べたい要素をすべて含む親要素（menu.htmlの場合は<div class="items">）に、次の2行のスタイルを適用します。

Fig ● グリッドレイアウトを使う場合のCSS。親要素に適用する

```
display: grid;
grid-template-columns: <列の設定>;
```

display プロパティの値を「grid」にすると、子要素のボックスがグリッドレイアウトモードで配置されるようになります。**grid-template-columns** プロパティは列方向のグリッドの設定をするもので、値の＜列の設定＞には列の数と幅を指定します。いろいろな設定方法があるのですが、最も基本的なのは、同じ幅の列を必要な数作るパターンです。その場合、列の数だけ「1fr」を半角スペースで区切って書きます。たとえば、2列作るのであれば次のようにします。

Fig ● 同じ幅のグリッドを2列作る場合

```
grid-template-columns: 1fr 1fr;
```

同じように、4列なら値を「1fr 1fr 1fr 1fr」に、実習のように3列にするのであれば「1fr 1fr 1fr」にします。「fr」は単位で、「○分の△」という意味があります。たとえばgrid-template-columnsプロパティに設定した値が「1fr 1fr」なら、一つひとつの「1fr」は「2分の1」という意味になり、それがグリッド列の幅になります。

Fig ● 単位frの意味

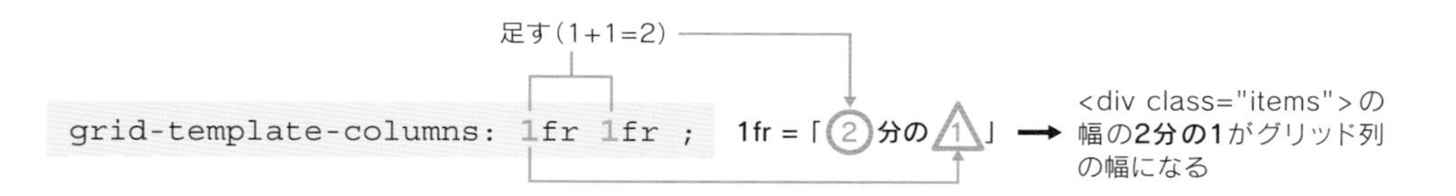

2 ボックスとボックスの間にスペースを作る

3列のグリッドに沿って子要素のボックスが3つ横に並ぶようにはなりましたが、お互いがぴったりくっついてしまっています。グリッドの列や行の間に20pxのスペースを作ってすっきりしたデザインにしましょう。

実習 75 gapプロパティを追加する

① style.cssを編集します。先ほど追加した、セレクタが「.items」になっているスタイルに1行追加します❶。
作業が終わったらファイルを保存します。

```
110     padding-bottom: 75px;
111     background-color: #253958;
112     color: #FFFFFF;
113     text-align: center;
114 }
115
116 /* 個別のスタイル */
117 /* index.html */
118 .logo-whale {
119     text-align: center;
120 }
121 .shop-info {
122     border-collapse: collapse;
123 }
124 .shop-info th, .shop-info td {
125     border: 1px solid #DBDBDB;
126     padding: 20px;
127 }
128 .shop-info th {
129     width: 112px;
130     text-align: left;
131     vertical-align: top;
132 }
133
134 /* menu.html */
135 .items {
136     display: grid;
137     grid-template-columns: 1fr 1fr 1fr;
138     gap: 20px;
139 }
```

② ブラウザでmenu.htmlを開きます。グリッドの列や行の間にスペースが空いて、メニューが適度に離れて表示されるようになりました❷。menu.htmlはこれで完成です。

Code • gapプロパティを追加する

style.css

```
                          省略
134  /* menu.html */
135  .items {
136    display: grid;
137    grid-template-columns: 1fr 1fr 1fr;
138    gap: 20px;
139  }
```

解説

グリッドの列や行の間にスペースを作るgapプロパティ

gapプロパティはグリッドレイアウトと一緒に使うと、グリッドの列や行の間にスペースを作ることができます。「display: grid;」を適用したのと同じ要素のスタイルに適用します。

Fig • gapプロパティによってスペースが空いた場所（ピンク色の部分）

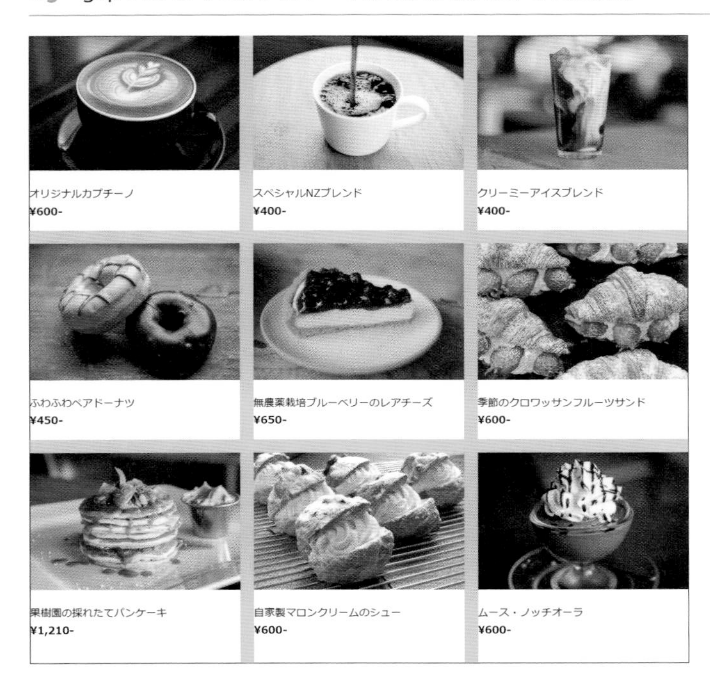

Chapter

10

フォームを使うページの作成

この章では「フォーム」を作成します。フォームとは、テキストフィールドやチェックボックスなどが並んださまざまな情報を入力できる画面のことで、ほかのページでは見かけないHTMLタグを使用します。お問い合わせページを作成しながらフォームの基本的な作り方をマスターしましょう。

01 フォームの基礎知識

お問い合わせや会員登録、コメント投稿欄など、サイトの利用者に情報を入力してもらうページにはフォームを用意します。フォーム画面の作成に入る前に、まずはフォーム全体の仕組みを把握しておきましょう。

1 フォームの機能

フォームとは、サイトの利用者が必要な情報を入力できるように、テキストフィールドやチェックボックスなどが配置された画面のことをいいます。フォームに入力された内容はWebサーバーに送信され、そのサーバーに設置されたプログラムが続きの処理をします。たとえばお問い合わせフォームであれば、入力内容をデータベースに保存したり、入力した人に確認のメールを送ったりということを、専用プログラムが実行することになります。

つまり、1個のフォームは、入力を受け付けるフォーム画面と、入力内容を処理するプログラムの2つが、連携して動いているわけですね。

Fig • フォームとWebサーバーの関係

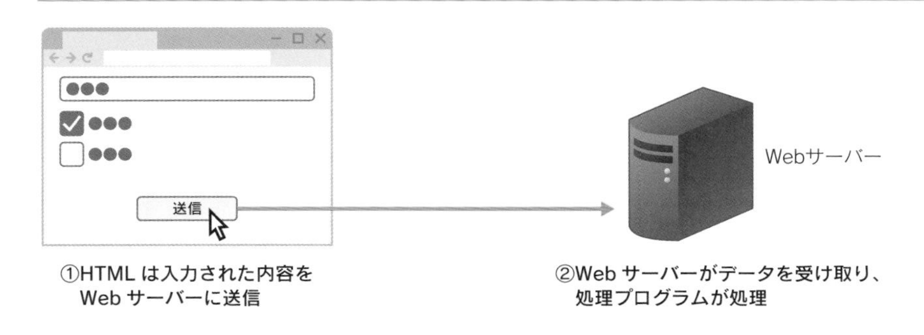
●●●
●●●
●●●
送信
Webサーバー
①HTMLは入力された内容を
Webサーバーに送信
②Webサーバーがデータを受け取り、
処理プログラムが処理

2 HTMLにできること、できないこと

フォームに必要な2つのもの――フォーム画面と処理プログラム――のうち、フォーム画面はHTMLを使って作成します。HTMLにはフォームを作るためのタグが用意されていて、テ

キストフィールドなどの入力用の部品をページに表示させることができます。また、入力された内容をWebサーバーに送信する機能も備わっています。

しかし、Webサーバー側に設置する処理プログラムは、HTMLでは作成できません。こうした処理プログラムは、HTMLやCSSとはまったく異なるプログラミング言語で書かれていて、プログラマーが新規に開発したり、すでにあるソフトウェアを利用したりします。

3 フォーム関連のタグ

HTMLのフォーム関連タグには、フォームの親要素になる**<form>**タグと、入力部品を表示するための各種タグがあります。<form>タグは、すべての入力部品タグの親要素になります。また、フォームに入力された内容をWebサーバーに送信するための設定も、<form>タグの属性で行います。

入力部品タグには、**<textarea>**タグや**<select>**タグ、**<input>**タグなどがあり、表示したい部品によって使い分けます。これらのうち<input>タグは特によく使われ、type属性の値を変えることによって、テキストフィールドやチェックボックスなど、さまざまな入力部品を表示できるようになっています。

実際の使い方は実習しながら少しずつ見ていきますが、どんな入力部品があるかを把握するために、代表的な<input>タグの書き方と、表示される部品を紹介しておきます。

Table ● type属性が違うさまざまな<input>タグと、ページに表示される代表的なフォーム部品

<input>タグ	説明	表示例
<input type="text">	改行しない1行のテキストを入力できる	多和マンション1105
<input type="email">	メールアドレスを入力できる	jon@example.jp
<input type="password">	入力した文字が●になって読めなくなる	••••••••••••••
<input type="checkbox">	チェックボックス	☑ ☐
<input type="radio">	ラジオボタン	◉ ○
<input type="submit">	送信ボタン	この内容で送信する

02 お問い合わせページの概要

これからHTMLのフォーム機能を使用した、contact.htmlの作成に取りかかります。実際の作業に入る前に、これから作るページの概要を説明します。

1 contact.htmlの動作

これから作成するcontact.htmlは、一般的なお問い合わせフォームを模した簡易的なページです。よく使われる入力部品を使ってページを作成します。[送信] ボタンをクリックするとフォームに入力した内容がresult.htmlに送られるようになっていて、簡単にフォームの動作を試せます。

Fig ● contact.htmlに入力された内容は、result.htmlに表示される

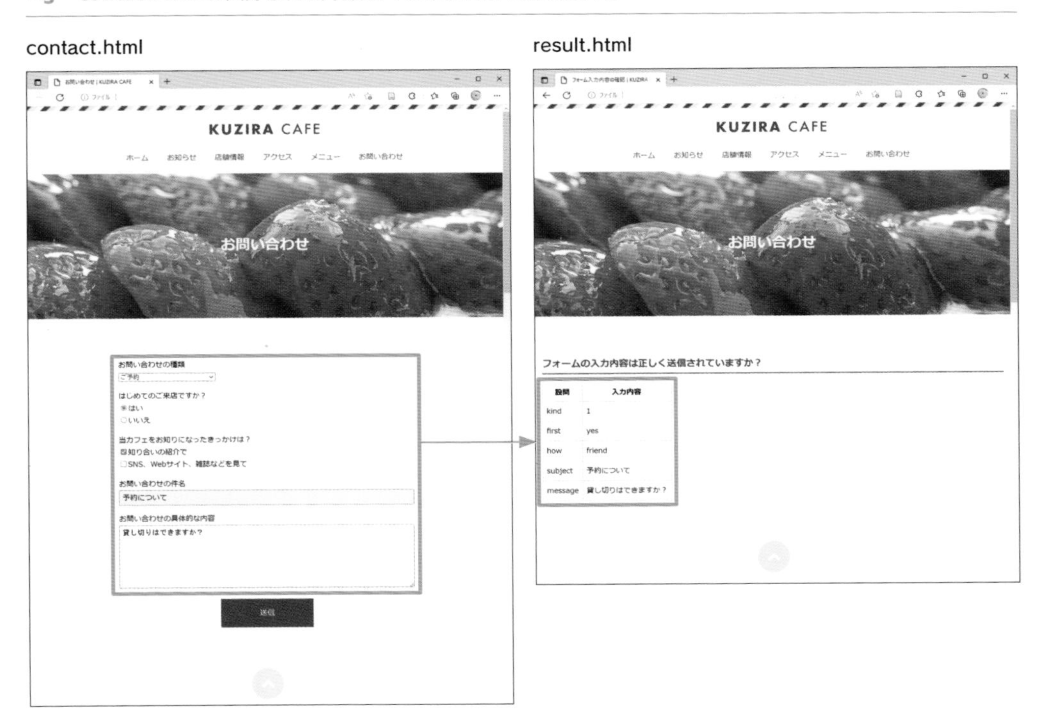

注意

データの送信先として使用するresult.htmlには、手軽にHTMLのフォーム機能を体験できるように作られた簡易的なプログラムが埋め込まれています。そのプログラムによってフォームに入力した内容がページに表示されるようになっているので、送信がうまくいっているかどうかを確認できます。

result.htmlに埋め込まれているのはWebサーバー側の処理プログラムではなく、あくまで動作確認用のプログラムです。そのため、本章で紹介する作業を最後まで行ってもお問い合わせフォームとして動作するページは完成しません。あらかじめご了承ください。

2 result.html をコピーする

お問い合わせページ作成の事前作業として、データ送信先に使用するresult.htmlを「cafe」フォルダにコピーします。

実習76 result.html をWebサイトのフォルダにコピーする

① 「ドキュメント」フォルダにコピーしておいた「サンプル」フォルダー「サイト作成素材」フォルダ❶の中にある「result.html」をクリックして選択してから❷、Ctrl＋Cキーを押してコピーします。Macの場合は⌘（command）＋Cキーを押します。

② Webサイトのデータが含まれる「cafe」フォルダを開きます。Ctrl＋Vキーを押して、index.htmlなどのHTMLファイルがあるのと同じ場所にresult.htmlを作成します❸。Macの場合は⌘（command）＋Vキーを押します。これでresult.htmlのコピー作業は完了です。

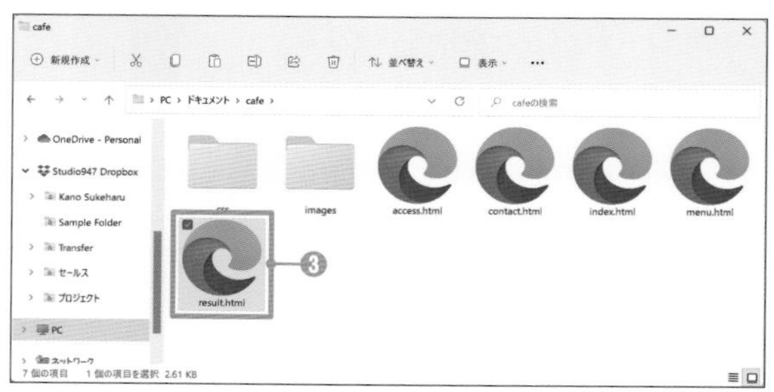

03 フォーム全体の親要素

contact.htmlにフォーム全体の親要素、<form>タグを追加します。この<form>タグには入力内容を送信する先のURLを指定する役割もあって、フォームが動作するための大事な役割を果たします。

ここで使うのは
- <form>

1 フォーム全体の親要素を作成する

contact.htmlの<main>～</main>の中に**<form>**タグを記述して、さらにフォームの動作に必要なaction属性を追加します。この属性にはフォームに入力された内容を送る、送り先URLを指定するのですが、この実習ではそのURLをresult.htmlへのパスにします。

実習 77 <form>タグを記述する

① contact.htmlを編集します。<main>～</main>の中に<form>タグを追加します。<form>タグにはaction属性を付けて、値は「"result.html"」にします❶。開始タグと終了タグの間で改行して1行空けておきましょう。
作業が終わったらファイルを保存しますが、<form>タグを追加しても表示に変化は起きないので、ここではブラウザで開く必要はありません。

```
14            <nav class="nav">
15                <ul>
16                    <li><a href="index.html">ホーム</a></li>
17                    <li><a href="index.html#news">お知らせ</a></li>
18                    <li><a href="index.html#shop">店舗情報</a></li>
19                    <li><a href="access.html">アクセス</a></li>
20                    <li><a href="menu.html">メニュー</a></li>
21                    <li><a href="contact.html">お問い合わせ</a></li>
22                </ul>
23            </nav>
24        </header>
25        <!-- ヘッダーここまで -->
26        <h1 class="hero contact">お問い合わせ</h1>
27        <!-- メイン -->
28        <main>
29            <form action="result.html">    ❶
30                
31            </form>
32        </main>
33        <!-- メインここまで -->
34        <!-- フッター -->
35        <footer>
36            <div class="gotop">
37                <a href="#top"><img src="images/gotop.svg" alt="ページトッ
38            </div>
39            <p class="copyright">&copy; KUZIRA CAFE</p>
40        </footer>
41        <!-- フッターここまで -->
42    </body>
43    </html>
```

Code ● <form>タグを追加する

contact.html

```
省略
27 <!-- メイン -->
28 <main>
29   <form action="result.html">
30
31   </form>
32 </main>
33 <!-- メインここまで -->
省略
```

解説

<form>タグとaction属性

<form>タグはフォーム全体の親要素となるタグです。フォームを作るには必須のタグで、すべての入力部品は<form>～</form>の中に追加します。

<form>タグに追加するaction属性には、入力内容を送信する先のURLを指定します。実際のお問い合わせフォームなどでは処理プログラムのURLを指定することになりますが、今回の実習では動作確認用のresult.htmlにしています。

Note

<form>タグのmethod属性

実習では使用しませんでしたが、<form>タグにはmethod属性というものもあります。フォームに入力された内容を送信する際の送信方法を指定する属性で、値は"GET"か"POST"のいずれかになります。ちなみにmethod属性を指定しない場合、初期値の"GET"が設定されます。

送信方法が"GET"だと、フォームの［送信］ボタンをクリックした後、送信先のURLに入力した内容が追加されます。お問い合わせページが完成して動作をテストするときに、ブラウザのアドレスバーに注目してみてください。「?」とか「&」とかが並んだ文字が確認できるはずです。

フォーム入力内容の確認 | KUZIRA
ファイル | C:/Users/barebone/Documents/cafe/result.html?kind=3&first=yes&how=fri...

［送信］ボタンをクリック後、URLの後ろに入力した内容が追加される

04 セレクトリスト

<form> ～ </form>の中に入力部品を追加していきます。初めに作るのはセレクトリスト*1。選択肢の中から項目を1つだけ選択できるタイプの入力部品です。

＊1　プルダウンメニュー、ポップアップメニューと呼ばれることもあります。

ここで使うのは　● <select>　● <option>　● <p>　●

1　お問い合わせの種類を選ぶセレクトリストを作成する

お問い合わせの種類を、3つの選択肢から選ぶ**セレクトリスト**を設置します。

フォームの部品を作成するときは原則として、どんなものを入力すればよいのかを説明する「設問のテキスト」と、実際のフォーム部品となるHTMLタグをセットで記述します。この実習でも、<form> ～ </form>タグの中に設問のテキストを書き、それからセレクトリストのHTMLを追加する流れで作業を進めます。

実習 78 <select>タグと<option>タグを組み合わせてセレクトリストを作成する

① contact.htmlを編集します。<form>開始タグの次の行に<p>タグを入力し、開始タグと終了タグの間で改行して、その中に設問のテキスト「お問い合わせの種類」を含めます。これから設置するセレクトリストとの間で改行するために、設問のテキストの後ろには
タグを追加しておきます❶。

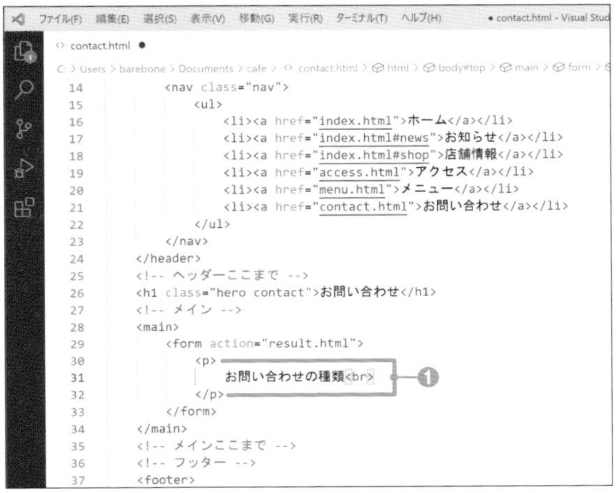

ファイル(F)　編集(E)　選択(S)　表示(V)　移動(G)　実行(R)　ターミナル(T)　ヘルプ(H)　● contact.html - Visual Stud

contact.html ●

C: > Users > barebone > Documents > cafe > contact.html > html > body#top > main > form >

```
14          <nav class="nav">
15              <ul>
16                  <li><a href="index.html">ホーム</a></li>
17                  <li><a href="index.html#news">お知らせ</a></li>
18                  <li><a href="index.html#shop">店舗情報</a></li>
19                  <li><a href="access.html">アクセス</a></li>
20                  <li><a href="menu.html">メニュー</a></li>
21                  <li><a href="contact.html">お問い合わせ</a></li>
22              </ul>
23          </nav>
24      </header>
25      <!-- ヘッダーここまで -->
26      <h1 class="hero contact">お問い合わせ</h1>
27      <!-- メイン -->
28      <main>
29          <form action="result.html">
30              <p>
31                  お問い合わせの種類<br>      ❶
32              </p>
33          </form>
34      </main>
35      <!-- メインここまで -->
36      <!-- フッター -->
37      <footer>
```

②
タグの後ろをクリックしてカーソルを移動してから、1回改行します。それからセレクトリストの<select>タグと3つの<option>タグを記述します❷。<select>タグにはname属性を、<option>タグにはvalue属性を追加します。
作業が終わったらファイルを保存します。

```
14          <nav class="nav">
15              <ul>
16                  <li><a href="index.html">ホーム</a></li>
17                  <li><a href="index.html#news">お知らせ</a></li>
18                  <li><a href="index.html#shop">店舗情報</a></li>
19                  <li><a href="access.html">アクセス</a></li>
20                  <li><a href="menu.html">メニュー</a></li>
21                  <li><a href="contact.html">お問い合わせ</a></li>
22              </ul>
23          </nav>
24      </header>
25      <!-- ヘッダーここまで -->
26      <h1 class="hero contact">お問い合わせ</h1>
27      <!-- メイン -->
28      <main>
29          <form action="result.html">
30              <p>
31                  お問い合わせの種類<br>
32                  <select name="kind">
33                      <option value="1">ご予約</option>
34                      <option value="2">イベントに関するお問い合わせ</option>
35                      <option value="3">その他</option>
36                  </select>
37              </p>
38          </form>
39      </main>
40      <!-- メインここまで -->
41      <!-- フッター -->
42      <footer>
43          <div class="gotop">
44              <a href="#top"><img src="images/gotop.svg" alt="ページトップへ戻
```

❷

③ ブラウザでcontact.htmlを開きます。セレクトリストが表示され、クリックして操作すると、3つの選択肢から選べるようになっていることがわかります。

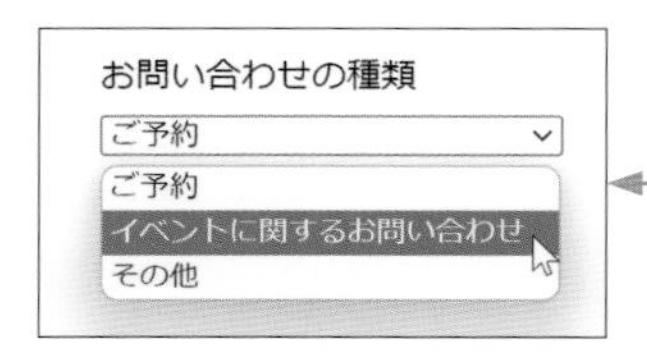

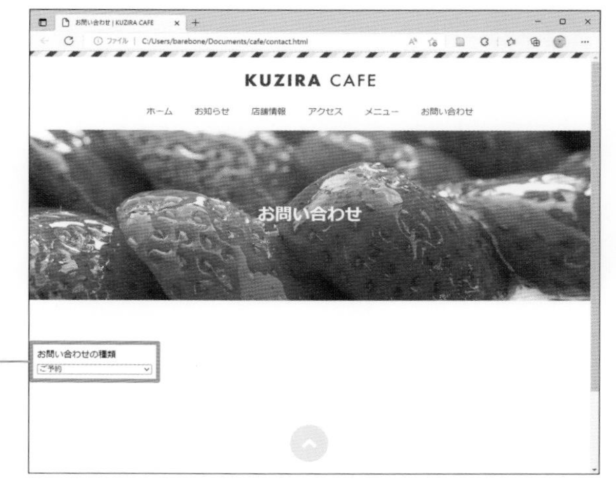

Code ● <select>タグと<option>タグを組み合わせてセレクトリストを作成する contact.html

```
                              省略
29      <form action="result.html">
30        <p>
31          お問い合わせの種類<br>
32          <select name="kind">
33            <option value="1">ご予約</option>
34            <option value="2">イベントに関するお問い合わせ</option>
35            <option value="3">その他</option>
36          </select>
37        </p>
38      </form>
                              省略
```

解説

<select> タグと <option> タグ

セレクトリストは**<select> ～ </select>**タグの中に、選択肢となる**<option> ～ </option>**タグを追加して作成します。また、<select>タグにはname属性を、それぞれの<option>タグにはvalue属性を追加します。この２つの属性は、どちらも入力内容を送信したときに処理プログラムが必要とする情報で、その値は使用するプログラムの仕様に合わせて付けることになります。なお、name属性とvalue属性はすべてのフォーム部品に付けます。そのため、今後作業するラジオボタン、チェックボックス、テキストフィールドなどでも記述することになります。

<form> タグの中には通常のタグも記述できる

<form> タグはフォーム全体の親要素ですが、その子要素にはフォーム関連のタグだけでなく、<p> タグや
 タグなど、通常のタグを含めることもできます。

05 ラジオボタンとチェックボックス

ラジオボタン、チェックボックスを作成します。この２つの見た目は似ていますが、項目を１つだけ選択できるのがラジオボタン、複数の項目にチェックを付けられるのがチェックボックス、という違いがあります。

ここで使うのは　● <input type="radio">　● <input type="checkbox">

1　来店したことがあるかどうかを尋ねるラジオボタンを設置する

KUZIRA CAFEに来店したことがあるかどうかを尋ね、「はい」か「いいえ」で答えてもらう**ラジオボタン**を作成します。また、初期状態では「はい」が選択されているようにします。

実習 79　<input type="radio">タグを記述する

① contact.htmlを編集します。セレクトリストを囲んだ<p> ～ </p>タグの次の行に再び<p>タグを追加し、その中に設問のテキスト「はじめてのご来店ですか？」と、ラジオボタン２つ分のタグを記述します❶。
作業が終わったらファイルを保存します。

```
27      <!-- メイン -->
28      <main>
29          <form action="result.html">
30              <p>
31                  お問い合わせの種類<br>
32                  <select name="kind">
33                      <option value="1">ご予約</option>
34                      <option value="2">イベントに関するお問い合わせ</option>
35                      <option value="3">その他</option>
36                  </select>
37              </p>
38              <p>
39                  はじめてのご来店ですか？<br>
40                  <input type="radio" name="first" value="yes" checked>はい<br>
41                  <input type="radio" name="first" value="no">いいえ
42              </p>
43          </form>
44      </main>
45      <!-- メインここまで -->
46      <!-- フッター -->
47      <footer>
48          <div class="gotop">
49              <a href="#top"><img src="images/gotop.svg" alt="ページトップへ戻る"></a>
50          </div>
51          <p class="copyright">&copy; KUZIRA CAFE</p>
52      </footer>
53      <!-- フッターここまで -->
54  </body>
55  </html>
56
```

② ブラウザでcontact.htmlを開きます。ラジオボタンが2つ表示されます。クリックするとどちらかが選択されるようになっています❷。

はじめてのご来店ですか？
❷ ○はい
◉いいえ

Code • <input type="radio"> タグを追加する　contact.html

```
-------------------------------- 省略 --------------------------------
29      <form action="result.html">
30        <p>
31          お問い合わせの種類<br>
-------------------------------- 省略 --------------------------------
37        </p>
38        <p>
39          はじめてのご来店ですか？<br>
40          <input type="radio" name="first" value="yes" checked>はい
    <br>
41          <input type="radio" name="first" value="no">いいえ
42        </p>
43      </form>
-------------------------------- 省略 --------------------------------
```

Note

checked属性

ラジオボタンの2つの選択肢のうち、「はい」のほうにはchecked属性を追加しました。この属性がついているラジオボタンやチェックボックスは、ページが読み込まれたときに初めからチェックがつくようになります。ほかの属性とは異なりchecked属性には値がないため「=」も値も設定しません。

2 どこで知ったかを答えてもらうチェックボックスを設置する

次に**チェックボックス**を作成します。どこでKUZIRA CAFEを知ったのか、「知り合いの紹介で」「SNS、Webサイト、雑誌などを見て」の中から選んでもらいます。

実習 80 <input type="checkbox">タグを記述する

1 ラジオボタンを囲んだ<p>～</p>タグの次の行に<p>タグを追加し、その中に設問のテキスト「当カフェをお知りになったきっかけは？」と、チェックボックス2つ分のタグを記述します❶。
作業が終わったらファイルを保存します。

```
27          <!-- メイン -->
28          <main>
29              <form action="result.html">
30                  <p>
31                      お問い合わせの種類<br>
32                      <select name="kind">
33                          <option value="1">ご予約</option>
34                          <option value="2">イベントに関するお問い合わせ</option>
35                          <option value="3">その他</option>
36                      </select>
37                  </p>
38                  <p>
39                      はじめてのご来店ですか？<br>
40                      <input type="radio" name="first" value="yes" checked>はい<br>
41                      <input type="radio" name="first" value="no">いいえ
42                  </p>
43                  <p>
44                      当カフェをお知りになったきっかけは？<br>
45                      <input type="checkbox" name="how" value="friend">知り合いの紹介で<br>
46                      <input type="checkbox" name="how" value="magazine">SNS、Webサイト、雑誌な
                        どを見て
47                  </p>
48              </form>
49          </main>
50          <!-- メインここまで -->
51          <!-- フッター -->
52          <footer>
53              <div class="gotop">
```

2 ブラウザでcontact.htmlを開きます。チェックボックスが2つ表示されます。ラジオボタンと違い、クリックすると両方にチェックを付けることができます❷。

当カフェをお知りになったきっかけは？
❷ ☑知り合いの紹介で
☑SNS、Webサイト、雑誌などを見て

Code ● <input type="checkbox"> タグを記述する

contact.html

```
------------------------------ 省 略 ------------------------------
29      <form action="result.html">
------------------------------ 省 略 ------------------------------
38          <p>
39              はじめてのご来店ですか？<br>
40              <input type="radio" name="first" value="yes" checked>はい<br>
41              <input type="radio" name="first" value="no">いいえ
42          </p>
43          <p>
44              当カフェをお知りになったきっかけは？<br>
45              <input type="checkbox" name="how" value="friend">知り合いの紹介で
    <br>
```

```
46          <input type="checkbox" name="how" value="magazine">SNS、Webサイト、雑誌などを見て
47        </p>
48      </form>
```

省略

解説

ラジオボタンとチェックボックス

ラジオボタンとチェックボックスは、<input>タグのtype属性の値が"radio"か"checkbox"かが違うだけで、よく似ているように見えます。でも、この2つには複数回答ができるかどうかという、利用者が操作するうえでの大きな違いがあります。

ラジオボタンは、複数ある選択肢のうち1つにだけチェックを付けることができます。また、一度どれかを選択したら、すべての選択肢のチェックを外した状態には戻せなくなるので、必ずどれか1つを選んでもらう設問に適しています。

それに対してチェックボックスは複数の項目にチェックを付けることができ、逆にどれにもチェックを付けないことも可能です。複数回答が可能な設問に適しています。

ラジオボタンとチェックボックスに共通するHTML記述上の注意があります。それは、同じ設問に対する選択肢には、同じname属性を付けておく、という決まりがあることです。name属性値を同じにすることにより、特にラジオボタンは、1つにチェックを付けたらほかのすべての選択肢からチェックが外れるようになります。

Note

実は似ているラジオボタンとセレクトリスト

ラジオボタンは、選択肢のうち1 つだけを選べるという点で、実はチェックボックスよりもセレクトリストに似ています。通常、「はい」「いいえ」など、選択肢が単純で項目数が少ないときにはラジオボタン、選択肢のテキストが長かったり項目数が多かったりするときにはセレクトリストを使います。

皆さんも日付や都道府県を選ぶ設問を見たことがあるかもしれません。こうした設問では選択肢が多くなるため、通常はセレクトリストで作成します。ただ、スマートフォンでは部品が大きく操作しやすいセレクトリストのほうが好まれるようで、最近のフォームでは選択肢が少なくてもセレクトリストにするケースもあります。

テキストフィールド

テキストフィールドを作成します。テキストフィールドは最もよく使われる入力部品のひとつで、改行する必要がない、比較的短いテキストを入力してもらうときに使います。

ここで使うのは ● <input type="text">

1 テキストフィールドを設置する

お問い合わせの件名を入力してもらう**テキストフィールド**を作成します。セレクトリストやチェックボックスのときと同じく、<p>タグと設問のテキストを入力してから、テキストフィールドのタグを記述します。

実習81 <input type="text">タグを記述する

① contact.htmlを編集します。チェックボックスを囲んだ<p>～</p>タグの次の行に<p>タグを追加し、その中に設問のテキスト「お問い合わせの件名」と、テキストフィールドのタグを記述します❶。
作業が終わったらファイルを保存します。

```
27      <!-- メイン -->
28      <main>
29          <form action="result.html">
30              <p>
31                  お問い合わせの種類<br>
32                  <select name="kind">
33                      <option value="1">ご予約</option>
34                      <option value="2">イベントに関するお問い合わせ</option>
35                      <option value="3">その他</option>
36                  </select>
37              </p>
38              <p>
39                  はじめてのご来店ですか？<br>
40                  <input type="radio" name="first" value="yes" checked>はい<br>
41                  <input type="radio" name="first" value="no">いいえ
42              </p>
43              <p>
44                  当カフェをお知りになったきっかけは？<br>
45                  <input type="checkbox" name="how" value="friend">知り合いの紹介で<br
46                  <input type="checkbox" name="how" value="magazine">SNS、Webサイト、
                    どを見て
47              </p>
48              <p>
49                  お問い合わせの件名<br>
50                  <input type="text" name="subject" placeholder="タイトル">   ❶
51              </p>
52          </form>
53      </main>
54      <!-- メインここまで -->
55      <!-- フッター -->
56      <footer>
```

②ブラウザでcontact.htmlを開きます。テキスト「お問い合わせの件名」とテキストフィールドが表示されます。テキストフィールドの中には「タイトル」と書かれています❷。

お問い合わせの件名

❷ タイトル

Code ● <input type="text"> タグを記述する

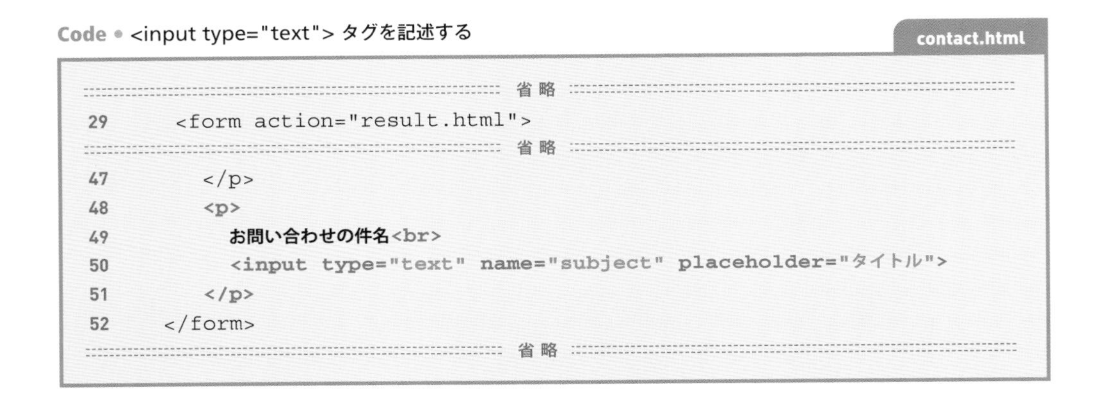

contact.html

```
---------------------- 省略 ----------------------
29      <form action="result.html">
---------------------- 省略 ----------------------
47          </p>
48          <p>
49              お問い合わせの件名<br>
50              <input type="text" name="subject" placeholder="タイトル">
51          </p>
52      </form>
---------------------- 省略 ----------------------
```

解説

テキストフィールド

<input type="text">タグで表示されるテキストフィールドは、お問い合わせの件名や名前、住所など、比較的短く、改行する必要のないテキストの入力に適しています。

テキストフィールドのタグには、これまでに紹介してきた部品と同様name属性を含める必要があるほかに、placeholder属性を追加することもできます。この属性を追加しておくと、テキストフィールド内に入力のヒントとなるテキストを書いておくことができます。

テキストエリア

テキストエリアは、複数行にまたがる長いテキストを入力できるフォーム部品です。改行もできるので、お問い合わせの具体的な内容など自由記述欄を作るのに適しています。

ここで使うのは ● `<textarea>`

1 お問い合わせの内容を入力するためのテキストエリアを作成する

お問い合わせの内容を入力してもらうための**テキストエリア**を作成します。テキストエリアには、**<textarea>** タグを使用します。

実習 82 <textarea>タグを記述する

① contact.html を編集します。テキストフィールドを囲んだ <p> 〜 </p> タグの次の行に <p> タグを追加し、その中に設問のテキスト「お問い合わせの具体的な内容」と、テキストエリアのタグを記述します❶。
作業が終わったらファイルを保存します。

```
ファイル(F) 編集(E) 選択(S) 表示(V) 移動(G) 実行(R) ターミナル(T) ヘルプ(H)   ● contact.html - Visual Studio Code
contact.html ●
C: > Users > barebone > Documents > cafe > contact.html > html > body#top > main > form > p > textarea
38              <p>
39                  はじめてのご来店ですか？<br>
40                  <input type="radio" name="first" value="yes" checked>はい<br>
41                  <input type="radio" name="first" value="no">いいえ
42              </p>
43              <p>
44                  当カフェをお知りになったきっかけは？<br>
45                  <input type="checkbox" name="how" value="friend">知り合いの紹介で<br
46                  <input type="checkbox" name="how" value="magazine">SNS、Webサイト、
                    を見て
47              </p>
48              <p>
49                  お問い合わせの件名<br>
50                  <input type="text" name="subject" placeholder="タイトル">
51              </p>
52              <p>
53                  お問い合わせの具体的な内容<br>
54                  <textarea name="message"></textarea>
55              </p>
56          </form>
57      </main>
58      <!-- メインここまで -->
59      <!-- フッター -->
60      <footer>
61          <div class="gotop">
62              <a href="#top"><img src="images/gotop.svg" alt="ページトップへ戻る"></a>
63          </div>
64          <p class="copyright">&copy; KUZIRA CAFE</p>
65      </footer>
66      <!-- フッターここまで -->
67  </body>
⊗0 ⚠0                                                        行 54、列 53  スペース:4  UT
```
❶ (lines 52–55)

② ブラウザでcontact.htmlを開きます。テキストエリアが表示されます❷。

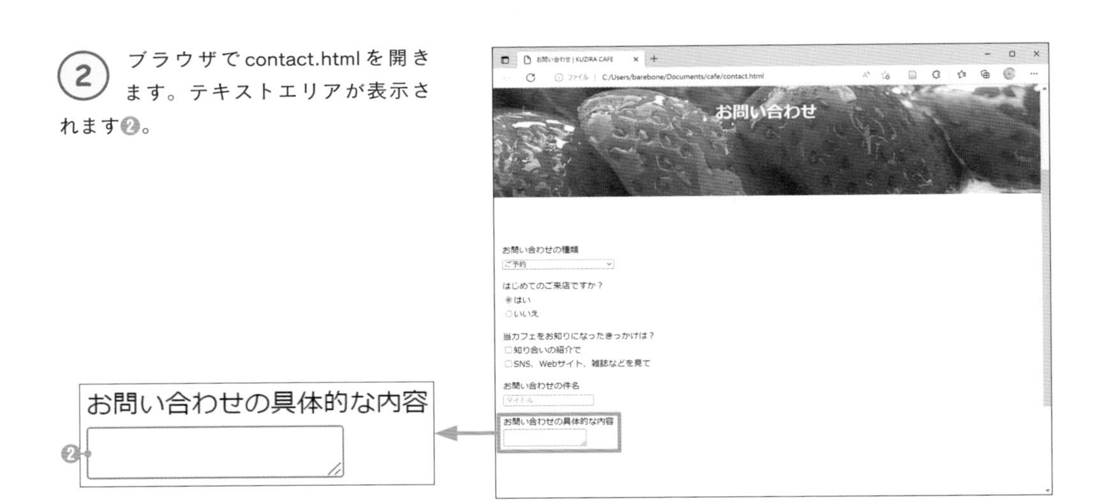

Code • <textarea>タグを記述する

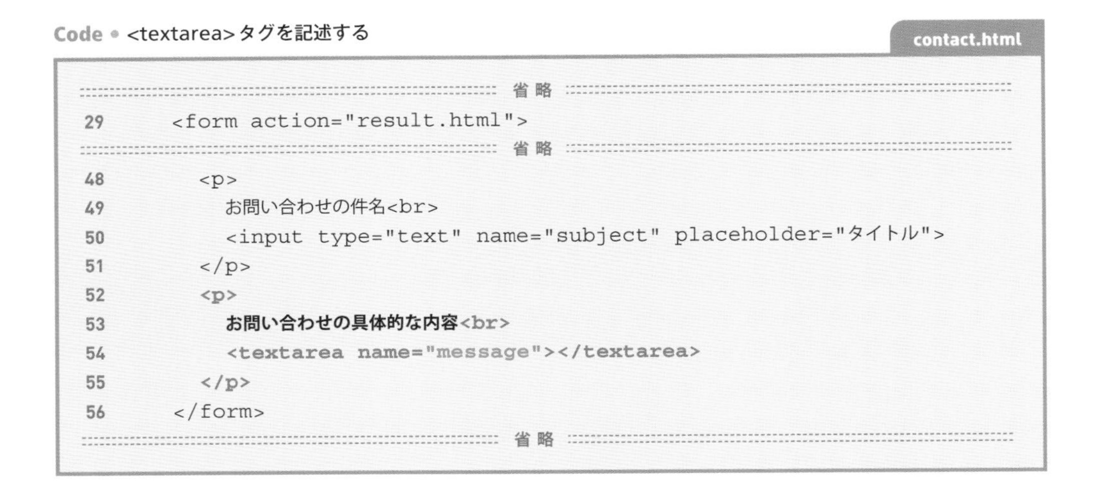

contact.html

```
                         省略
29      <form action="result.html">
                         省略
48        <p>
49          お問い合わせの件名<br>
50          <input type="text" name="subject" placeholder="タイトル">
51        </p>
52        <p>
53          お問い合わせの具体的な内容<br>
54          <textarea name="message"></textarea>
55        </p>
56      </form>
                         省略
```

解説

テキストエリア

<textarea>タグは、複数行のテキストが入力でき、途中で改行することもできるフォーム部品です。<input>タグと違って<textarea>には終了タグがありますが、開始タグと終了タグの間には何も書く必要はありません。

<textarea>タグにはほかの入力部品同様、name属性を含める必要があります。

送信ボタン

フォームの入力部品で最後に紹介するのは送信ボタンです。このボタンをクリックすると、入力した内容が<form>タグのaction属性に設定したURLに送信されます。

ここで使うのは

- `<input type="submit">`

1 送信ボタンを作成する

送信ボタンを作成するには**<input type="submit">**タグを使用します。このタグに追加するvalue属性の値が、ボタンのテキスト（ラベル）として表示されます。ここまでの作業で、フォームに必要な部品の設置は終了です。

実習 83 <input type="submit">タグを記述する

① contact.htmlを編集します。テキストエリアを囲んだ<p>～</p>タグの次の行に<p>タグを追加し、その中に送信ボタンのタグを記述します❶。後でCSSを適用できるように、<p>タグにはclass属性を追加して、クラス名は「"submit"」にします。
作業が終わったらファイルを保存します。

```
37                </p>
38                <p>
39                    はじめてのご来店ですか？<br>
40                    <input type="radio" name="first" value="yes" checked>はい<br>
41                    <input type="radio" name="first" value="no">いいえ
42                </p>
43                <p>
44                    当カフェをお知りになったきっかけは？<br>
45                    <input type="checkbox" name="how" value="friend">知り合いの紹介で<br
46                    <input type="checkbox" name="how" value="magazine">SNS、Webサイト、
                      を見て
47                </p>
48                <p>
49                    お問い合わせの件名<br>
50                    <input type="text" name="subject" placeholder="タイトル">
51                </p>
52                <p>
53                    お問い合わせの具体的な内容<br>
54                    <textarea name="message"></textarea>
55                </p>
56                <p class="submit">
57                    <input type="submit" value="送信">      ❶
58                </p>
59            </form>
60        </main>
61        <!-- メインここまで -->
62        <!-- フッター -->
63        <footer>
64            <div class="gotop">
65                <a href="#top"><img src="images/gotop.svg" alt="ページトップへ戻る"></a>
66            </div>
67            <p class="copyright">&copy; KUZIRA CAFE</p>
```

② ブラウザでcontact.htmlを開くと、「送信」と書かれたボタンが表示されます。フォームに入力してからこのボタンをクリックしてみましょう❷。result.htmlに移動し、ページに入力した内容が表示されていればフォームは正しく動作しています❸。

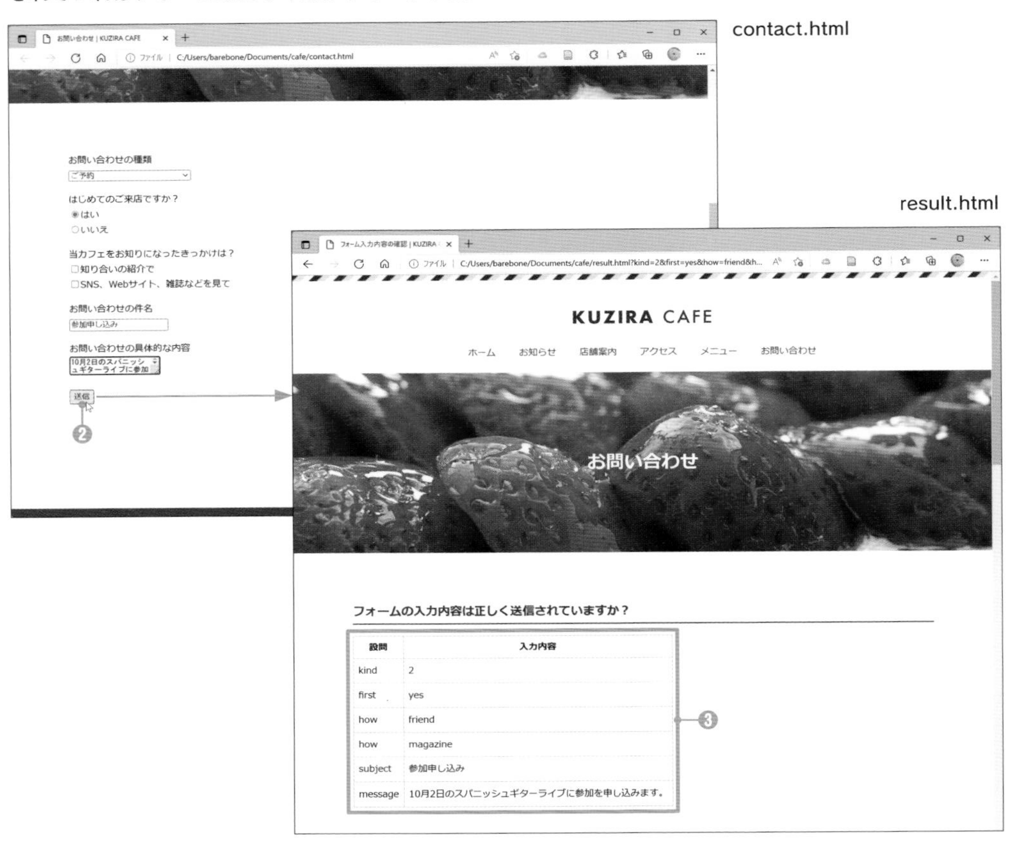

Code ● <input type="submit"> タグを記述する

contact.html

```
省略
29      <form action="result.html">
省略
52        <p>
53          お問い合わせの具体的な内容<br>
54          <textarea name="message"></textarea>
55        </p>
56        <p class="submit">
57          <input type="submit" value="送信">
58        </p>
59      </form>
省略
```

ラベル

フォームの「ラベル」とは、「お名前」や「住所」といった、その入力部品に入力すべき内容を記したテキストのことです。実習中のWebサイトではすでに「お問い合わせの種類」などテキスト自体は書いたのですが、ただ書いておくだけでは完璧なフォームにはなりません。今回追加する<label>タグを使って、ラベルのテキストと入力部品を関連付ける必要があります。

ここで使うのは ● **<label>**

1 セレクトリストにラベルを付ける

フォームの1行目にある「お問い合わせの種類」を、セレクトリストのラベルにします。<label>タグには2つの記述法があり、ここではそのうちの1つ、**for**属性と**id**属性を用いる方法でラベルのテキストとセレクトリストを関連付けます。

実習 84 <label>タグとfor属性、id属性を記述する

① contact.htmlを編集します。セレクトリストの<select>タグにid属性を追加して、値を「"kind"」にします❶。

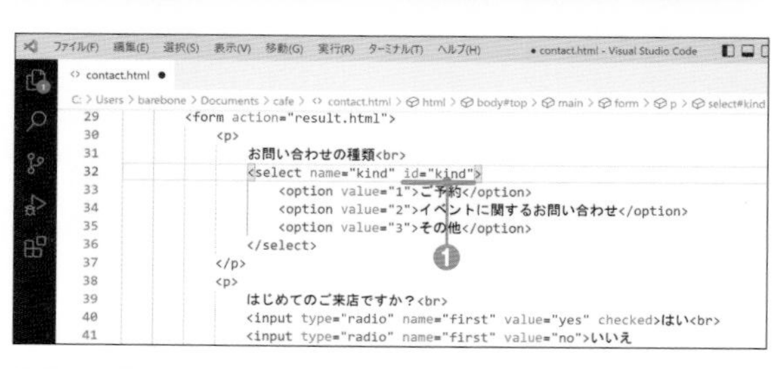

② 次に、関連付けたいラベルテキスト「お問い合わせの種類」を<label>タグで囲みます。<label>タグにはfor属性を含め、値を<select>タグのid属性と同じ「"kind"」にします❷。
作業が終わったらファイルを保存します。

```
29 <form action="result.html">
30     <p>
31         <label for="kind">お問い合わせの種類</label><br>
32         <select name="kind" id="kind">
33             <option value="1">ご予約</option>
34             <option value="2">イベントに関するお問い合わせ</option>
35             <option value="3">その他</option>
36         </select>
37     </p>
38     <p>
39         はじめてのご来店ですか？<br>
40         <input type="radio" name="first" value="yes" checked>はい<br>
41         <input type="radio" name="first" value="no">いいえ
```

③ ブラウザでcontact.htmlを開きます。表示自体は変わりませんが、設問テキストをクリックすると関連付けられたセレクトリストが選択状態になり、↑キーや↓キーを使って選択肢を選べるようになります。

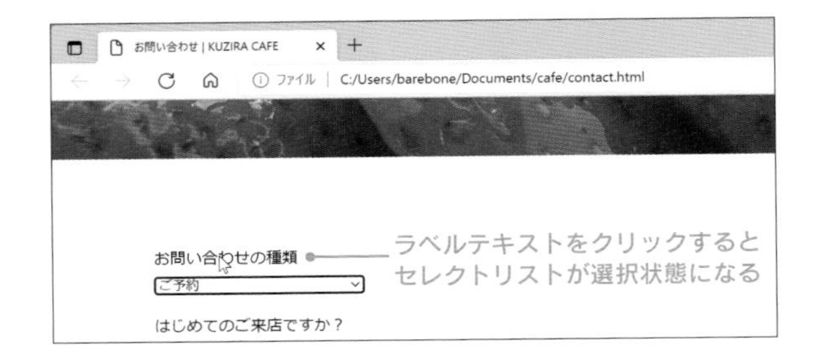

Code ● <label>タグとfor属性、id属性を記述する　contact.html

```
                         省略
29      <form action="result.html">
30        <p>
31          <label for="kind">お問い合わせの種類</label><br>
32          <select name="kind" id="kind">
33            <option value="1">ご予約</option>
34            <option value="2">イベントに関するお問い合わせ</option>
35            <option value="3">その他</option>
36          </select>
37        </p>
                         省略
```

Note for属性とid属性に同じ値を付ける

<label>タグのfor属性の値には、関連する入力部品のid属性の値と同じものを付けます。入力部品に付けるid属性の値はWebサーバーに送信されないので、好きな名前にすることができます。

2 ラジオボタン、チェックボックス、そのほかの項目にラベルを付ける

ラベルのもう1つの記述法で、ラジオボタンとチェックボックスにラベルを付けてみましょう。<label>タグのもう1つの記述法は、ラベルのテキストと関連する入力部品を<label>～</label>で囲むことです。すべての入力部品にラベルを付けたら、contact.htmlの編集は終了です。

実習85 セレクトリスト以外の入力部品にもラベルを付ける

1 引き続きcontact.htmlを編集します。ラジオボタンにラベルを付けます。最初のラジオボタンのHTML、「<input type="radio" name="first" value="yes" checked>」を、続くラベルテキストの「はい」も含めて<label>～</label>で囲みます❶。

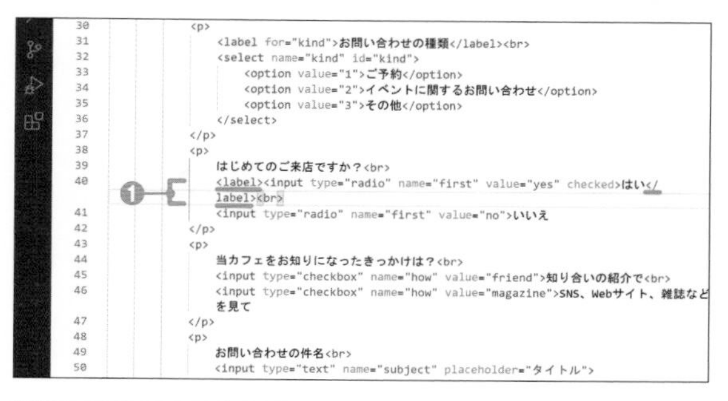

```
30          <p>
31              <label for="kind">お問い合わせの種類</label><br>
32              <select name="kind" id="kind">
33                  <option value="1">ご予約</option>
34                  <option value="2">イベントに関するお問い合わせ</option>
35                  <option value="3">その他</option>
36              </select>
37          </p>
38          <p>
39              はじめてのご来店ですか？<br>
40              <label><input type="radio" name="first" value="yes" checked>はい</
                label><br>
41              <input type="radio" name="first" value="no">いいえ
42          </p>
43          <p>
44              当カフェをお知りになったきっかけは？<br>
45              <input type="checkbox" name="how" value="friend">知り合いの紹介で<br>
46              <input type="checkbox" name="how" value="magazine">SNS、Webサイト、雑誌など
                を見て
47          </p>
48          <p>
49              お問い合わせの件名<br>
50              <input type="text" name="subject" placeholder="タイトル">
```

2 ほかのラジオボタン、チェックボックスも同様に、ラベルテキストも含めて<label>～</label>で囲みます❷。

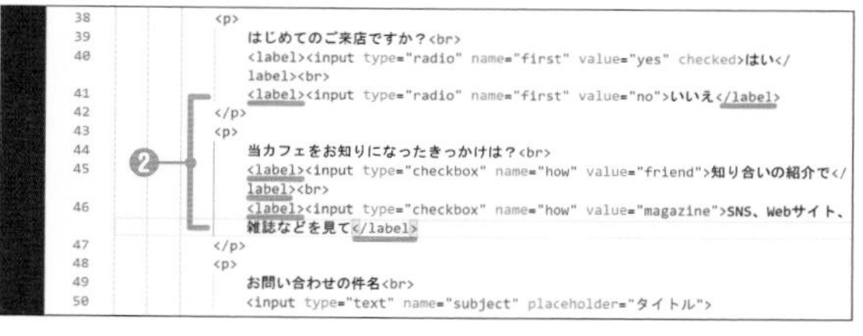

```
38          <p>
39              はじめてのご来店ですか？<br>
40              <label><input type="radio" name="first" value="yes" checked>はい</
                label><br>
41              <label><input type="radio" name="first" value="no">いいえ</label>
42          </p>
43          <p>
44              当カフェをお知りになったきっかけは？<br>
45              <label><input type="checkbox" name="how" value="friend">知り合いの紹介で</
                label><br>
46              <label><input type="checkbox" name="how" value="magazine">SNS、Webサイト、
                雑誌などを見て</label>
47          </p>
48          <p>
49              お問い合わせの件名<br>
50              <input type="text" name="subject" placeholder="タイトル">
```

3 残りの入力部品、テキストフィールドとテキストエリアにもラベルを付けます。for属性とid属性を使う方法でも<label>タグで囲む方法でもどちらでもかまいませんが、図を見ずにご自分でチャレンジしてみるのもよいでしょう。図ではfor属性とid属性を使う方法でラベルを付けています❸。
作業が終わったらファイルを保存します。

```
37          </p>
38          <p>
39              はじめてのご来店ですか？<br>
40              <label><input type="radio" name="first" value="yes" checked>はい</
                label><br>
41              <label><input type="radio" name="first" value="no">いいえ</label>
42          </p>
43          <p>
44              当カフェをお知りになったきっかけは？<br>
45              <label><input type="checkbox" name="how" value="friend">知り合いの紹介で</
                label><br>
46              <label><input type="checkbox" name="how" value="magazine">SNS、Webサイト、
                雑誌などを見て</label>
47          </p>
48          <p>
49              <label for="subject">お問い合わせの件名</label><br>
50              <input type="text" name="subject" placeholder="タイトル" id="subject">
51          </p>
52          <p>
53              <label for="message">お問い合わせの具体的な内容</label><br>
54              <textarea name="message" id="message"></textarea>
55          </p>
56          <p class="submit">
57              <input type="submit" value="送信">
```

4 ブラウザでcontact.htmlを開きます。ラベルを付けると、ラジオボタンやチェックボックスは本体だけでなく、ラベルテキスト（「はい」「いいえ」「知り合いの紹介で」「SNS、Weサイト、雑誌などを見て」）をクリックしてもチェックが付いたり外れたりします。テキストフィールドやテキストエリアの場合は、ラベルテキストをクリックすると入力フィールドが選択状態になります。実際に操作して試してみましょう。

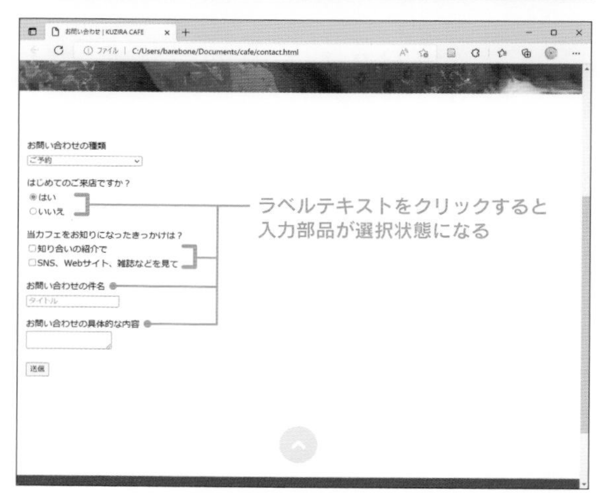

Code ● セレクトリスト以外の入力部品にもラベルを付ける　contact.html

```
省略
38        <p>
39          はじめてのご来店ですか？<br>
40          <label><input type="radio" name="first" value="yes" checked>
はい</label><br>
41          <label><input type="radio" name="first" value="no">いいえ</
label>
42        </p>
43        <p>
44          当カフェをお知りになったきっかけは？<br>
45          <label><input type="checkbox" name="how" value="friend">知り合
いの紹介で</label><br>
46          <label><input type="checkbox" name="how"
value="magazine">SNS、Webサイト、雑誌などを見て</label>
47        </p>
48        <p>
49          <label for="subject">お問い合わせの件名</label><br>
50          <input type="text" name="subject" placeholder="タイトル"
id="subject">
51        </p>
52        <p>
53          <label for="message">お問い合わせの具体的な内容</label><br>
54          <textarea name="message" id="message"></textarea>
55        </p>
56        <p class="submit">
57          <input type="submit" value="送信">
58        </p>
59      </form>
省略
```

解説

ラベルと入力部品を関連付ける２つの方法

<label>タグを使ってラベルテキストと入力部品を関連付けるには、2つの記述法があることを紹介してきました。そのうちの1つは、関連する入力部品のid属性の値と同じものを、<label>タグのfor属性の値に指定することです。もう1つは、入力部品とラベルテキストを、丸ごと<label>～</label>タグで囲む方法です。どちらも効果は同じなので、好きなほうを使ってかまいません。

10 フォームのスタイル

フォームのHTMLが完成したので、これからスタイルを調整します。フォームのタグのうち、<form>タグは<p>タグや<div>タグなど通常のタグと同じ感覚でスタイルを調整できます。入力部品の中にはスタイルの調整が難しいものもありますが、テキストフィールドなどは幅やフォントサイズなどが変更できます。

ここで使うのは ● 属性セレクタ ● **margin** ● **max-width** ● **height**

1 入力しやすいフォームにするために全体のレイアウトを調整する

まずはフォーム全体のレイアウトを調整しましょう。フォームをページの左右中央に配置するために、<form>タグの横幅を少し狭めに設定して、左右マージンを「auto」にします。これは第7章でメインコンテンツをページの中央に配置したのと同じ手法です(p.172)。

実習 86 <form>タグにスタイルを適用する

① style.cssを編集します。style.cssの最後の行に、<form>タグに適用されるCSSを追加します❶。
作業が終わったらファイルを保存します。

ファイル(F) 編集(E) 選択(S) 表示(V) 移動(G) 実行(R) ターミナル(T) ヘルプ(H) style.css - Visual Studio C

contact.html # style.css

C: > Users > barebone > Documents > cafe > css > # style.css > .copyright

```
115
116  /* 個別のスタイル */
117  /* index.html */
118  .logo-whale {
119      text-align: center;
120  }
121  .shop-info {
122      border-collapse: collapse;
123  }
124  .shop-info th, .shop-info td {
125      border: 1px solid #DBDBDB;
126      padding: 20px;
127  }
128  .shop-info th {
129      width: 112px;
130      text-align: left;
131      vertical-align: top;
132  }
133
134  /* menu.html */
135  .items {
136      display: grid;
137      grid-template-columns: 1fr 1fr 1fr;
138      gap: 20px;
139  }
140
141  /* contact.html */
142  form {
143      margin: 0 auto;
144      max-width: 640px;
145  }
```

❶

② ブラウザでcontact.htmlを開きます。フォームがページの中央あたりに配置されるようになりました❷。

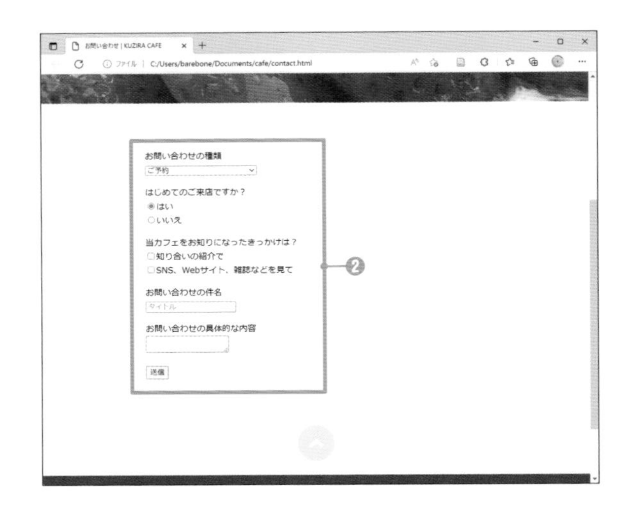

Code ● <form>タグにスタイルを適用する　**style.css**

```
---------------- 省略 ----------------
134  /* menu.html */
135  .items {
---------------- 省略 ----------------
139  }
140
141  /* contact.html */
142  form {
143    margin: 0 auto;
144    max-width: 640px;
145  }
```

2 入力部品の幅やフォントサイズを整える

テキストフィールドとテキストエリアのスタイルを調整します。CSSが適用されない状態では幅も狭くフォントサイズも小さいので、どちらも大きくしましょう。さらにテキストエリアは縦の高さも大きくします。テキストフィールドを選択するために**属性セレクタ**というセレクタを使用します。

実習 87 テキストフィールド、テキストエリアのサイズやフォントサイズを調整する

① style.cssを編集します。先ほど書いたCSSの次の行に、テキストフィールドとテキストエリアに適用されるCSSを記述します❶。

```
ファイル(F) 編集(E) 選択(S) 表示(V) 移動(G) 実行(R) ターミナル(T) ヘルプ(H)   ● style.css - Visual Studio
<> contact.html   # style.css ●
C: > Users > barebone > Documents > cafe > css > # style.css > input[type="text"]
120  }
121  .shop-info {
122      border-collapse: collapse;
123  }
124  .shop-info th, .shop-info td {
125      border: 1px solid #DBDBDB;
126      padding: 20px;
127  }
128  .shop-info th {
129      width: 112px;
130      text-align: left;
131      vertical-align: top;
132  }
133
134  /* menu.html */
135  .items {
136      display: grid;
137      grid-template-columns: 1fr 1fr 1fr;
138      gap: 20px;
139  }
140
141  /* contact.html */
142  form {
143      margin: 0 auto;
144      max-width: 640px;
145  }
146  input[type="text"], textarea {
147      padding: 6px;
148      width: 100%;
149      font-size: 1rem;
150  }
```
❶

② さらに、テキストエリアのみに適用される、要素の高さを設定するCSSを追加します❷。
作業が終わったらファイルを保存します。

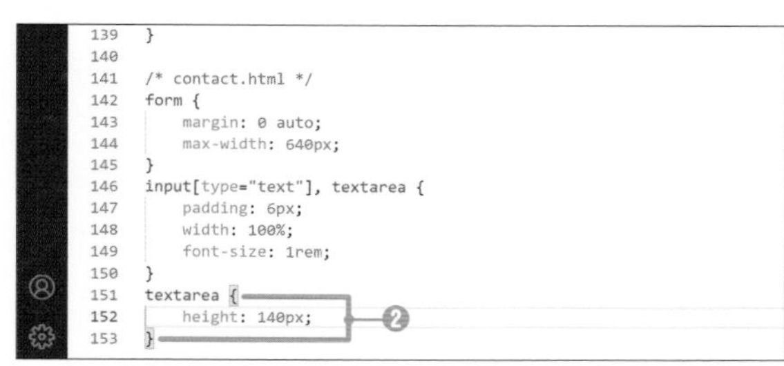

③ ブラウザでcontact.htmlを開きます。テキストフィールドとテキストエリアが大きくなりました❸。実際に入力してみるとわかりますが、両方ともフォントサイズも大きくなっています。

Code • テキストフィールド、テキストエリアのサイズやフォントサイズを調整する　style.css

```
                         省略
141 /* contact.html */
142 form {
143   margin: 0 auto;
144   max-width: 640px;
145 }
146 input[type="text"], textarea {
147   padding: 6px;
148   width: 100%;
149   font-size: 1rem;
150 }
151 textarea {
152   height: 140px;
153 }
```

解説

属性セレクタ

属性セレクタとは、タグの属性やその設定値を要素の選択に利用するセレクタです。[ ]で囲まれている部分が属性セレクタで、テキストフィールドを選択するために使いました。

記述したCSSを例に、もう少し詳しく見てみましょう。セレクタに「input[type="text"]」と書いたので、「<input>タグ」で「type属性が"text"」になっている要素、つまりテキストフィールドが選択されます。

フォームの入力部品には<input>タグを使うものが多く、これまでに使ったことのあるセレクタではテキストフィールドとチェックボックスなどを個別に選び分けるのが少し難しかったといえます。属性セレクタを使えば比較的簡単に入力部品を選び分けることができるので、フォームのスタイル調整にはよく使われます。

Fig • 属性セレクタの例。<input>タグで、属性がtype="text"になっている要素を選択してスタイルを適用する

```
input[type="text"] { スタイル } ──→ <input type="text">
                                     <input type="radio">
                                     <input type="checkbox">
                                     <input type="submit">
```

11 送信ボタンのスタイル

フォーム作成の最後の仕上げとして、送信ボタンのデザインを整えましょう。送信ボタンは自由にCSSを適用できる入力部品で、工夫しだいでいろいろな表現ができます。今回の実習では、色を変えてサイズを大きくします。

ここで使うのは ●**text-align** ●**border** ●**padding** ●**width** ●**background-color** ●**color** ●**font-size**

1 送信ボタンにCSSを適用する

送信ボタンのスタイルを変更します。ボタンに適用するスタイルは次のとおりです。

- **ボーダーをなしにする**
- **ボタンのサイズを大きくするために、上下左右パディングを20pxにする**
- **背景色を変更する**
- **テキスト色を変更する**
- **フォントサイズを大きくする**

また、親要素（<p class="submit">）にもCSSを適用して、ボタンを左右中央揃えで配置します。

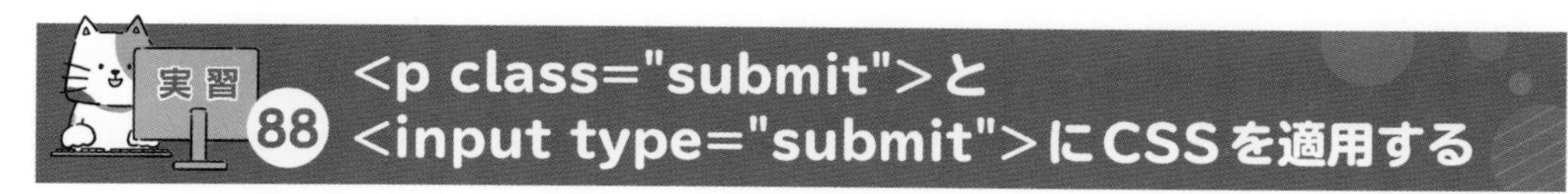

① style.cssを編集します。最後の行に、<p class="submit">に適用されるCSSを追加します❶。

```
141  /* contact.html */
142  form {
143      margin: 0 auto;
144      max-width: 640px;
145  }
146  input[type="text"], textarea {
147      padding: 6px;
148      width: 100%;
149      font-size: 1rem;
150  }
151  textarea {
152      height: 140px;
153  }
154  .submit {
155      text-align: center;
156  }
```
❶

② 次に、送信ボタンに適用されるCSSを追加します❷。行数が多く少し長いスタイルを書きますが、どれもいままでに使ったことがあるプロパティばかりです。
作業が終わったらファイルを保存します。

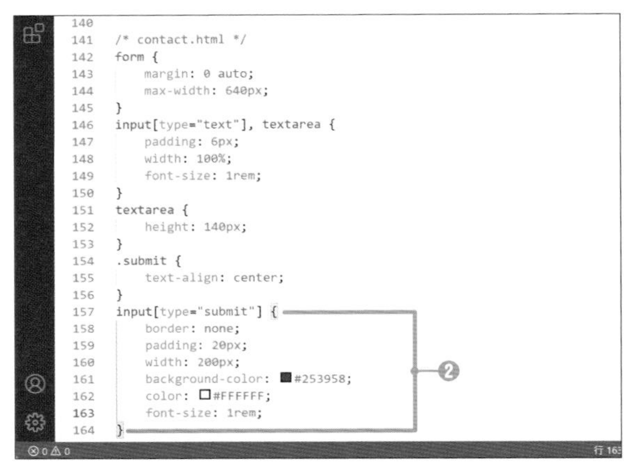

③ ブラウザでcontact.htmlを開きます。送信ボタンがフォームの左右中央揃えで配置されるようになり、ボタンの色が変わって大きく表示されるようになりました❸。

Code • <p class="submit">と<input type="submit">にCSSを適用する

style.css

```
------------------------------ 省略 ------------------------------
151 textarea {
152   height: 140px;
153 }
154 .submit {
155   text-align: center;
156 }
157 input[type="submit"] {
158   border: none;
159   padding: 20px;
160   width: 200px;
161   background-color: #253958;
162   color: #FFFFFF;
163   font-size: 1rem;
164 }
```

Chapter

11

モバイル端末に対応する

スマートフォンの小さな画面でもストレスなく見られるように、ここまで作ってきたWebサイトのデザインを調整します。本書で紹介する「レスポンシブデザイン」という手法は、共通のHTMLファイル、CSSファイルを使ってパソコンやスマートフォンをはじめ画面サイズが異なる端末での閲覧を可能にする技術で、多くのWebサイトで採用されている広く普及したテクニックです。Webサイトの最後の仕上げに取り組みましょう。

01 レスポンシブデザイン

Webサイトをスマートフォンでも閲覧できるようにするにはいくつかの方法がありますが、現在では「レスポンシブデザイン」という手法を採用するのが主流です。レスポンシブデザインとはどのようなものか、Webサイトをスマートフォンでの閲覧に対応させる基本的な考え方を把握しておきましょう。

1 スマートフォンに対応したWebサイトを作るには

Webサイトをモバイル端末[*1]からの閲覧に対応させるには、大きく分けて2つの方法があります。1つは「パソコン向けとモバイル端末向けで別々のページを作る」方法、もう1つが「別々のページを作るのではなく、どんな端末にも対応できるページを作る」方法です。後者の方法を**レスポンシブデザイン**といい、Webサイトをモバイル端末に対応させるための現在主流のテクニックとなっています。

＊1 パソコン以外にWebサイトを閲覧できる端末として、スマートフォンだけでなくタブレットなどもあります。本書ではこうした端末を総称して「モバイル端末」と呼んでいます。

2 レスポンシブデザインのテクニック

レスポンシブデザインとは、スマートフォンからパソコンまで、大小さまざまな画面サイズに合わせてページのデザイン、レイアウトを変化させる手法です。変化するレイアウトを実現するために、大きく分けて次の3つのテクニックを組み合わせます。

(1) 画面幅もしくはウィンドウ幅に合わせてページの横幅が伸縮するように作るテクニック

レスポンシブデザインに対応するには、画面サイズに合わせてページの横幅が伸縮するようにします。3つのテクニックの中でも最も重要です。

Fig ● テクニック（1） 画面幅に合わせて伸縮する

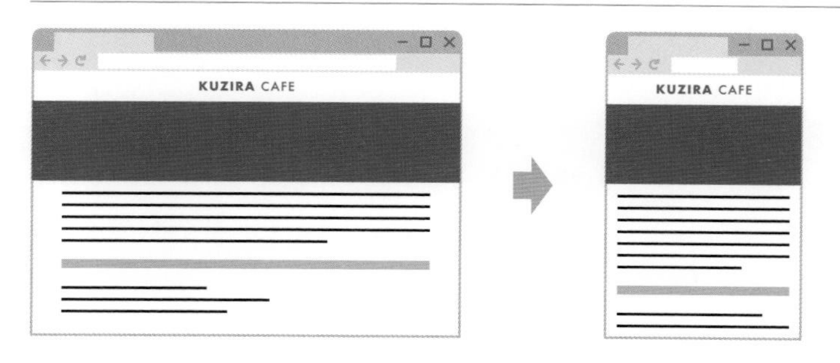

(2) 表示できる面積に合わせて画像を伸縮するように作るテクニック

画像はそのままでは伸縮してくれません。ページの横幅に合わせて画像も伸縮できるようにします。

Fig ● テクニック（2） 画面幅に合わせて画像も伸縮する

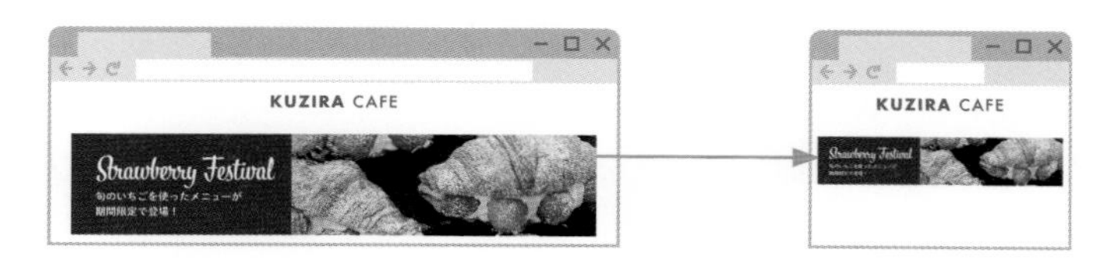

(3) 画面サイズに合わせて最適なスタイルに切り替えるテクニック

場合によって、横幅を伸縮させるだけでなく画面幅に合わせてスタイルそのものを切り替える必要も出てきます。

Fig ● テクニック（3） 画面サイズに合わせてレイアウトを切り替える

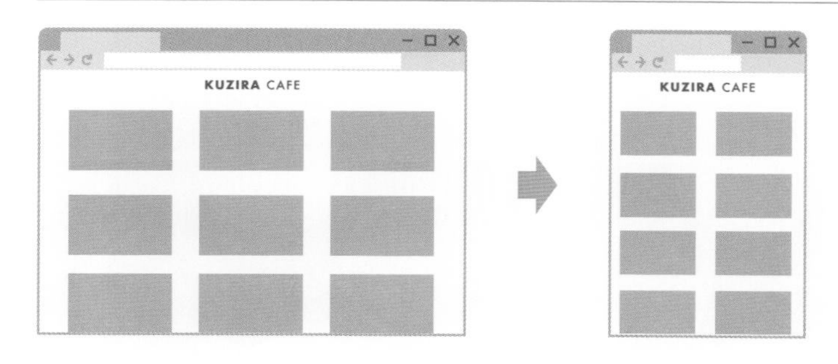

実は、いま作っているKUZIRA CAFE Webサイトは、この3つのテクニックのうち(1)と(2)はすでに達成しています。(1)の「画面幅もしくはウィンドウ幅に合わせてページの横幅が伸

縮する」については、ヘッダー、ヒーロー画像、フッターはウィンドウ幅いっぱいに広がるようになっていますし、メインコンテンツの部分も伸縮します＊2。画面幅が狭くても最低限の表示はできるようになっています。

また(2)の「表示できる面積に合わせて画像を伸縮する」についても、親要素の幅に合わせて画像が伸縮するCSSをすでに追加してあります＊3。知らない間に、スマートフォンでも見られるページまであと一歩、というところまでは来ているのですね。そこで本章では、残る(3)の作業を主に行います。

＊2 第7章「メインコンテンツを中央揃えに」(p.172)
＊3 第7章「画像の伸縮」(p.176)

3 モバイル端末での表示を確認するには

これからの作業では、モバイル端末での表示を頻繁に確認することになります。ただ、HTMLやCSSを少し編集するたびに実際のモバイル端末で確認するのは面倒なので、パソコンのブラウザで代用する方法を覚えておきましょう。

パソコンのブラウザでモバイル端末の表示を確認する方法は2通りあります。1つはブラウザウィンドウをドラッグして狭めたり広げたりする方法、もう1つはブラウザに搭載されている開発ツール＊4を使う方法です。パソコンのブラウザでの確認は、スマートフォンでページを開いたときとは微妙な動作や表示が異なるため完璧ではありませんが、作業中のチェックには十分です。

＊4 Edgeでは「開発者ツール」、Safariでは「Webインスペクタ」と呼ばれていますが、本書では統一して「開発ツール」と呼びます。

Fig ● ブラウザウィンドウを狭めたり広げたりして表示を確認する

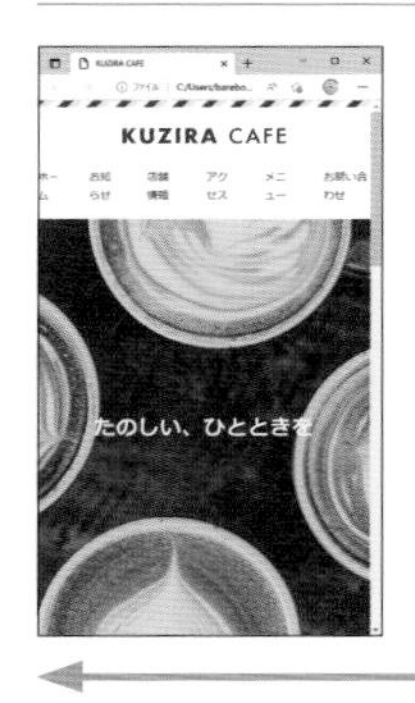

狭める　ウィンドウをドラッグして　広げる

実習 89 モバイル端末での表示を確認する Windows

① 開発ツールを使って表示を確認してみましょう。Edgeを起動して、ウィンドウ右上の［…］(設定など）をクリックして❶、［その他のツール］—［開発者ツール］をクリックします❷。

② ウィンドウの下のほうに開発者ツールが開いたら、［デバイス エミュレーションの切り替え］をクリックします❸。ページがレスポンシブデザインモード――モバイル端末の画面サイズ――で表示されるようになります❹。

③ 開発者ツールの位置を変更することができます。開発者ツール右の［…］(DevTools のカスタマイズと制御＊5）をクリックして❺、［ドッキングの位置］から［右にドッキング］などをクリックします❻。

＊5「Customize and control DevTools」と英語になっている場合もあります。

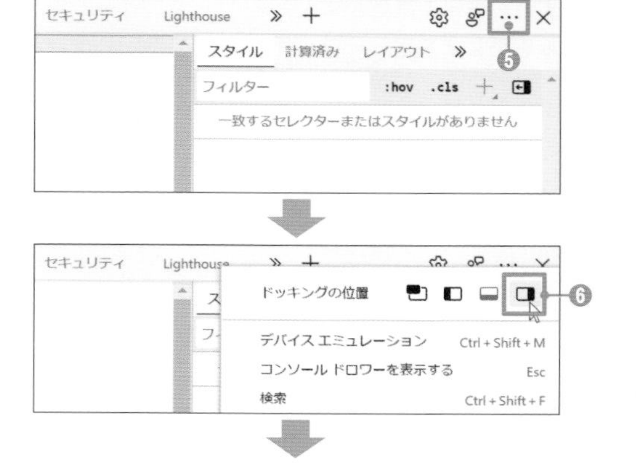

開発者ツールがウィンドウの右側に表示されます⑦。より大きくページを表示したいときに役立ちます。

④ 表示をテストしたい端末を切り替えるには、ウィンドウ上の［ディメンション］メニューから、モバイル端末の機種を選びます⑧。

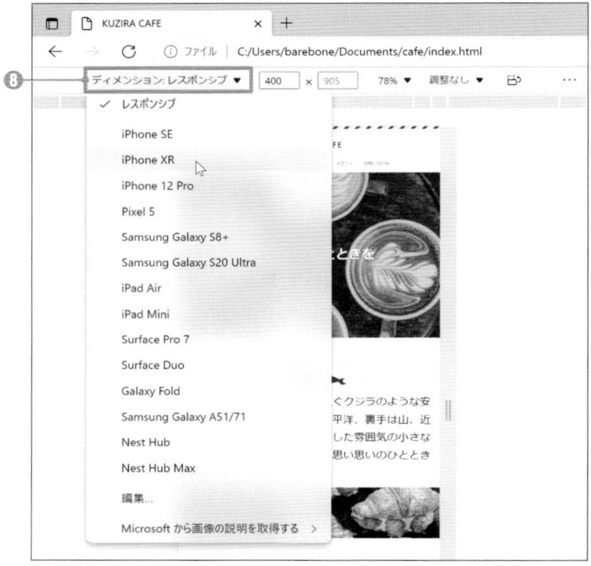

⑤ レスポンシブデザインモードを解除するときはもう一度［デバイス エミュレーションの切り替え］をクリックします⑨。表示の確認が済んだら開発者ツールを閉じます⑩。

実習 89 モバイル端末での表示を確認する Mac

① 開発ツールを使って表示を確認してみましょう。Safariは初期設定では開発ツール（Webインスペクタ）が開かないようになっているので、最初に一度だけ設定を変更します。Safariを起動して、［Safari］メニュー—［環境設定］をクリックします❶。環境設定ウィンドウが開いたら［詳細］タブをクリックします❷。［メニューバーに“開発”メニューを表示］にチェックを付けます❸。設定が終わったら環境設定ウィンドウは閉じてかまいません。

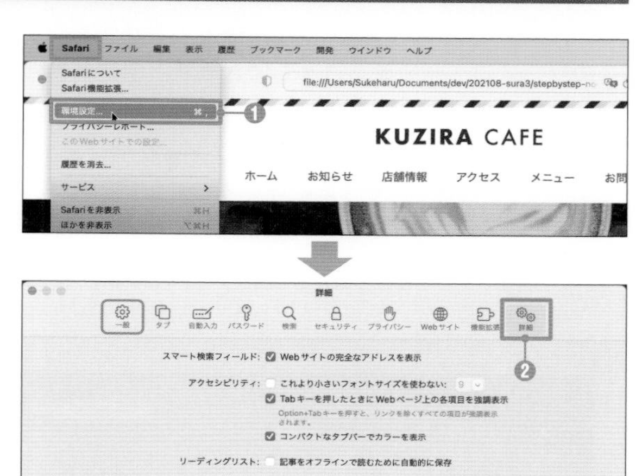

② メニューバーに［開発］メニューが表示されるようになります❹。その［開発］メニューから［レスポンシブ・デザイン・モードにする］をクリックすると❺、ページがレスポンシブデザインモード——モバイル端末の画面サイズ——で表示されるようになります❻。画面上部のアイコンからモバイル端末の機種などを選ぶことができます❼。

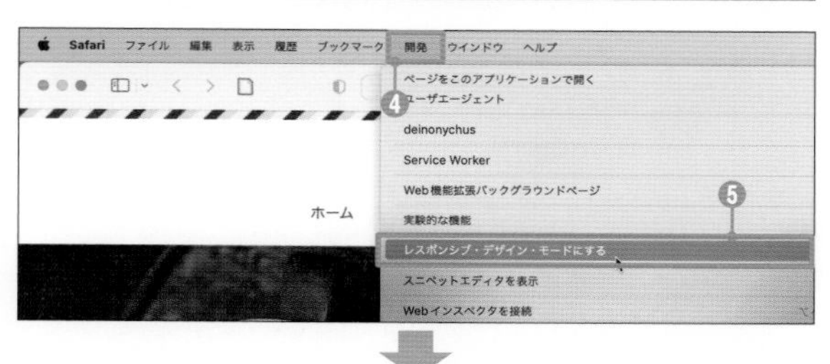

③ レスポンシブデザインモードを解除するときは、［開発］メニュー—［レスポンシブ・デザイン・モードを終了］をクリックします❽。

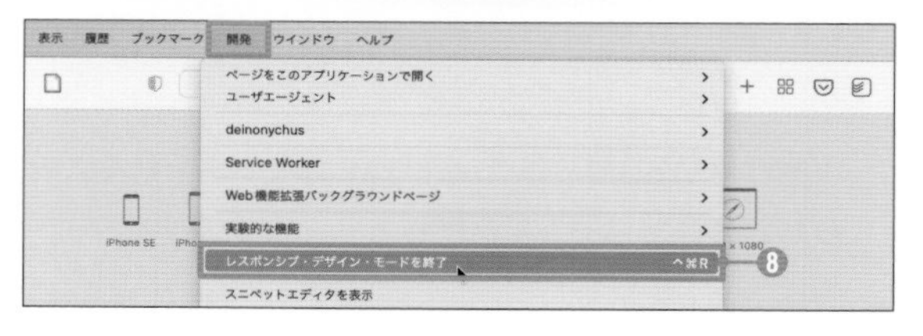

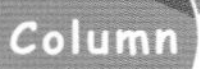

ほかのサイトのHTMLやCSSを解読してみよう

開発ツールは、何もモバイル端末の表示確認だけのものではありません。HTMLやCSSのソースコードを見ることもできます。現在表示されているページのHTMLやCSSを確認するには、Edgeでは開発者ツールを開いた後、［要素］タブをクリックします。Safariの場合は［開発］メニュー─［Webインスペクタを表示］を選ぶとWebインスペクタが開くので、その上部の［要素］タブをクリックします。

Fig ● 開発ツールを使ってほかのWebサイトのHTMLやCSSを見る

開発者ツール（Edge）

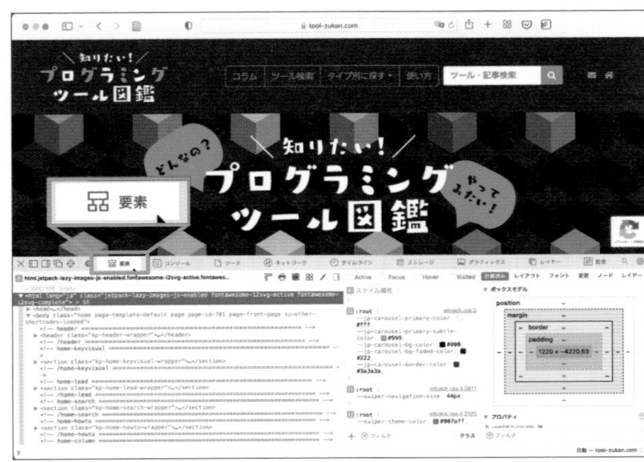

Webインスペクタ（Safari）

どんなWebサイトでもHTMLやCSSを見ることができるので、「これはどうやって実現しているのだろう？」と思ったら、開発ツールでソースコードを確認してみましょう。

02 ビューポートの設定

Webサイトをレスポンシブデザインに対応する最初の作業は、ブラウザの表示設定を変更することです。そのために、すべてのHTMLに<meta>タグを1行追加します。

ここで使うのは
- **<meta name="viewport">**

1 表示設定を変更する

幅が伸縮するページを正しく表示させるためには、「このページの幅は固定されておらず、画面サイズやウィンドウサイズに合わせて伸縮できます」と、モバイル端末のブラウザに伝える必要があります。その「伝える」役割を果たすのが今回記述する<meta>タグです。

実習 90 <meta name="viewport">タグを記述する

① index.htmlを開いて編集します。<head>～</head>タグの中にある「<meta charset="UTF-8">」の次の行に、<meta name="viewport">タグを追加します❶。
作業が終わったらファイルを保存します。

② 同じ<meta>タグをほかの全ページ、access.html、menu.html、contact.htmlにも追加します。表示に変化はないのでブラウザで確認する必要はありません。

```
ファイル(F) 編集(E) 選択(S) 表示(V) 移動(G) 実行(R) ターミナル(T) ヘルプ(H)   ● index.html - Visual Studio Code
index.html ●
C: > Users > barebone > Documents > cafe > index.html > html > head > meta
1  <!DOCTYPE html>
2  <html>
3  <head>
4      <meta charset="UTF-8">
5      <meta name="viewport" content="width=device-width, initial-scale=1">   ❶
6      <title>KUZIRA CAFE</title>
7      <link rel="stylesheet" href="css/style.css">
8  </head>
9  <body id="top">
10     <!-- ヘッダー -->
11     <header class="header">
12         <div class="logo">
13             <a href="index.html"><img src="images/logo.svg" alt="KUZIRA CAF
14         </div>
15         <nav class="nav">
16             <ul>
17                 <li><a href="index.html">ホーム</a></li>
18                 <li><a href="index.html#news">お知らせ</a></li>
19                 <li><a href="index.html#shop">店舗情報</a></li>
20                 <li><a href="access.html">アクセス</a></li>
21                 <li><a href="menu.html">メニュー</a></li>
22                 <li><a href="contact.html">お問い合わせ</a></li>
23             </ul>
24         </nav>
25     </header>
26     <!-- ヘッダーここまで -->
27     <h1 class="hero index">たのしい、ひとときを</h1>
28     <!-- メイン -->
29     <main>
30         <div class="logo-whale"><img src="images/logo-whale.svg" alt=""></d
31         <p>一杯のコーヒーで、ゆったり泳ぐクジラのような安らぎとくつろぎを。正面に
```

Code • <meta name="viewport">タグを記述する

index.html

```
1 <!DOCTYPE html>
2 <html>
3 <head>
4   <meta charset="UTF-8">
5   <meta name="viewport" content="width=device-width, initial-
  scale=1">
6   <title>KUZIRA CAFE</title>
7   <link rel="stylesheet" href="css/style.css">
8 </head>
                              省略
```

解説

ビューポートと<meta name="viewport"> タグ

ビューポートとは、ページが表示される画面の領域のことを指します。パソコン向けブラウザならブラウザウィンドウ、モバイル端末なら画面全体がビューポートです。

モバイル端末ブラウザの初期設定では、Webページがパソコンの広い画面向けにレイアウトされていると想定して、小さな画面に収まるようにページ全体を縮小表示するようになっています。その結果、テキストの文字も小さくなってしまい、見やすいページにはなりません。

今回の実習で書いた<meta>タグは、ブラウザの初期設定を変更してこの縮小機能をオフにします。レスポンシブデザインに対応したページはもともと画面サイズに合わせて幅が伸縮するため、ブラウザの縮小機能を使う必要がないからです。

なお今回の<meta>タグは、レスポンシブデザインのページならどんな場合でも同じように記述します。ほかの書き方をすることはほとんどありません。

Fig • <meta name="viewport">タグの書き方

```
<meta name="viewport" content="width=device-width, initial-scale=1">
```

メディアクエリとブレイクポイント

メディアクエリは、画面サイズに応じて適用するスタイルを切り替えるCSSの機能です。画面サイズに合わせてレイアウトを変えたいときなどに使います。

ここで使うのは ● @media

1 レイアウトを切り替えなければいけないところはどこ？

第11章「レスポンシブデザイン」(p.272)でも取り上げたとおり、Webサイトをレスポンシブデザインに対応するには3つのテクニックが必要で、KUZIRA CAFEではそのうちの2つ、画面幅もしくはウィンドウ幅に合わせてページの横幅が伸縮することと、表示できる面積に合わせて画像を伸縮することはすでに実現できています。残る1つが「画面サイズに合わせて最適なスタイルに切り替える」ことで、**メディアクエリ**はこのスタイル切り替えをするために必要不可欠な"切り札"です。

Fig ● 制作中のWebサイトでレイアウトを変更したほうがよさそうなところ

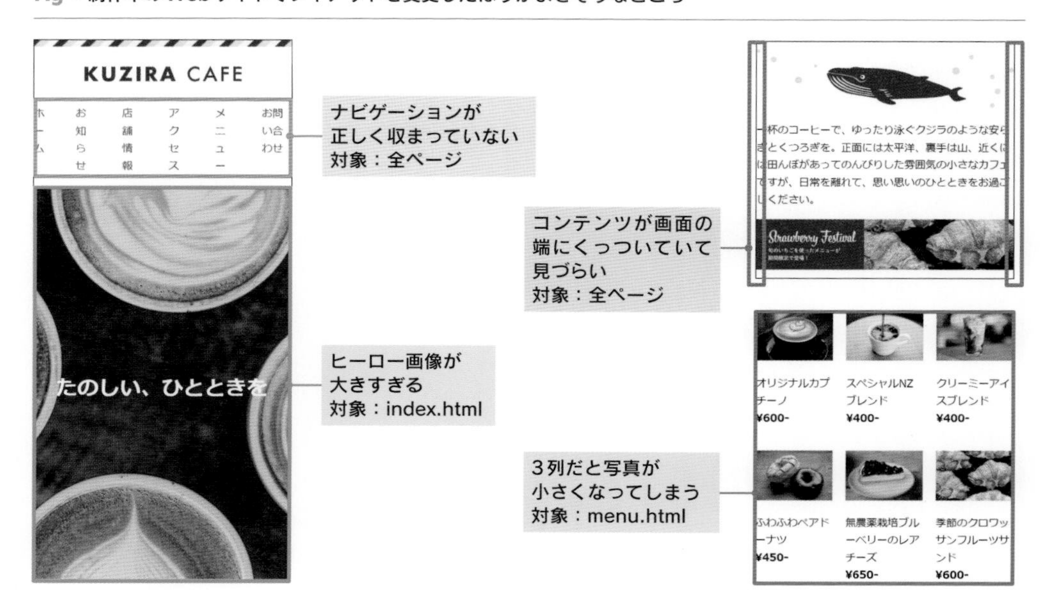

chapter 11 モバイル端末に対応する

前ページの図はいま制作中のKUZIRA CAFE Webサイトを、開発ツールを使ってスマートフォン表示したときの画面の一部です。それぞれの作業のときにもう一度確認しますが、全部で4カ所のスタイルを変更します。

2 メディアクエリを使用する

スタイルの切り替えは、実際には端末の種類で振り分けるのではなく、「画面幅が○○以下ならこういうスタイルを適用する」や、「画面幅が○○以上ならこうする」というように、主に画面サイズの大きさで判別します。画面サイズでスタイルを切り替えるためのメディアクエリを、style.cssに追加しましょう。

実習 91 style.cssに@mediaを追加する

(1) style.cssを開いて編集します。style.cssの最後の行にメディアクエリのCSSを追加します❶。作業が終わったらファイルを保存します。この段階では表示に変化はないので、ブラウザで確認する必要はありません。

```
147     padding: 6px;
148     width: 100%;
149     font-size: 1rem;
150 }
151 textarea {
152     height: 140px;
153 }
154 .submit {
155     text-align: center;
156 }
157 input[type="submit"] {
158     border: none;
159     padding: 20px;
160     width: 200px;
161     background-color: #253958;
162     color: #FFFFFF;
163     font-size: 1rem;
164 }
165
166 /* モバイル対応 */
167 @media (max-width: 767px) {
168
169 }
```

❶

Code • style.cssに@mediaを追加する

style.css

```
------------------------------ 省略 ------------------------------
157 input[type="submit"] {
------------------------------ 省略 ------------------------------
164 }
165
166 /* モバイル対応 */
167 @media(max-width: 767px) {
168
169 }
```

@media

今回記述した**@media**が「メディアクエリ」です。@mediaに続く「()」内には条件が書かれていて、その条件を満たしたときだけ、{ ～ }内のCSSが適用されます。いまのところ{ ～ }に何も書いていないのでページの表示に変化はありませんが、まずはこのメディアクエリの書式や、「()」内の条件がどういうものなのかを確認することにしましょう。

それでは書式から見てみます。メディアクエリの@mediaは次のように記述します。

Fig ● @mediaの書式

```
@media (条件: 値) {
      条件を満たしたときに適用するCSS
}
```

「条件: 値」の書き方

今回記述した「条件: 値」の部分は「(max-width: 767px)」で、これは「端末の画面幅が最大767pxまでなら、{ ～ }のCSSを適用する」という条件になります。つまり、画面幅が767px以下の端末で閲覧しているときは{ ～ }のCSSが適用され、それより大きいときには適用されません。

端末の画面幅は、ページを見ている利用者がその端末をどのように持っているかでも変わります。もし利用者が縦に持っているなら短いほうの辺、横に持っているなら長いほうの辺が「画面幅」になります。

Fig ● 端末の画面幅は、その端末をどのように持っているかでも変わる

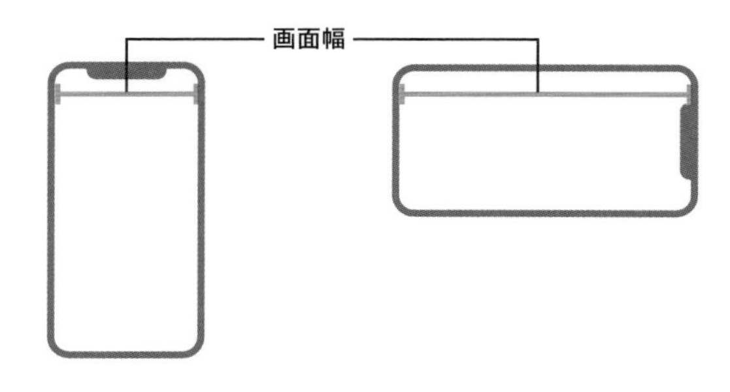

「767px」という数字はどこから出てきた？

ところで、「767px」という数字はどこから出てきたのでしょう？　これは、標準的な9.7インチのタブレット端末（代表的なのがiPad）の短いほうの辺——つまり縦に持ったときの画面幅——が、768pxだというところから来ています。メディアクエリの条件を「(max-width: 767px)」とした場合、iPadよりも小さい、小型のタブレットやスマートフォンに{ ～ }内のスタイルが適用されることになるので、タブレット以上の画面サイズではパソコン向けのレイアウトで、それより小さい端末では小さい画面向けのレイアウトでそれぞれページを表示できるようになります。

このように、メディアクエリを設定すると、ある画面幅を境に適用されるCSSが変わります。このCSSが切り替わる境界線となる画面幅のことを**ブレイクポイント**といいます。多少の調整が必要なときもありますが、現在のWebデザインでは、ブレイクポイントを今回のように「標準的なタブレットの画面幅」に設定するのが一般的です。

Fig ● ブレイクポイント。タブレットよりも小さい端末にだけ、メディアクエリのCSSが適用される

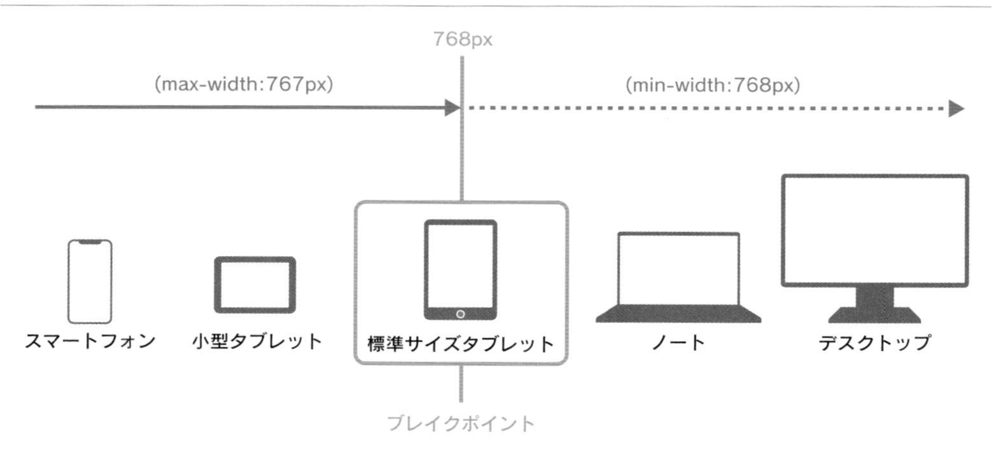

04 ナビゲーションを調整

モバイル向け表示の際に生じる、ナビゲーションの表示不具合を解消します。ナビゲーションの作成で使用したフレックスボックスは原則として項目を横一列に並べようとしますが、設定を変更すれば途中で改行させることができます。この改行設定を利用して、ナビゲーションを２行にしましょう。

ここで使うのは ● flex-wrap ● gap

1 ナビゲーションを２行にする

ブラウザの開発ツールを使ってページを見てみると、ナビゲーションの項目がまるで縦書きになっているように見えます。これは、フレックスボックスで並んだナビゲーションの項目（<li>）が横一列に並ぼうとして、一つひとつのボックスの幅がものすごく狭くなってしまっているからです。

Fig ● ナビゲーションが縦書きになっているのは一つひとつのボックスが狭くなっているから

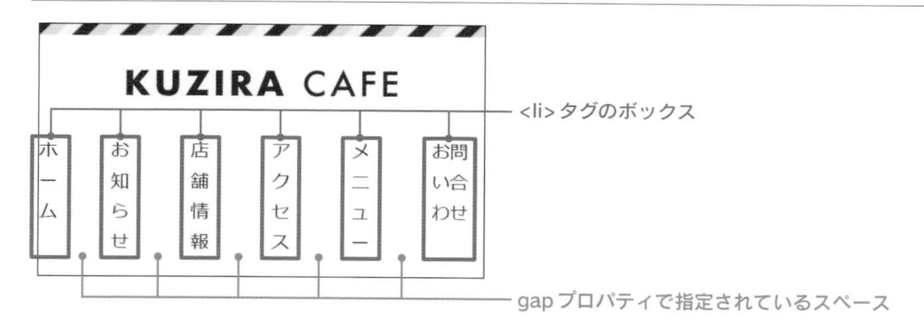

解決方法は何通りか考えられますが、このWebサイトでは、フレックスボックスの設定を変更して、収まりきらないナビゲーションの項目を途中で改行させることにします。作業に取りかかる前に、ナビゲーションの部分のHTMLとすでに適用されているCSSを確認しておきましょう。

Fig ● ナビゲーションのHTMLとCSS。CSSはセレクタにも注目

ナビゲーションのHTML（一部）

```
<nav class="nav">
    <ul>
        <li>ホーム</li>
        <li>お知らせ</li>
        <li>店舗情報</li>
        <li>アクセス</li>
        <li>メニュー</li>
        <li>お問い合わせ</li>
    </ul>
</nav>
```

適用されている CSS

```
.nav ul {
    display: flex;
    justify-content: center;
    gap: 40px;
}
```

実習 92 フレックスボックスの項目を改行できるようにする

① style.cssを開いて編集します。追加したメディアクエリ「@media (max-width: 767px)」の{ ～ }内にCSSを追加します❶。
作業が終わったらファイルを保存します。

```
# style.css ●
C: > Users > barebone > Documents > cafe > css > # style.css > {} @media (max-width: 767px) > .nav ul
141  /* contact.html */
142  form {
143      margin: 0 auto;
144      max-width: 640px;
145  }
146  input[type="text"], textarea {
147      padding: 6px;
148      width: 100%;
149      font-size: 1rem;
150  }
151  textarea {
152      height: 140px;
153  }
154  .submit {
155      text-align: center;
156  }
157  input[type="submit"] {
158      border: none;
159      padding: 20px;
160      width: 200px;
161      background-color: #253958;
162      color: #FFFFFF;
163      font-size: 1rem;
164  }
165
166  /* モバイル対応 */
167  @media (max-width: 767px) {
168      .nav ul {
169          flex-wrap: wrap;
170      }
171  }
```
❶

② ブラウザでindex.htmlを開き、開発ツールで確認します。ナビゲーションの項目が2行になりました❷。念のため、index.html以外のページも同じように見えているかを確認しておきましょう。

Code • フレックスボックスの項目を改行できるようにする

style.css

```
---------------------------------- 省略 ----------------------------------
166  /* モバイル対応 */
167  @media(max-width: 767px) {
168    .nav ul {
169      flex-wrap: wrap;
170    }
171  }
```

解説

flex-wrapプロパティ

フレックスボックスは、初期設定では項目が横一列に並びます。この設定を変更して、入りきらなくなったら改行できるようにするのが**flex-wrap**プロパティです。今回の実習のように、このプロパティの値を「wrap」にすれば、改行するようになります。ちなみに初期設定の、項目を改行しないときの値は「nowrap」です。

2 項目間のスペースを調整する

ナビゲーションは改行できて2行になりましたが、行の間のスペースが空きすぎなので調整します。現在、メディアクエリでない通常のCSSにより、項目間には40pxのギャップが開いています。このgapプロパティで設定するスペースは、左右の項目だけでなく上下に隣接する項目の間にも空きます。そこで、モバイルで表示するときだけgapプロパティを20pxに変更して、スペースが空きすぎないようにします。

Fig • フレックスボックスを改行できるようにすると、1行目と2行目の間にもgapプロパティによるスペースが空く

実習 93 gapプロパティの値を変更する

1 style.cssを編集します。メディアクエリに追加したCSSの{ ～ }内に、gapプロパティを1行追加します❶。作業が終わったらファイルを保存します。

```
157  input[type="submit"] {
158      border: none;
159      padding: 20px;
160      width: 200px;
161      background-color: #253958;
162      color: #FFFFFF;
163      font-size: 1rem;
164  }
165
166  /* モバイル対応 */
167  @media (max-width: 767px) {
168      .nav ul {
169          flex-wrap: wrap;
170          gap: 20px;
171      }
172  }
```

❶

2 ブラウザの開発ツールを使って、モバイル表示でindex.htmlを確認します。ナビゲーションの項目間のスペースが狭まり、コンパクトになりました❷。

Code ● gapプロパティの値を変更する　　style.css

```
省略
166 /* モバイル対応 */
167 @media(max-width: 767px) {
168   .nav ul {
169     flex-wrap: wrap;
170     gap: 20px;
171   }
172 }
```

メインコンテンツの左右にスペースを作る

モバイル向け表示のときに、メインコンテンツ部分にあるテキストや画像が、画面の左右の端にくっつかないようにします。

ここで使うのは　● **padding**

1　メインコンテンツの左右にパディングを設定する

スマートフォンの画面サイズで表示するとき、<main> ～ </main>の中に含まれるテキストや画像が画面の両端にくっついてしまいます。これではテキストが読みづらくなるので、左右に画面幅の4%のパディングを設定します。

Fig ● <main> ～ </main>の中に含まれるコンテンツが画面の端にくっついている

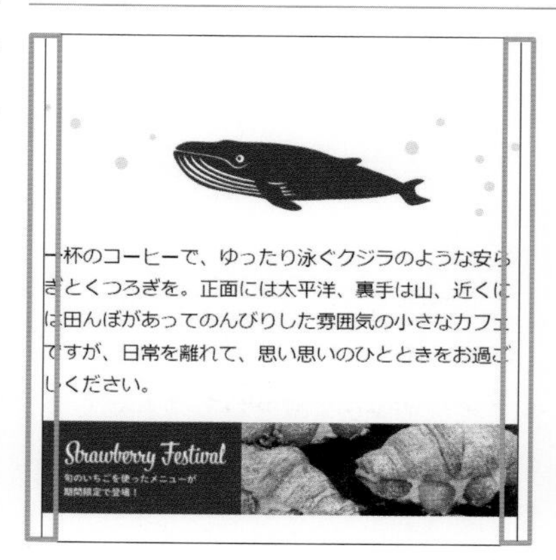

実習 94　<main>タグに適用されるCSSを追加する

① style.cssを編集します。メディアクエリ「@media(max-width: 767px)」の{ ～ }内に、<main>タグに適用されるCSSを追加します❶。
作業が終わったらファイルを保存します。

```
166  /* モバイル対応 */
167  @media (max-width: 767px) {
168      .nav ul {
169          flex-wrap: wrap;
170          gap: 20px;
171      }
172      main {
173          padding: 0 4%;
174      }
175  }
```

② ブラウザの開発ツールを使って、モバイル表示でindex.htmlを確認します。メインコンテンツ部分の左右にスペースが空いて、テキストや画像が画面の端にくっつかなくなりました❷。

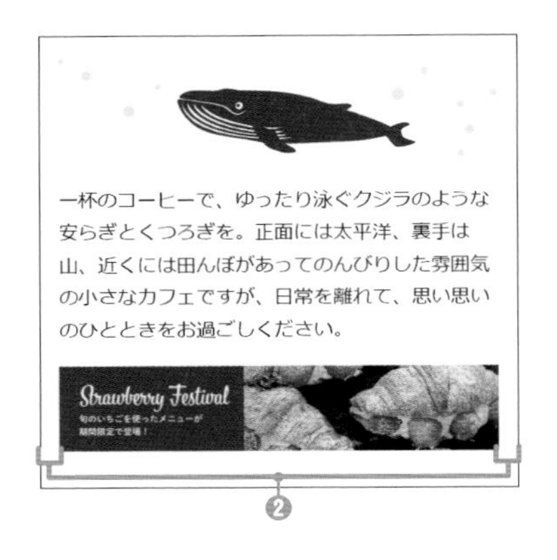

Code ● <main>タグに適用されるCSSを追加する　style.css

```
                    省略
166 /* モバイル対応 */
167 @media(max-width: 767px) {
                    省略
171   }
172   main {
173     padding: 0 4%;
174   }
175 }
```

Note なぜ左右のパディングを「4%」にしたの？

メインコンテンツの左右に作るスペースは、この実習では画面幅の4%ということにしました。パディングの値を「%」にすると、ボックス全体の幅に占める割合を指定できるようになります。モバイル向けの表示では<main>は画面の幅いっぱいに広がりますから、左右のパディングに設定した「4%」は事実上、「画面の左右4%を余白にする」と設定していることになります。

モバイル端末は機種によってサイズもいろいろです。単位を「%」にしておけば、小さいスマートフォンなら小さいスペース、大きいスマートフォンなら大きいスペースが空くことになるので、機種に合わせて適度なスペースを作ることができるというわけです。

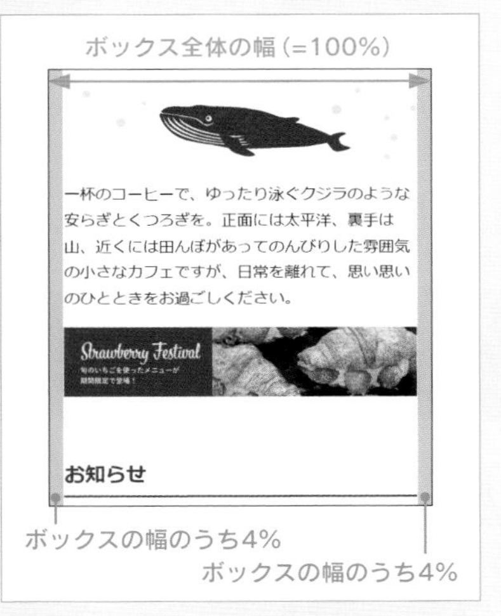

<main>のボックス。<main>タグの幅のうち4%が左右のパディングになる

06 ホームページのヒーロー画像のサイズを調整

モバイル向け表示で見ると、ホーム（index.html）のヒーロー画像が大きすぎるように感じます。ヒーロー画像の表示サイズを調整しましょう。初めて使う単位「vh」を使います。

ここで使うのは ● `padding`

1 ホームのヒーロー画像のサイズを少し小さく

開発ツールを使ってスマートフォンでの表示を見ると、ホーム（index.html）のヒーロー画像が大きすぎるようです。機種によっては画像が画面に入りきっていませんし、キャッチコピーの「たのしい、ひとときを」が画像の真ん中に表示されていないように見えてバランスが悪く感じます。ヒーロー画像の高さを調整して、1画面に収まるサイズにしましょう。

Fig ● いろいろな端末での表示例。ヒーロー画像が大きすぎてバランスが悪く見える

iPhone SE

iPhone 12 Pro

Pixel 5

ヒーロー画像の高さを調整するために、HTML、CSSのソースコードを確認しておきます。ヒーロー画像は<h1>タグ（<h1 class="hero index"> 〜 </h1>）の背景画像として表示されて

いて、上下に287pxのパディングが適用されています。表示されるサイズを小さくするにはこの上下パディングの値を調整すればよさそうです。

Fig ● ヒーロー画像を表示している部分のHTMLとCSS

ヒーロー画像のHTML

```
<h1 class="hero index">たのしい...</h1>
```

適用されているCSS（一部）

```
.hero {
    background-repeat: no-repeat;
    background-position: center;
    background-size: cover;
}
.hero.index {
    padding: 287px 0;
    background-image: url(../images/home-hero.jpg);
}
```

実習 95 ヒーロー画像の上下パディングを調整する

① style.cssを編集します。メディアクエリ「@media(max-width: 767px)」の{ ～ }内に、<h1 class="hero index">タグに適用されるCSSを追加します。
作業が終わったらファイルを保存します。

```
167 @media(max-width: 767px) {
168     .nav ul {
169         flex-wrap: wrap;
170         gap: 20px;
171     }
172     main {
173         padding: 0 4%;
174     }
175 
176     /* index.html */
177     .hero.index {
178         padding: 28vh 0;
179     }
180 }
```

❶

② ブラウザの開発ツールを使って、モバイル表示でindex.htmlを確認します。どんなスマートフォンの機種を選んでも、ヒーロー画像が1画面に収まっているほか、キャッチコピーの「たのしい、ひとときを」も、常に画像の真ん中に配置されるようになっています。

iPhone SE

iPhone 12 Pro

Pixel 5

Code ● ヒーロー画像の上下パディングを調整する

style.css

```
--------------------------------- 省略 ---------------------------------
166 /* モバイル対応 */
167 @media(max-width: 767px) {
--------------------------------- 省略 ---------------------------------
174   }
175
176   /* index.html */
177   .hero.index {
178     padding: 28vh 0;
179   }
180 }
```

解説

単位vh

今回初めて使用した「vh」はViewport Height（ビューポート・ハイト）の略で、ビューポート全体の高さを「100vh」とする単位です。ビューポートはスマートフォンでは画面そのもののことを指しますから、同じ100vhでも機種によって大きさが変わることになります。

今回の実習では、<h1>タグの上パディング、下パディングに「28vh」を指定したので、両方とも「画面の高さの28%」になります。機種によって画面サイズそのものが変わっても、その画面の高さの28%ということになりますから、必ず1画面に収まるヒーロー画像を実現できるわけです。

Fig ● 単位vh。画面の高さが100vh。今回設定した28vhは画面の高さの28%

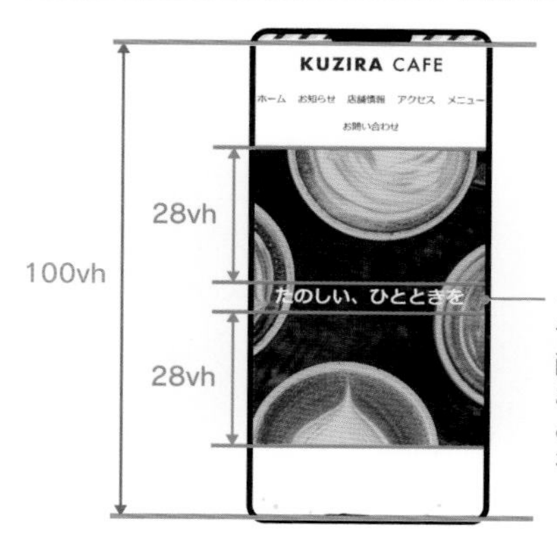
KUZIRA CAFE
ホーム お知らせ 店舗情報 アクセス メニュー
お問い合わせ
100vh
28vh
たのしい、ひとときを
28vh
<h1>
テキスト「たのしい、ひとときを」が含まれ、ヒーロー画像が背景として設定されている。
この<h1>の上下パディングを「28vh」に設定したことで、画面の高さに合わせた大きさでヒーロー画像を表示できるようになる

07 メニューページの列数を変更

メニューページ（menu.html）は、CSSのグリッドレイアウトを使ってメニュー品目を３列に並べていますが、モバイル表示では写真が小さくなりすぎるので２列に変更します。

ここで使うのは ● **grid-template-columns**

1 メニューページの列数を変更

menu.htmlのメニューは、いまのところ3列で表示しています。ただ、スマートフォンの画面サイズで見ると一つひとつの写真が小さくなりすぎるようです。そこで、モバイル表示のときは2列にしましょう。レスポンシブデザイン対応の作業は今回で終了、そしてKUZIRA CAFE Webサイトが完成します。

Fig ● 3列で表示するとメニュー品目一つひとつの写真が小さくなりすぎる

メニューページの列数を変更するために、HTMLと現在適用されているCSSのソースコードを確認しておきましょう。グリッドレイアウトのCSSはmenu.htmlの「<div class="items">」に適用されていて、3列の設定をしているのはgrid-template-columnsプロパティです。

Fig ● メニューを表示している部分のHTMLとCSS

メニューのHTML（一部）

```
<div class="items">
    <div class="item">
        <img src="images/item1.jpg">
        <p>
            オリジナルカプチーノ<br>
            <strong>¥600-</strong>
        </p>
    </div>
    ...
</div>
```

適用されているCSS（一部）

```
.items {
    display: grid;
    grid-template-columns: 1fr 1fr 1fr;
    gap: 20px;
}
```

実習 96 メニュー品目を2列に変更する

① style.cssを編集します。メディアクエリ「@media(max-width: 767px)」の{ ～ }内に、<div class="items">タグに適用されるCSSを追加します❶。
作業が終わったらファイルを保存します。

```
155         text-align: center;
156     }
157     input[type="submit"] {
158         border: none;
159         padding: 20px;
160         width: 200px;
161         background-color: #253958;
162         color: #FFFFFF;
163         font-size: 1rem;
164     }
165
166     /* モバイル対応 */
167     @media (max-width: 767px) {
168         .nav ul {
169             flex-wrap: wrap;
170             gap: 20px;
171         }
172         main {
173             padding: 0 4%;
174         }
175
176         /* index.html */
177         .hero.index {
178             padding: 28vh 0;
179         }
180
181         /* menu.html */
182         .items {
183             grid-template-columns: 1fr 1fr;
184         }
185     }
```

② ブラウザの開発ツールを使って、モバイル表示でmenu.htmlを確認します。メニュー品目が2列で表示されるようになりました。

Code ● メニュー品目を2列に変更する style.css

```
                          省略
166 /* モバイル対応 */
167 @media(max-width: 767px) {
                          省略
176   /* index.html */
177   .hero.index {
178     padding: 28vh 0;
179   }
180
181   /* menu.html */
182   .items {
183     grid-template-columns: 1fr 1fr;
184   }
185 }
```

Chapter

12

Webサイトを公開する

Webサイトが完成したら、いよいよ公開です。Webサーバーを申し込み、FTPクライアントの設定をして、作成したデータのアップロード作業を行います。Webサイト公開まであと一歩！

01 Webサイト公開までの準備

Webサイトを公開するには、作成したファイルを公開用のWebサーバーにアップロードする必要があります。Webサイト公開に向けた作業の第一歩として、まずはレンタルWebサーバーのサービスに加入しましょう。

1 Webサーバーの契約

Webサイトを公開するには、Webサイトで使用するファイルをすべてWebサーバーにアップロードします。そこでまずは、「レンタルサーバー」や「ホームページスペース」などと呼ばれているサービスに加入しましょう。

こうしたサービスには有料のものも無料のものもあります。本書では、FC2が提供する無料の「FC2ホームページ」を利用して公開する方法を簡単に紹介しますが、ほかのサービスに加入してもかまいません。どんなサービスであっても、作業内容自体は大きく変わらないはずです。

なお、これから紹介するサービスの登録方法は本稿執筆時点（2022年6月）のものです。変更される可能性があるので、そのときの状況に応じて適宜読み替えて作業を進めてください。

実習 97 「FC2ホームページ」に申し込む

① 初めにFC2IDを取得します。ブラウザで「https://web.fc2.com」を開きます❶。画面下にCookieの使用に同意するダイアログが出ている場合は［同意する］をクリックします❷。ページ左上の［新規登録］をクリックします❸。

② 次のページでメールアドレスなどを画面の指示に従って入力し❹、利用規約を確認してから［利用規約に同意しFC2IDへ登録する］をクリックします❺。登録したメールアドレスにメールが送られてきます。

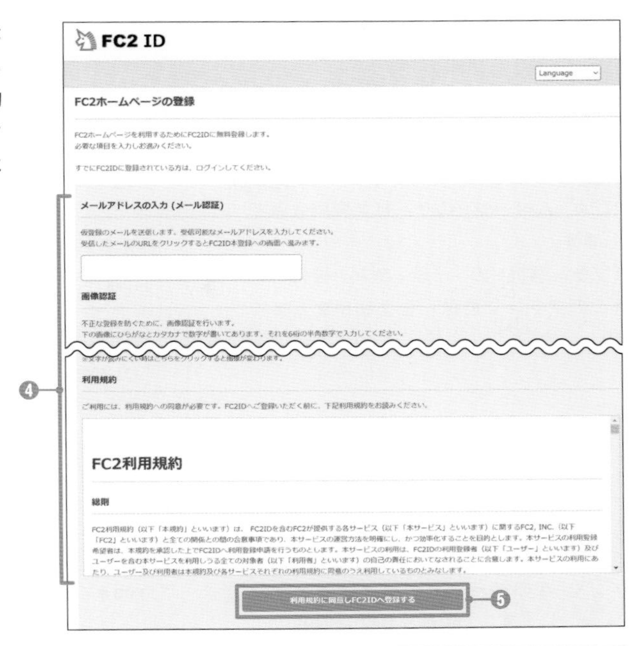

③ メールの指示に従ってFC2IDの本登録に進みます。
「新規登録（ログイン情報の入力）」ページが開くので画面の指示に従って入力を進め❻、［登録］をクリックします❼。

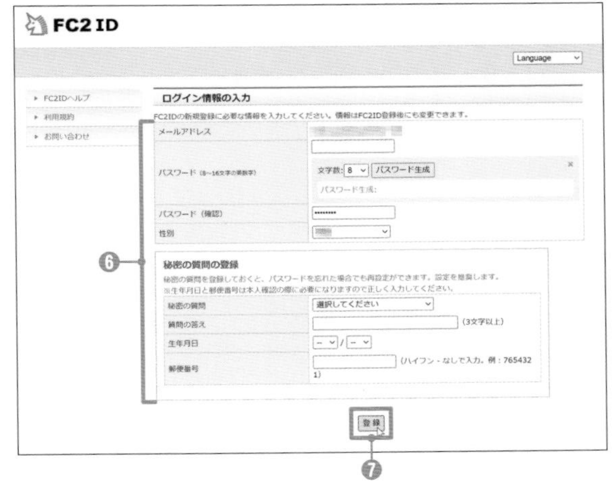

④ 「新規本登録完了」ページが表示されて、FC2IDの本登録が終了します。このページに「ユーザー情報の入力に進む」リンクがあればそれをクリックします❽。なければ左の［サービス追加］をクリックして、「FC2 ホームページ」を登録サービスに追加します。

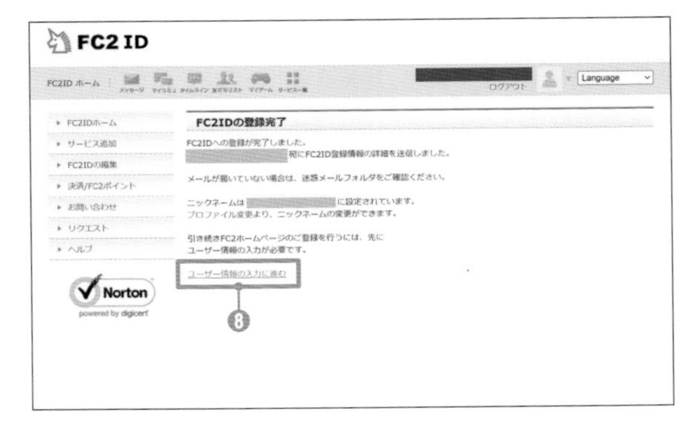

実習 98 FC2ホームページのサービス利用登録をする

① 作業を続けましょう。「FC2 ホームページ」のサービス利用登録をします。
「プラン選択」の「一般・無料」欄にある［このプランで登録］をクリックします❶。

② 次のページで必要な情報を入力します。「希望アカウント名」はWeb サイトのURL になるので、好きなものをつけましょう❷ 。そのほかの必要事項も記入します。最後に［利用規約に同意する］にチェックを付けて❸、［登録する］をクリックします❹。

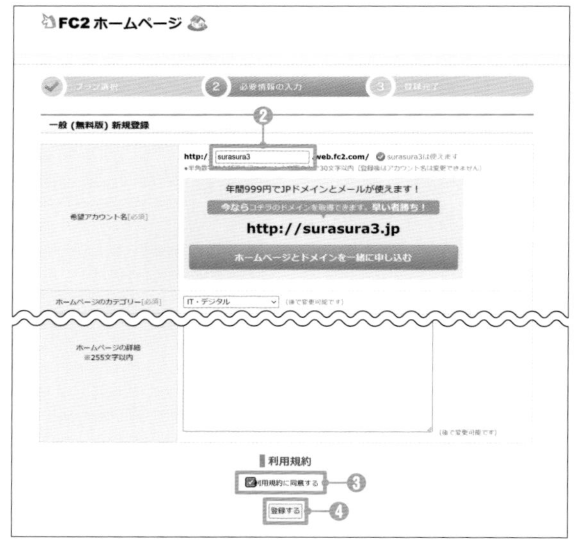

③ 「FC2 ホームページの新規登録が完了しました。」と表示されたら登録手続きは終了です。［ホームページを作成する］をクリックして❺、ここからFTPの接続設定をします。

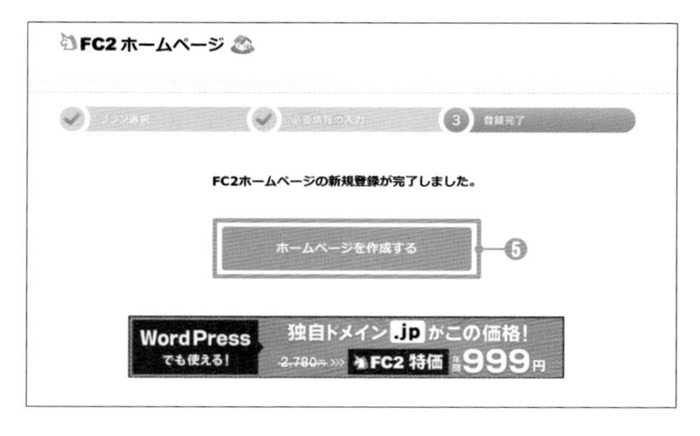

実習 99 FTP接続のための設定をする

① FTPクライアントからファイルをアップロードできるように、Webサイトの設定を変更します。前の実習の［ホームページを作成する］をクリックすると、ホームページ管理画面が開かれています。左にあるメニューから［FTP設定］をクリックします❶。

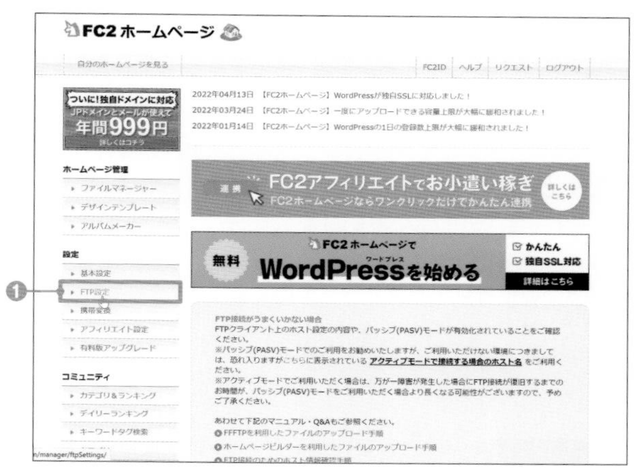

② 「FTP設定」ページが開いたら下にスクロールして、「FTP接続ロック」欄を探します。［FTP接続ロックしない］にチェックを付けて❷、［設定変更する］をクリックします❸。
続いて、「ホスト名（ホストアドレス）」欄に書かれているテキストをドラッグして選択、コピーして❹、テキストファイルなどにペーストして保存しておきます。
「ユーザー名」欄のテキストもコピーして❺、テキストファイルなどにペーストして保存します。

ホスト名とユーザー名、さらにその下のFTPパスワードは、FTPクライアントからデータをアップロードするときに必要になる、大切な情報です。ホスト名は公開後のURLにもなります。

③ 「現在のFTPパスワード」欄のボタンをクリックして［OFF］にします❻。FTPパスワードが表示されるので、ドラッグして選択、コピーします❼。このパスワードもテキストファイルに保存します。パスワードのコピー、保存が終わったら、もう一度ボタンをクリックして［ON］にしておきます。

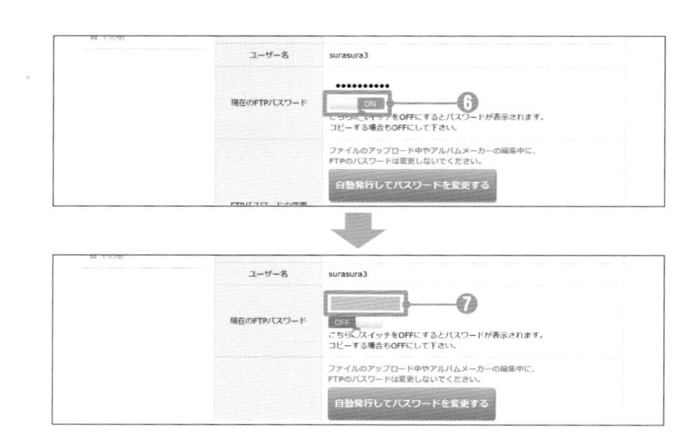

ここまで、「ホスト名（ホストアドレス）」「ユーザー名」「FTPパスワード」をコピーして、テキストファイルに保存しました。この3つの情報はアップロードの際に使うので、大切に保管しておきましょう。以上でFTP接続のための設定は終了です。

Note FTPの設定情報を再確認するときは

FTPの設定情報やURLがわからなくなったら、「FC2ホームページ」で再度確認しましょう。「https://web.fc2.com」にアクセスし、FC2IDでログインすれば管理画面に入ることができます。左にあるメニューから［FTP設定］をクリックすると、実習で見てきたページを開けます。

なお、「FC2ID」登録時に設定したパスワードと、FTP設定で自動的に割り当てられたパスワードは別物です。どちらも忘れないようにしましょう。FC2のマニュアルも参照してください。

FC2 ホームページ マニュアル「FTP ツールでアップロードする」

URL https://help.fc2.com/web/manual/Home/upload/ftp.html

Note FC2ホームページの「ファイルマネージャー」

FC2ホームページにはファイルマネージャーという機能があります。エクスプローラーやFinderから直接ファイルをドラッグしてアップロードできる機能で、FTPの代わりに使えます。FC2ホームページの左にあるメニューから［ファイルマネージャー］をクリックすれば開けます。

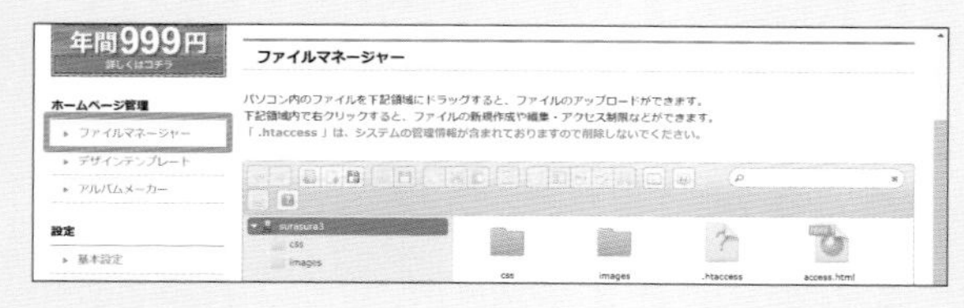

FC2ホームページのファイルマネージャー

Webサーバーに接続

Webサーバーの申し込みが終わったら、次はFTPクライアントの設定です。実際にWebサーバーに接続するところまで行います。

1 FTPクライアントを設定する

Webサーバーにデータをアップロードするには、**FTPクライアント**を使用します。「FTP」とはインターネット上にあるサーバーからデータをダウンロードしたりアップロードしたりする通信方式です。また「FTPクライアント」とは、そのFTP通信方式を使ってサーバーとパソコンの間でデータを送受信するソフトウェア（アプリ）のことをいいます。実習で使用するFileZillaはFTPクライアントのひとつです。

これからFileZillaを設定して、加入したWebサーバーサービス（本書ではFC2ホームページ）に接続できるようにします。まだFileZillaをインストールしていない方は、第1章「FTPクライアントをインストールしよう」(p.18)を参考に、インストールを済ませてから作業を進めましょう。

実習100 Webサーバーに接続する

① FileZillaを起動します。スタートボタン—［すべてのアプリ］❶—［FileZilla FTP Client］❷—［FileZilla］❸の順にクリックします。
Windows 10の場合は、スタートボタン—［FileZilla FTP Client］—［FileZilla］の順にクリックします。
Macの場合は、「アプリケーション」フォルダの［FileZilla］をダブルクリックします。

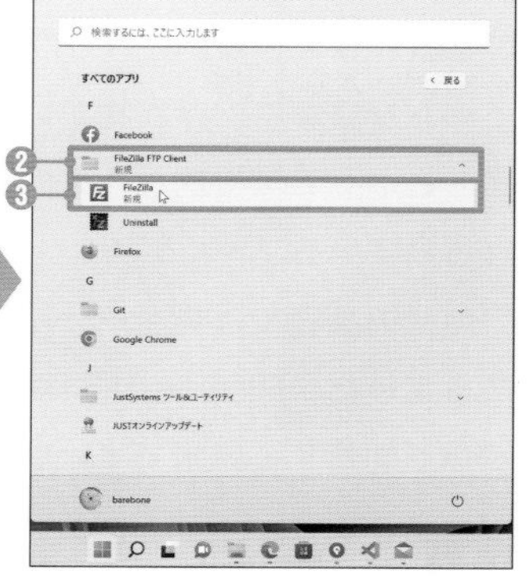

② FileZilla が起動したら、1つ前の実習でメモした情報を入力します。以下、《 》内にはFC2 ホームページでの呼び名を記してありますが、ほかのWebサーバーサービスでも同じような名前で呼ばれているはずです。

・[ホスト] 欄に《ホスト名（ホストアドレス)》を入力❹
・[ユーザー名] 欄に《ユーザー名》を入力❺
・[パスワード] 欄に《FTPパスワード》を入力❻

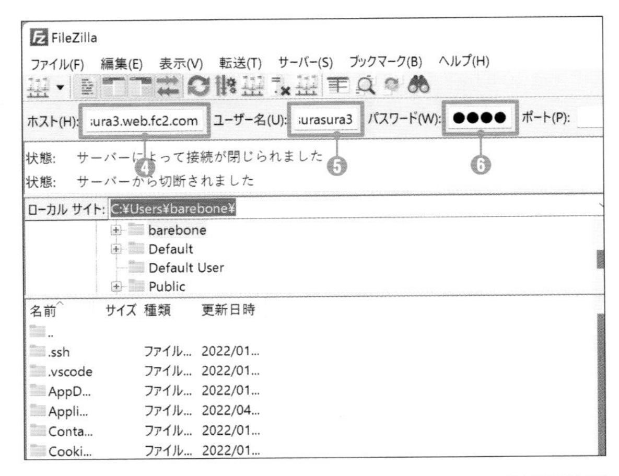

③ [クイック接続] をクリックしてWeb サーバーに接続します❼。右側のファイル一覧の表示が変化すれば、Webサーバーに接続できています❽。[クイック接続] をクリックした後に表示される「安全でないFTP接続」というダイアログについては、次ページのNoteを参照してください。

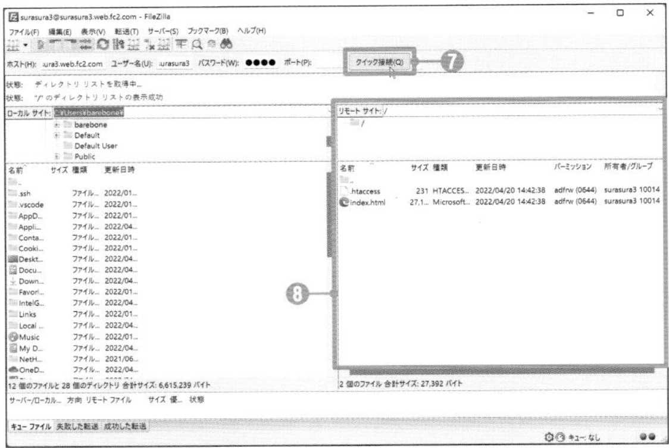

解説

FileZillaの画面や操作

FileZillaのウィンドウは左側が「ローカル サイト」、右側が「リモート サイト」と、大きく2つに分かれています。ローカル サイトというのはいま手元で操作しているパソコンのことで、そのパソコンに保存されているフォルダやファイルが表示されています。一方、リモート サイトというのは接続した先のWebサーバーのことで、表示されているのはそのサーバーに保存されているフォルダやファイル、ということになります。

今回の実習ではWebサーバーに接続するための設定方法と、実際に接続する方法を紹介してきました。FileZillaの基本的な操作をあと2つ紹介しておきます。まず、Webサーバーとの通信を切断する方法です。ツールバーの [現在表示されているサーバーから切断] ボタンをクリックします。

Fig ● 現在表示されているサーバーから切断］ボタンをクリックして通信を切断

もう１つ、以前に接続したWebサーバーと再度接続するときは、［クイック接続］の右にある［▼］をクリックします。メニューが出てくるので、そこから「ユーザー名@ホスト名」と書かれている項目を選べば再接続できます。一度公開したWebサイトを更新するときなどによく使うでしょう。

Fig ● 以前に接続したWebサーバーと再度接続する

Note 安全でないFTP接続

クイック接続で接続する際、「安全でないFTP接続」というダイアログが出ることがありますが、［OK］をクリックすれば作業を続行できます。

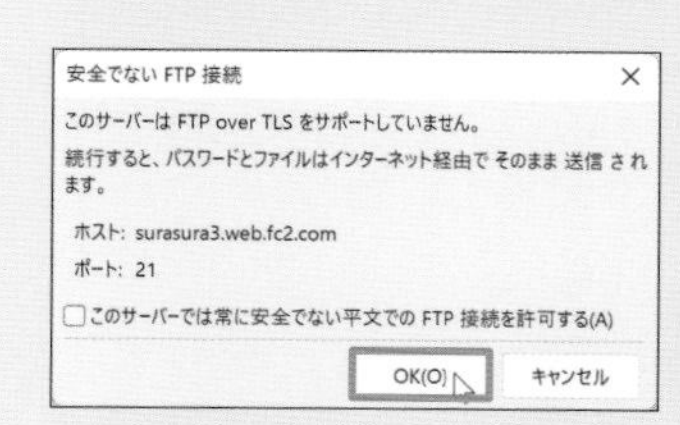

「安全でないFTP接続」ダイアログが出てきたら［OK］をクリック

FC2ホームページはFTPでアップロードする際のデータの暗号化に対応していないため、接続時のIDやパスワードが保護されません。本書では練習のためFTPでのアップロード方法を紹介しますが、ひととおり実習が終わった後はFTP接続をロックして、代わりにファイルマネージャーを使用したほうがより安全です（p.302）。

ファイルのアップロード

さあ、いよいよ公開が近づいてきました。作成したサイトをWebサーバーにアップロードしましょう。

1 「cafe」フォルダのすべてのファイルをアップロードする

FTPクライアントの設定が終わったので、「cafe」フォルダのデータをWebサーバーにアップロードします。

実習101 ファイルをアップロードする

① FileZillaが起動していない場合は起動します。
FileZillaの左欄（ローカル サイト：）から、［ドキュメント］をクリックし❶、［cafe］をダブルクリックします❷。左欄に「cafe」フォルダの中身が表示されます❸。
Macの場合は、FileZillaの左欄（ローカル サイト：）から、［ユーザー名］―［Documents］―［cafe］の順にダブルクリックします。

② ［クイック接続］をクリックしてWebサーバーに接続します。
接続したら、左欄「cafe」フォルダの「..」フォルダを除くすべてのフォルダおよびファイルを選択します❹。一番上の「CSS」フォルダをクリックしてから Ctrl ＋ A キー（Macの場合は ⌘ （command）＋ A キー）を押せば、すべてのファイルとフォルダを選択できます。
選択したフォルダ、ファイルを、右欄にドラッグします❺。これでデータのアップロードが開始されます。

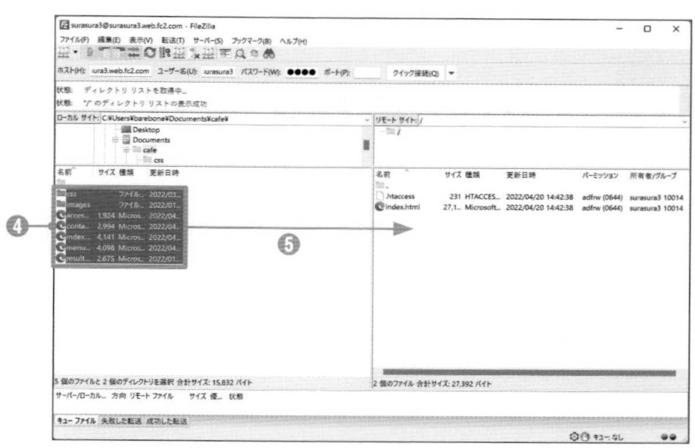

③ 同じ名前のファイルがWebサーバー上にあると、「ターゲットファイルは既に存在しています」というダイアログが出てきます。そのときは［アクション:］から［上書き］を選んで❻、［OK］をクリックします❼。

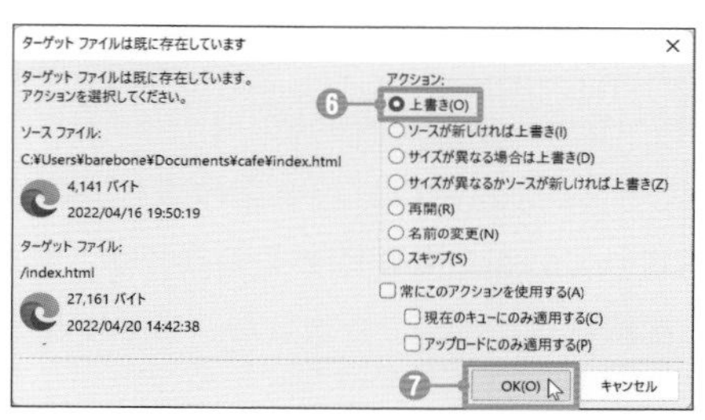

④ FileZillaの動作が止まればアップロード完了です。右欄（リモート サイト）にフォルダやファイルがコピーされています❽。
アップロードできたら、p.305を参考にWebサーバーとの通信を切断しておきましょう。

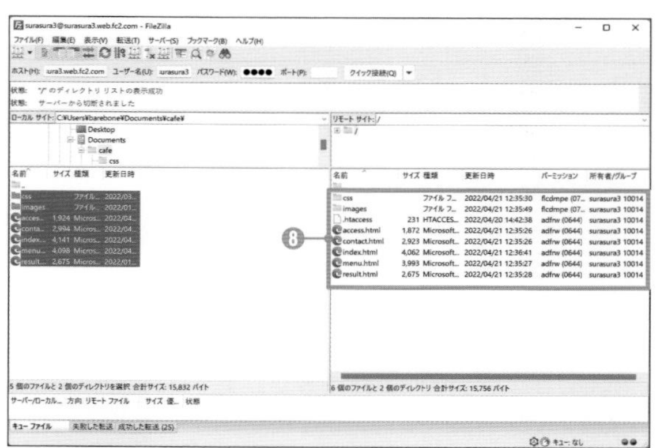

Note

不可視ファイルが含まれるときは Mac

Macでは、「cafe」フォルダの中に「.DS_Store」など、作った覚えのないファイルが含まれていることがあります。「.」で始まるファイルは不可視ファイルと呼ばれる特殊なファイルで、Finderなどでは表示されませんが、FileZillaでは表示されます。

Webサーバーにファイルをアップロードする際、こうした不可視ファイルごと選択してアップロードしても影響はありません。どうしてもアップロードしたくないときは、すべてのファイルを選択後、そのファイルを ⌘ （command）キーを押しながらクリックして選択を解除します。

04 Webサイトの最終確認

アップロードが完了したら、Web サイトが正しく表示されているかどうかを確認しましょう。

1 ブラウザでWebサイトにアクセスする

Webサーバーへのアップロードを含むすべての作業が終わったら、あとはWebサイトがちゃんと表示されているかを確認するのみです。長い道のりもようやく一段落、Webサイトの公開までこぎ着けることができました。おめでとうございます！

実習 102 ブラウザで表示を確認する

① ブラウザのアドレスバーに、アップロードしたWeb サイトのURLを入力して❶、Enter キーを押します[*1]。
index.html は表示されましたか？　表示されていれば、ほかのページも確認しましょう。リンクをクリックして正しいページに移動できるか、画像は正しく表示されているか、などを確かめます[*2]。

＊1 FC2ホームページの場合はアドレスバーに「ホスト名」と同じものを入力します。ホスト名とWebサイトのURLは同じものなのです。
＊2 FC2ホームページではページ下部に「Powered by FC2ホームページ」と表示されます。

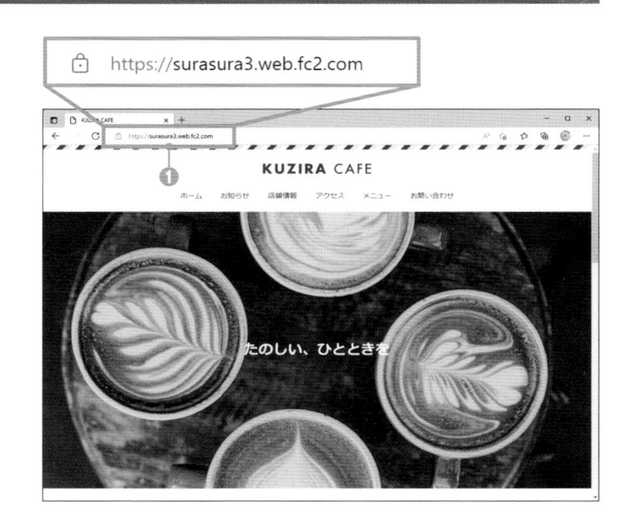

② スマートフォンがあれば、同じように表示を確認してみましょう。専用のHTMLやCSSを書かなくてもスマートフォンに対応できる、レスポンシブデザインの威力を実感する瞬間です。

解説

作成したWebサイトとそれぞれのページのURL

作業のときには説明しませんでしたが、「cafe」フォルダ内のファイルやフォルダは、Webサーバーの「ルートディレクトリ」と呼ばれるフォルダにアップロードしています。

ルートディレクトリとは、Webサイトのファイルやフォルダをアップロードできる一番上のフォルダのことで、FC2ホームページの場合は、FileZillaの右欄（リモート サイト）に「/」と表示されるフォルダがルートディレクトリです[*3]。この、ルートディレクトリに保存したファイルが、ブラウザでは「https://ドメイン名/ファイル名.html」というURLでアクセスできるようになります。

＊3 加入したサービスによっては、ルートディレクトリが「public_html」「www」「htdocs」などの名前になっていることがあります。詳しくは申し込みのときに送られてくる説明書や、そのサービスのヘルプページをご覧ください。

Fig ● ルートディレクトリ。FC2ホームページの場合はFileZillaの右欄（リモート サイト）に「/」と表示される

リモート サイト: /

/

名前	サイズ	種類	更新日時	パーミッション	所有者/グループ
..					
css		ファイル フ...	2022/04/21 12:35:30	flcdmpe (07...	surasura3 10014
images		ファイル フ...	2022/04/21 12:35:49	flcdmpe (07...	surasura3 10014
.htaccess	231	HTACCES...	2022/04/20 14:42:38	adfrw (0644)	surasura3 10014
access.html	1,872	Microsoft...	2022/04/21 12:35:26	adfrw (0644)	surasura3 10014
contact.html	2,923	Microsoft...	2022/04/21 12:35:26	adfrw (0644)	surasura3 10014
index.html	4,062	Microsoft...	2022/04/21 12:36:41	adfrw (0644)	surasura3 10014

ところで、ブラウザのアドレスバーに「https://ドメイン名」と入力してアクセスすると、ファイル名を指定していないのにindex.htmlが表示されるのに気がついた方もおられるかもしれません。

Webサイトにとって「index.html」というのは特別なファイル名で、URLにファイル名が含まれていない場合は、そのフォルダ（ここではルートディレクトリ）に保存されているindex.htmlが表示されるようになっています。

解説

Webサイトは公開してからが大事

Webサイトは、常に更新して、できるだけ新しい情報をいつも載せておくことが大事です。更新が止まったWebサイトはなかなか見てもらえないので、どんどん新しいページを作ったり、コンテンツを更新したりして、いつも情報の新鮮さを保つことを心がけましょう。

また、より多くの人に見てもらうためには、Googleなどの検索サイトで検索にヒットするサイトにすることも大切です。ここでは今後の作業の参考として、検索サイトと親和性のあるページを作る基本的な方法を２点紹介しておきます。

ページの概要を記しておく

各ページに概要を記しておくと、検索にヒットしたときにその概要が検索結果のページに表示される可能性が高くなります。検索サイトにはページの「タイトル」と「概要」が表示されるので、情報を探している利用者が「そのページが役に立ちそうか」を考える重要な判断材料になります。

ページの概要を記すには、<head> ～ </head>の中に<meta name="description">タグを追加し、content属性にページの概要説明を記します。

Fig ● <meta name="description">の使用例

```
<head>
    <meta charset="UTF-8">
    <meta name="viewport" content="width=device-width, ini-
tial-scale=1">
    <meta name="description" content="古材を活用した内装、花と緑に囲まれたテラス。地元
の食材を使った手作りのタルトやキッシュ、挽きたてのコーヒーで豊かなひとときを。">
    <title>KUZIRA CAFE</title>
    <link rel="stylesheet" href="css/style.css">
</head>
```

的確なタイトルをつける

<title> ～ </title>タグのテキストは、ブラウザでは目立たないところに小さく表示されるため、あまり重要性を感じないかもしれません。でも、検索サイトではタイトルが見出しとして表示される、とても重要な目印になります。ページの内容がひと目でわかる的確なものをつけておきましょう。

解説

最後に　～上達とオリジナルWebサイトへの道

ひととおり実習が終わったら、ぜひご自身のオリジナルWebサイト作りに挑戦してみましょう。とはいえ、いきなりゼロからHTMLやCSSを書くのはまだ難しいと思うかもしれません。そんなときは、すでに作ったKUZIRA CAFE Webサイトを少しずつカスタマイズすることから始めてはいかがでしょう。

いちばん簡単なのは、デザインやレイアウトはそのままに、画像やテキストを入れ替えることです。それができたら、次はCSSを編集して、背景色やボーダー色、テキスト色などを変えてみましょう。ロゴや写真を差し替えて、全体の色を変えるだけでもだいぶ雰囲気の違うサイトが作れるはずです。

それにも慣れてきたらHTMLを編集してみましょう。たとえばメニューページの1品目ごとのHTMLをコピーして増やしたり、カスタマイズしてデザインを変更するなど、小さな部品単位で改造することから始めましょう。できることからコツコツと繰り返すのが上達への早道です。ぜひチャレンジしてみてください。

index

◆ **HTMLタグ・属性**

◆ **CSSプロパティ**

◆ な

◆ は

◆ ま

◆ や

◆ ら

実習で使用したHTMLタグの一覧

<!DOCTYPE html> —— DOCTYPE宣言。必ずHTMLファイルの1行目に書く ➡<html> を参照

<!-- --> —— コメント文
- 基本書式：<!-- コメントテキスト -->

<a> —— ハイパーリンク
- サイト内リンク：<a href="相対パス">～</a>
- 外部リンク：<a href="URL">～</a>
- ページ内リンク：<a href="#id名">～</a>
- 別タブで開く：<a href="URL" target="_blank">～</a>

<body> —— ページのコンテンツ ➡<html> を参照

**
** —— 改行（空要素）

<div> —— 汎用ブロック。特別な意味を持たず、複数のタグをグループ化

<footer> —— ページのフッターをグループ化

<form action="result.html"> —— フォームの親要素
- 基本書式：<form action="送信先URL">～</form>
- 送信方法にGETを指定：<form action="送信先URL" method="GET">～</form>
- 送信方法にPOSTを指定：<form action="送信先URL" method="POST">～</form>

<h1>, <h2>, <h3>, <h4>, <h5>, <h6> —— 見出し

<head> —— ページのメタデータ ➡<html> を参照

<header> —— ページのヘッダーをグループ化

<html> —— ルート要素（すべてのタグの親要素）
- HTMLドキュメントの基本書式：

```
<!DOCTYPE html>
<html>
  <head>
    <meta charset="UTF-8">
    <meta name="viewport" content="width=device-width, initial-scale=1">
    <title>HTMLドキュメントのタイトル</title>
    <link rel="stylesheet" href="style.css">
  </head>
  <body>～</body>
</html>
```

<img> —— 画像を表示（空要素）
- 画像ファイルを指定：<img src="パスまたはURL" alt="代わりに表示されるテキスト">
- 幅や高さを指定：<img src="～" alt="～" width="幅の数値" height="高さの数値">

<input> —— フォーム部品（空要素）
- 送信ボタン：<input type="submit" value="ボタンのラベル">
- テキストフィールド：<input type="text" name="name属性値">
- メール：<input type="email" name="name属性値">
- パスワード：<input type="password" name="name属性値">
- チェックボックス：<input type="checkbox" name="name属性値" value="送信する値">
- ラジオボタン：<input type="radio" name="name属性値" value="送信する値">
- プレイスホルダー追加：<input type="text" name="name属性値" placeholder="テキスト">

<label> —— 入力部品に付けるラベル
- for属性を使って関連付ける：<label for="入力部品のid名">ラベルテキスト</label>
- for属性を使わず入力部品を囲む：<label><input type="checkbox"...>ラベルテキスト</label>

<li> —— リスト項目 ➡<ul>を参照

<link rel="stylesheet"> —— CSSファイルを関連付ける（空要素）
- 基本書式：<link rel="stylesheet" href="CSSファイルのパスまたはURL">

<main> —— ページの主要なコンテンツをグループ化

<meta> —— HTMLドキュメントのメタデータ ➡<html>を参照
- 文字コード方式を設定：<meta charset="UTF-8">
- ビューポートの設定：<meta name="viewport" content="width=device-width, initial-scale=1">
- ページの概要：<meta name="description" content="ページの概要">

<nav> —— ナビゲーションをグループ化

<ol> —— 番号付きリスト（序列リスト） ➡<ul>を参照

<option> —— セレクトリストの選択肢 ➡<select>を参照

<p> —— 段落

<select name="kind"> —— セレクトリスト
- セレクトリストの基本書式：

```
<select name="name属性値">
  <option value="送信する値">選択肢のテキスト1</option>
  <option value="送信する値">選択肢のテキスト2</option>
</select>
```

<span> —— インラインブロック。特に意味を持たず、CSS適用のためなどにテキストをグループ化

<strong> —— 重要

<table> —— テーブルの親要素
- テーブルの基本書式（1行2列）

```
<table>
  <tr>
    <th>見出しセル</th>
    <td>通常セル</td>
  </tr>
</table>
```

<td> —— テーブルセル ➡<table>を参照

<textarea name="message"> —— テキストエリア
- 基本書式：<textarea name="name属性値"></textarea>
- プレイスホルダーを追加：<textarea name="name属性値" placeholder="テキスト"></textarea>

<th> —— 見出しセル ➡<table>を参照

<title> —— HTMLドキュメントのタイトル ➡<html>を参照

<tr> —— テーブル行 ➡<table>を参照

<ul> —— 箇条書き（非序列リスト）
- 箇条書きの基本書式：

```
<ul>
  <li>リスト項目1</li>
  <li>リスト項目2</li>
</ul>
```

実習で使用したCSSプロパティの一覧

/* */ —— コメント文
- 基本書式：`/* コメントテキスト */`

background-color —— 背景色
- 基本書式：`background-color: #16進数値;`

background-image —— 背景画像
- 基本書式：`background-image: url(画像のパスまたはURL);`

background-position —— 背景画像の配置
- 左中央に配置：`background-position: left;`
- 右中央に配置：`background-position: right;`
- 中央に配置：`background-position: center;`

background-repeat —— 背景画像の繰り返し
- 繰り返す：`background-repeat: repeat;`
- 横方向に繰り返す：`background-repeat: repeat-x;`
- 縦方向に繰り返す：`background-repeat: repeat-y;`
- 繰り返さない：`background-repeat: no-repeat;`

background-size —— 背景画像を伸縮する方法を設定
- 画像全体を表示する：`background-size: contain;`
- ボックス全体を塗りつぶす：`background-size: cover;`

border —— ボックスの四辺にボーダーを引く
- 基本書式：`border: 線の太さ 線の形状 線の色;`
- border-top（上線）、border-right（右線）、border-bottom（下線）、border-left（左線）あり。書式はborderと同じ

border-collapse —— テーブルの罫線
- 罫線を1本にする：`border-collapse: collapse;`
- 罫線を二重にする：`border-collapse: separate;`

box-sizing —— ボックスモデルの変更
- 基本書式：`box-sizing: border-box;`

color —— テキスト色
- 基本書式：`color: #16進数値;`

display —— ボックスの表示（レイアウトモード）を変更
- ブロックボックス：`display: block;`
- インラインボックス：`display: inline;`
- フレックスボックス：`display: flex;`
- グリッドレイアウト：`display: grid;`

flex-wrap —— フレックスボックスの子要素の改行
- 改行する：`flex-wrap: wrap;`
- 改行しない：`flex-wrap: nowrap;`

font-family —— フォントの種類
- 基本書式：`font-family: フォントの種類またはフォント名;`

font-size —— フォントサイズ
- 基本書式：`font-size: フォントの大きさ;`

gap —— フレックスボックスまたはグリッドレイアウトの隙間
- 基本書式：`gap: 隙間の大きさ;`

grid-template-columns —— グリッドレイアウトの列設定
- 3列の等幅グリッドを設定する：`grid-template-columns: 1fr 1fr 1fr;`

height —— ボックスの高さ
- 基本書式：`height: 高さ;`

justify-content —— フレックスボックスの配置
- 左揃えで配置：`justify-content: left;`
- 中央揃えで配置：`justify-content: center;`
- 右揃えで配置：`justify-content: right;`
- 均等割付：`justify-content: space-between;`

line-height —— 行間
- 基本書式：`line-height: 1行の高さ;`
- 値（1行の高さ）はフォントサイズの何倍かを単位なしで指定

list-style-type —— リスト項目の先頭に付くマークを変更
- マークを表示しない：`list-style-type: none;`
- マークを好きな文字にする：`list-style-type: "文字";`

margin —— マージン
- 基本書式：`margin: 上 右 下 左;`
- 値を1つ指定：`margin: 四隅の大きさ;`
- 値を2つ指定：`margin: 上下 右左;`
- 値を3つ指定：`margin: 上 右左 下;`
- margin-top（上マージン）、margin-right（右）、margin-bottom（下）、margin-left（左）あり。書式はmarginと同じ

max-width —— ボックスの最大幅
- 基本書式：`max-width: 幅;`

padding —— パディング
- 書式はmarginを参照
- padding-top（上パディング）、padding-right（右）、padding-bottom（下）、padding-left（左）あり。書式はpaddingと同じ

text-align —— 行揃え
- 左揃え：`text-align: left;`
- 中央揃え：`text-align: center;`
- 右揃え：`text-align: right;`

text-decoration —— テキストに線を引く
- 下線を引く：`text-decoration: underline;`
- 線を引かない：`text-decoration: none;`

vertical-align —— テキストの上下行揃え（テーブルで使用）
- 上端揃え：`vertical-align: top;`
- 上下中央揃え：`vertical-align: middle;`
- 下端揃え：`vertical-align: bottom;`

width —— ボックスの幅
- 基本書式：`width: 幅;`

■ 本書のサポートページ
https://isbn2.sbcr.jp/11651/

本書をお読みいただいたご感想を上記URLからお寄せください。
本書に関するサポート情報やお問い合わせ受付フォームも掲載しておりますので、あわせてご利用ください。

■ 著者紹介

狩野祐東（かのう すけはる）

UIデザイナー、エンジニア、書籍著者。アメリカ・サンフランシスコでUIデザイン理論を学ぶ。帰国後会社勤務を経てフリーランス。2016年に株式会社Studio947を設立。Webサイトやアプリケーションのインターフェースデザイン、インタラクティブコンテンツの開発を数多く手がける。各種セミナーや研修講師としても活動中。著書に『確かな力が身につくJavaScript「超」入門』『HTML&CSSデザインきちんと入門』（SBクリエイティブ）『教科書では教えてくれないHTML&CSS』『WordPressデザインレシピ集』『HTML5&CSS3デザインレシピ集』（技術評論社）など多数。

https://studio947.net
@deinonychus947

●サンプルサイトデザイン協力：狩野 さやか

●サンプルサイトで使用した写真素材は次のサイトから選びました。
https://unsplash.com/
https://www.pexels.com/ja-jp/
https://pixabay.com/

スラスラわかるHTML＆CSSのきほん 第3版

2022年 7月20日 初版第1刷発行
2024年 3月15日 初版第5刷発行

著　者 ……… 狩野 祐東（かのう すけはる）
発行者 ……… 小川 淳
発行所 ……… SBクリエイティブ株式会社
〒105-0001 東京都港区虎ノ門2-2-1
https://www.sbcr.jp/
印　刷 ……… 株式会社シナノ

カバーデザイン ……… 細山田 光宣＋千本 聡（株式会社 細山田デザイン事務所）
イラスト ……… ふかざわあゆみ
制　作 ……… クニメディア株式会社
編　集 ……… 友保 健太

落丁本、乱丁本は小社営業部にてお取り替えいたします。
定価はカバーに記載されております。

Printed in Japan　ISBN978-4-8156-1165-1